现代社会学与公共管理系列
广东省社会工作省级综合改革试点专业配套教材
广东省社会工作省级特色专业配套教材

# 社区发展规划

主　编　游艳玲
副主编　杨和焰　钱正荣　苏　敏

“公共事业管理”专业综合改革试点项目
“社会工作”专业综合改革试点项目

科学出版社
北　京

## 内 容 简 介

本书以社区理论和规划理论为基础，以社区发展规划管理为中心，主要内容包括社区与社区发展规划、社区发展规划的历史发展、社区发展规划的理论与方法、社区发展规划的指标体系、社区发展规划的制定与实施、社区社会环境发展规划、社区物质空间环境规划，以及社区发展规划的创新与发展趋势。在编写过程中，本书非常注重理论性与实践性、基础性与应用性相结合。全书共八章，集理论、案例、图表于一体，深入浅出，可读性强。本书不仅系统阐述社区发展规划的理论和方法、历史和现状、程序和原则，还对社区发展规划问卷的设计、分析，文本的写作，社区参与的发动与评估等应用性技能进行了翔实的介绍，给出大量实例，同时还附有复习思考题、案例、实训指导、术语，实用性非常强。

本书适合作为高等学校公共管理类及相关专业本科生的教材，还可供社会理论工作者、社区管理人员、规划工作者及研究人员参考。

**图书在版编目(CIP)数据**

社区发展规划 / 游艳玲主编. —北京：科学出版社，2015
现代社会学与公共管理系列
ISBN 978-7-03-044907-8

Ⅰ.①社… Ⅱ.①游… Ⅲ.①社区－城市规划－教材 Ⅳ.①TU984.1

中国版本图书馆 CIP 数据核字(2015)第 124916 号

责任编辑：王京苏 / 责任校对：李雪雪
责任印制：张　伟 / 封面设计：蓝正设计

科学出版社 出版
北京东黄城根北街 16 号
邮政编码：100717
http://www.sciencep.com
北京凌奇印刷有限责任公司 印刷
科学出版社发行　各地新华书店经销

*

2016 年 1 月第　一　版　开本：787×1092　1/16
2023 年 1 月第六次印刷　印张：16 1/4
字数：370 000

**定价：42.00 元**

（如有印装质量问题，我社负责调换）

# 前　言

中国三十多年的改革开放带来了经济的高速发展，促使中国进入城市化快速发展时期。1949 年新中国成立之初，中国的城市化率是 10.64%，到 1978 年依然仅有 17.92%，而在 2011 年，据《2012 中国新型城市化报告》显示，中国内地城市化率首次突破 50%，达到 51.3%。中国城市化率突破 50%，是中国发展进程中一个重大的指标性信号，不仅意味着中国城镇人口首次超过农村人口，更重要的是还标志着中国城市化进入关键发展阶段，这必将引起中国社会的深刻变革。

为此，中国科学院可持续发展战略研究组组长、首席科学家牛文元教授指出，“城市人口超过 50%后，城市化的成功就是国家的成功”，而中国城市化要成功就必须走与工业化相平衡的道路，即要在战略上实现由传统城市化向新型城市化的转向。对于新型城市化，目前有诸多解析，但根本方向与联合国人居组织在 1996 年发布的《伊斯坦布尔宣言》中所强调的意旨是一致的，即“我们的城市必须成为能够使人类过上有尊严、健康、安全、幸福和充满希望的美满生活的地方”。也就是说，当城市的发展成为人类进步的重大标尺之后，它必然在包含经济发展、空间更替等物质内涵的同时，亦承载起提升人们生活品质、关注人类需求等社会意义和人文诉求。

社区发展正是提升居民生活质量的重要工作方法与模式之一。它源于 20 世纪初的英美，是人们为应对工业化、现代化、城市化进程中出现的“都市病”而倡导的，旨在通过培养居民的自治和互助精神，实现社区良性发展。第二次世界大战后，联合国将在英美国家城市建设中兴起的社区发展运动推广到发达国家的农村地区和发展中国家，并获得全球范围的深入发展。

为推动社区发展的进行，许多欧美发达国家纷纷制定“社区规划”（community planning）和“生活质量规划”（quality of life planning），希望通过政府、非政府组织（non-governmental organization）、企业和居民的合作，实现社区发展的有序性、全面性和可持续性。同时，城市规划学科也反省到基于建筑师理念发展起来的学科“空间性”至上，甚至“见物不见人”的缺陷，希望关注“城市空间的社会属性和社会意义”，从“城市问题的本质出发去理解城市空间布局”。在这样的双重背景下，既关注社会建设，又重视空间布局的社区发展规划逐渐发展起来了。

我国的社区发展和社区发展规划起步较晚。相较于西方社会社区发展的概念，我国更多的是使用社区建设的概念。社区建设是我国民政部在1986年提出的以社区服务（community service）为核心的基层建设行动，包括社区服务、文化、教育、卫生和治安等各个方面，强调社区行政区域内社会建设职能的完善。伴随着社区建设的全面推进，一方面中国真正意义上的社区发展规划行动于2005年在全国各省、市、区普遍发生，形成了一系列实践文本；另一方面，社区发展规划也逐渐成为中国社区发展与城市规划理论与实践关注的热点问题。社区发展规划是对社区发展的社会属性和空间属性的整体设计，伴有多学科的属性，它导致无论是理论界，还是实务界，对于社区发展规划的主体、内容、性质、方法、程序等基本问题的认识的不一致。回答上述基本问题，突出社区发展规划的技能、技巧，即是本书的任务与目标。

本书是集体合作的结果。由游艳玲副教授（华南农业大学）担任主编，拟定全书的编写提纲和内容体例。杨和焰副教授（华南师范大学）、钱正荣副教授（北京师范大学珠海分校）、苏敏老师（深圳职业技术学院）三人任副主编，与游艳玲共同负责全书的组织及统稿工作。王琳教授（广州大学）、罗晓蓉副教授（秦皇岛职业技术学院）和杜继丰老师（华南农业大学），在初稿中做了大量组织、整理和审稿工作。以下是各章节的编写者，他们各自承担自己所编写内容的知识产权责任：第一章第一、二节由刘卉老师（河北农业大学）编写，第一章第三节由游艳玲副教授编写；第二章由杨和焰副教授、巩玉涛老师（华南农业大学）编写；第三章由苏敏老师编写；第四章由罗晓蓉副教授编写；第五章由王琳教授编写；第六章由钱正荣副教授、王静老师（华南农业大学）编写；第七章由杜继丰老师编写；第八章由张程老师（华南农业大学）和游艳玲副教授编写。

张兴杰教授（华南农业大学）、解丽霞教授（华南理工大学）、邓雪琳副教授（电子科技大学中山学院）、陈玉生博士（华南农业大学）、吴丽月老师（长沙民政职业技术学院），对本书的结构与个别章节的具体内容提出了宝贵的意见。本书在出版过程中得到科学出版社王京苏老师的大力支持，在此致以深深的谢意！

本书的编写工作还获得了广东省本科教学改革和教学质量工程建设项目（“公共事业管理”专业综合改革试点项目、“社会工作”专业综合改革试点项目）的资助。

在本书的编写过程中，我们直接或间接地吸收、借鉴和引用了大量国内外有关专著、教材、论文、学位论文、研究报告和媒体报道的相关成果，在此对所有成果的原作者表示最诚挚的感谢！

由于水平有限，书中难免存在这样或那样的不足，恳请广大专家、学者、同行和读者批评和指正。

游艳玲

2015年5月17日于广州

## 学 习 引 导

本书每章都依序包括“本章要点—正文—本章小结—关键概念—复习思考题—案例—实训指导”七部分内容。

本教材完全遵循立体化设计思路，不仅有纸质的主教材和实训指导教材，还有配套的电子教案、教学大纲、多媒体教学课件、电子习题库等教学资源，可以最大限度地为教师教学、备课提供全方位的教学资源服务，方便读者使用。

# 目 录

# 第一章

# 社区与社区发展规划

**本章要点**

本章的主要内容是社区发展规划的相关概念与基本问题。分别介绍社区的内涵、基本特征、基本要素和类型，社区发展的概念、理论模式和实践模式，社区发展规划的含义与类型、多维度特质、基本内容和必要性。

## 第一节　社区

### 一、社区的内涵

社区是社会学家使用最多的词语之一，也是概念最复杂、歧义最多的词语之一。社区这一概念最早由德国社会科学家滕尼斯(F. J. Tonnies，1855～1936年)提出，他因此被誉为“社区理论的创建者”。1887年滕尼斯在德国出版了社会学名著*Gemeinschaft und Gesellschaft*(中译本名称为《社区与社会》)。在该书中，滕尼斯认为一个社区应满足以下几个条件：一是特定的地域空间；二是特定的人群；三是居民之间有共同的利益与意志，社会联系比较紧密，是一个利益共同体。按照滕尼斯的定义，社区最核心的部分就是共同的利益与共同的心理特质及紧密的社会关系，这正是社区与社会最本质的区别。特定的地域及人口只是社区的“形”，而共同的利益与共同的心理特质及紧密的社会关系，才是社区的“魂”，是理解与贯穿社区的主线。这个“魂”包括社区居民的归属感、心理认同感、互相信任、互相帮助及紧密团结等。

该书后来被美国社会学家查尔斯·罗密斯(C. P. Loomis)译成英文版本*Community and Society*，其中“community”就是我们现在所说的“社区”。英文“community”的意思是生活共同体，是指特定地域空间内生活的一群人。

在中国，第一次将英文“community”译为“社区”并向国人推介的是社会学家费孝通先生，当时他还就读于燕京大学。费孝通在其论文《二十年来中国社区研究》中说，20世纪30年代，“当初，community这个词介绍到中国来的时候，那时的译法是‘地方社会’，而不是‘社区’。当我们翻译滕尼斯的community和society两个不同概念时，感到 community 不是 society，成了互相矛盾的不解之辞，因此，我们感到‘地方社会’一词的不恰当，那时，我还在燕京大学读书，大家谈到如何找一个确切的概念，偶然间，我就想到了‘社区’这么两个字样，最后大家援用了，慢慢流行。这就是‘社区’一词的由来”。

那么，什么是社区呢？尽管社会学家对社区下的定义有 140 多种，且不尽相同，但其对构成社区基本要素的认识还是基本一致的，普遍认为一个社区应该包括一定数量的人口、一定范围的地域、一定规模的设施、一定特征的文化、一定类型的组织。可见，所谓社区，就是以一定的地域为基础，由相互联系、相互交往、具有共同利益的社会群体或组织构成的社会实体。

## 二、社区的基本特征

### 1. 地域性

社区的存在和发展以一定的地域为前提，社区居民的居住和一切活动也总是以一定的地域的存在为前提的。社区就是具体的、有一定范围的地域共同体。社区的地域特征使社区发展有了具体的目标和标准。

### 2. 聚集性

社区是居民生活的单元，居民日常生活和大部分活动是在社区范围内进行的。社区居民通过社区组织建立起多种人际关系，以家庭为单位，共同满足物质和精神生活的需求。从现代社会看，随着市场经济的发展和社会化大生产的深入，人口的聚集是一个大趋势。而人口的聚集带来的是社会组织的合并、基础设施的集中和其他物质与精神资源的聚集，这就为社区发展提供了较好的便利条件。

### 3. 多样性

社区是丰富、多元的，社区的多样性主要体现在以下几个方面：第一，人群的差异性。社区中人群存在着差异，表现为不同人群的教育程度、经济能力、职业、行业等方面的差异；由此决定了不同人群，为了谋求自己的利益而产生的社会行为、社会意识的差异。第二，社区组织的多样性。如果个人总是处于一定的群体和组织中，那么个人追求自身利益的行为在一定条件下总是体现为自己所处的组织的行为。第三，社区组织内在构成、发展程度和外部环境的不同，导致了社区的多样性。

社区的特征规定了社区是一个相对完整的社会实体，它包括了社会有机体的最基本内容，是宏观社会的缩影；社区还是一个相对完整的社会功能整体，能够在满足人们的基本生活需要的同时，协调社会矛盾，发挥社会整合的作用，创造社会财富，提高居民的素质。

### 4. 共生性

共生性是指社区成员和社区组织的构成是多样的，包容了不同的利益群体，既能够容纳中、高收入阶层，又能够容纳低收入阶层。由于受教育机会、家庭背景、社会分工和经济收入的不同，社区内居民构成了不同的社会分层，如低收入阶层、高收入阶层、中等水平收入阶层。

## 三、社区的基本要素

社区尤其是现代城市社区的形成与发展，受多种因素的影响，主要包括以下五种。

1. 地域要素

地域是指人们从事各种社会活动和社会工作的场所，是人们的基本生活空间，也可指那些能满足人们基本需要的设施、组织、机构等发挥作用的地理范围。

社区是一个小社会，但是它有特定的空间范围，是特定区域的社会。在城市中，社区一般与行政区划有密切联系，主要是指街道、住宅小区、较大的工矿企业、学校等；在农村中，社区大多是一种自发形成的心理归属范畴，人们常常把集镇、自然村或行政村作为社区来看待。

因此，在实际生活中，社区一般不会超过一个城市或县区的地域空间。例如，20世纪30年代费孝通先生在对江南的调查中就认为，集镇社区大概就是以集镇为中心的25华里(1华里＝500米)半径内(他引用当地居民的话把其称作“乡脚”)的区域。

2. 人口要素

人口是社区活动的主体。社区人口是指以一定的地域为基础，具有稳定的社会交往关系、共同的心理特质的一定数量的人群。对社区人口的分析可以从四个角度来进行，即社区人口的数量、质量、构成和分布。

社区人口的数量是指生活在某一时期的社区的人数，要考察社区人口的数量就要考察人口的死亡、出生、迁移等方面的因素。

社区人口质量特指社区内人口的素质，也就是受教育的情况、思维方式、心理素质等。

社区人口构成是指社区不同类型人口的特点，包括多方面的特征，即人口的阶层划分、婚姻状况、家庭构成、职业类型、民族构成、宗教信仰、国籍、语言等。

社区人口分布是指人口的自然或地理分布情况，包括人口的密度与距离、相互的交往或与其他社区的相互联系等。

3. 组织要素

社区内成员在一起生活，需要有一定的机构来协调其行为，这样就产生了社区组织。社区组织是指社区内有目的、有计划地建立起来的以满足社区居民生存和发展需要的各种团体和机构。社区组织保证了社区内人们共同、协调地生活在一起，它也是构成社区的基本要素。

根据社区内组织的人际关系性质的不同，社区组织分为正式组织和非正式组织两大类：①正式组织具有组织目标明确，组织制度、体系和运行方式严格，以及场地、设备、资源固定等特点，包括社区党组织、居委会、服务中心、银行、学校等。②非正式组织具有自然形成、规模较小、组织规范约束力弱、成员间关系紧密和认同感强等特点，包括社区合唱团、舞蹈队等。

社区组织有些是大社会组织的分支，与社区外系统有直接的联系，包括党团组织、跨国公司分公司等；有些是仅面向社区的组织，如社区学校、商店、老年人活动中心等。

4. 物质和保障要素

社区的物质要素主要是指为社区成员生活、活动和发展所提供的一整套相对完备的基本服务设施和其他公共设施，如各种商业设施、文化娱乐中心、医疗卫生机构等。它是保障社区成员生存的必要手段，是社区发展的基础和前提。

社区集生产、生活、休闲、锻炼、文教等功能于一身，它必须具备一套完善的基本生活服务设施，如商业、文化、交通、医疗、服务等方面的设施。随着社会文明进步程度的提高，基本公共设施也在不断完善，越来越能够满足社区居民多样的物质生活与精神文化生活的需要。

同时，社会保障因素也是我国社区建设中的一个因素，而且发挥着日益重要的作用。在社区建立社会保障机构是实现社会保障属地化的关键步骤，也是落实社会保障的重要环节。

5. 文化要素

社区文化(community culture)是指在一定的区域范围内和一定的社会历史条件下，社会成员在社区社会实践中，共同创造的、具有本社区特色的精神财富及其物质形态。社区文化反映了社区的地域特点、人口特性，以及居民长期的、共同的经济和社会生活，它包括社区内人们的信仰、价值观、行为规范、历史传统、风俗习惯、生活方式、地方语言和特定象征等内容。社区文化能使社区成员产生相似的行为或价值观念，从而产生强大的凝聚力，并使社区产生保持可持续发展的因素。

社区文化所包含的社会价值导向因素具有重要的社会作用。它能够通过在社区中树立正确的价值观念和良好的行为规范，以及倡导健康文明的生活方式，提高社区居民的文化修养，使社区居民正确地认识人与社会之间，物质生活与精神生活之间，个人、家庭与社区之间等诸多层关系，形成健康向上和互相关爱的社区文化氛围，培养社区居民的社会责任感、正义感、同情心和奉献精神，从而树立起居民良好的社区公德和家庭道德，形成高尚文明的社区风尚。

社区文化所包含的社区居民的社区认同感和归属感具有伦理暗示、价值认同、审美导向、兴趣趋同的功能。它能使社区居民加强了解和沟通；能使习惯不同的居民彼此认同；能使有心理隔阂的居民彼此宽容；能使生活有困难的居民得到及时帮助。这样就能有效地从心理和文化层面增强居民对社区的认同感，使他们从社区的文化特质中，认识和认同自己生活的社区，进而热爱社区、为社区作贡献，从而有效地加强社区的凝聚力。

## 四、社区的类型

分类研究是社区研究的一项重要的内容，依据不同的标准，可将社区划分为不同的类型。不管社区的类型有多少，无论是过去还是现在，对社区的类型和标准的研究都具有十分重要的意义。

1. 按社区的发展状况划分的社区类型

(1)传统社区。其主要是指在传统即前资本主义时期的生产和生活方式的基础上自然形成的社区，如我国农村的自然村等。这类社区在发达国家已很少见。

(2)发展中社区。其是指传统社区向发达社区转型过程中的社区形式，既保留了传统社区的特点，又吸收了现代社区的内容。我国目前的许多城镇和开放地区的乡村都属于此种类型。

(3)现代社区。其也称发达社区，主要是指城乡融为一体的社区，是基本上具备了现代化的生活条件和完善的社会福利服务的社区。人们的日常生活穿梭于城乡之间，即使是乡村生活也十分方便，生活水平甚至高于城市。这类社区主要存在于一些发达国家。

在我国，传统社区存在于偏远落后的乡村，发展中社区是目前最主要的社区形式，发达社区主要存在于我国东部沿海城市和经济特区。

2. 按社区功能划分的社区类型

(1)经济社区。其是指社区内的劳动者多数从事生产经营活动，外在功能主要是经济功能的社区。根据经济活动的种类，经济社区可细分为工业、矿业社区，农业、林业、牧业、渔业社区，商业社区等。这类社区在我国城乡地区均占有较大比重。

(2)政治社区。其是指各级行政区域的领导机关、管理中心的所在地。

(3)文化社区。其主要是指教育、科研、文化艺术等单位比较集中的区域，如北京的中关村，英国的剑桥等。

(4)军事社区。其是指以军营、军事基地、军事院校或科研院所为主体的社区。

(5)特殊社区。其是指以实现社会某种特殊目的为活动内容的区域，如福利社区、精神病院、监狱等。

3. 按社区区域特征划分的社区类型

(1)城市社区。其是指主要聚居了非农产业(即第二、三产业)的居民，并达到一定人口密度和规模，且由国家批准设立市建制的社区。

(2)农村社区。其是指以农业生产方式为基础、规模较小、结构比较简单的社区，是伴随着原始农业的出现和人类的定居而产生的社区。

(3)城镇社区。其或称为集镇社区，实际上是兼具农村社区和城市社区某些成分与特征的社区类型，是农村和城市相互影响的一个中介。按照费孝通先生的说法，它是一种比农村社区高一个层次的社会实体的存在，这种社会实体是以一批并不从事农业生产劳动的人口为主体而组成的社区。

4. 按社区形成方式划分的社区类型

(1)自然性社区。其是指人们在长期的共同生产和劳动中自然形成的定居区，其地域界限是自然形成的，包括农村中的自然村，城市中的回民聚居区，欧美国家的外来移民社区等。

(2)法定性社区。其是指人为规定的，主要出于行政管理的需要而设置的(或者是和行政区划一致的)社区，其地域界限是以法律形式规定并标示于地图之上的，包括城市中的街道办事处辖区、居民委员会(简称居委会)辖区，农村中的村民委员会(简称村委会)辖区等。法定性社区一般都有相对规范的管理或服务机构，是党和政府推进经济建设和社会发展，实施社会管理和开展社区服务的基本单位。

(3)专能性社区。其是指人们因从事某种专门活动而形成于一定地域空间上的聚集区。一所大学、一座军营、一个矿区等都是一种专能性社区。

5. 按社区建设实践特征划分的社区类型

社区建设工作开展以来，各地在改革和探索实践中因突出的重心不同，形成了不同类型的社区，如学习型社区(如上海市各市辖区)、服务型社区(如天津市各市辖区)、环境型社区(如浙江省杭州市)、安全型社区(如辽宁省沈阳市沈河区)和文化型社区(如辽宁省大连市西岗区)。

广东省要求按照便于服务管理、便于社区资源开发、便于居民自治的原则，把社区划分为四类：①以街区巷道、道路、河流等自然地划分的“地缘型社区”；②以相对独立的商业、住宅小区为单位的“单元型社区”；③以职工家属聚集区为主体的“单位型社区”；④以汇集居住、旅游、商务、文化、体育等不同功能特点划分的“综合型社区”等新型社区(参见《广东省民政厅关于在全省推行城市社区建设的意见》)。

沈阳市将原来的2 700多个居委会，重组为1 277个新型社区，新型社区主要分为四类：①按照居民居住和单位的自然地域划分出来的“板块型社区”(976个)；②以封闭型居民小区为单位的“小区型社区”(99个)；③以职工家属聚集区为主体的“单位型社区”(170个)；④以不同的功能特点划分的“功能型社区”(32个)。

## 第二节　社区发展

社区发展(community development)是有计划地推动社区变迁的方式，最重要的特征是社会工作者及其他专业人士、政府、民间组织和社区居民共同参与①。

社区发展方式的运用最早可以追溯到18世纪末德国的救济制度改革运动和19世纪末英国的邻舍互助组织发展。第二次世界大战以后，对于发达国家，尤其是战后需要重建的发达国家，以及一些新兴的发展中国家来说，大量的社会问题的产生，使单纯的政府力量或市场调节已经不能发挥更大的效用了。组织民间力量、运用民间资源，成为解决这些社会问题的新角度。于是联合国社会经济理事会试图向各国介绍发达国家的社区发展经验，经常在各国举行社区发展研讨会，交流各地实践经验，有目的、有计划的社区发展逐渐成为一个世界性的潮流，其目标也日益多元化。

### 一、社区发展的概念

社区发展这个概念最早是由美国社会学家F. 法林顿在《社区发展：将小城镇建成更加适宜生活和经营的地方》(1915年)一书中提出的。1928年美国社会学家J. 斯坦纳在其所著的《美国社区工作》中，1939年美国社会学家桑德森与波尔斯在合著的《农村社区组织》中，对社区发展的基本方法和理论从不同角度进行了论述。此时社区发展概念同现在相比尚有较大差别，但他们为后来该概念的发展与广泛运用奠定了基础。在社区

① 黎熙元、童晓频、蒋廉雄：《社区建设——理论、实践与模式比较》，商务印书馆，2006年，第22～23页。

发展概念的使用过程中，由于实际工作者的出发点和关注点不同，社区发展的定义也不尽相同，具体来说存在以下几种说法。

1. 任务说

任务说强调社区发展的目的是实现有形的、切实存在的目标，如建立社区医院、完善社区基础设施等。

2. 方法或方案说

方法和方案说认为，社区发展的过程是一个经由一定的方法确立切实可行的一系列方案，通过一步一步的方案实施过程来达到社区发展目的的过程。而且，这种方法和体现方法的方案，又是随着社区发展的实效而变更的，并且其调节和变更还可以引导某种工作方案在连续的阶段内成为能够被大众接受的方法。联合国专门工作机构在推行社区发展的初期(1963 年)曾一度提出这样的定义：“通过人民自己的努力及与政府当局合作，以改善社区的经济、社会和文化环境，把社区纳入国家生活中，从而对推动国家进步作出贡献。”后经罗斯(Murray G. Ross)对此提出争辩和批判后①，这一定义已很少被引用。

3. 社会运动说

社会运动说强调社区发展是一种社会改造运动，认为社区发展是用以促进社会改善的一种运动。这种运动是通过社区成员积极参与，主要依靠社区自身的力量推行的，但也辅以一定的工作技巧，以提升社区成员的参与热情。其目的在于唤起社区成员的自觉与自助意识，使社区的助人、自助精神得以体现和发展。

社区发展作为一种运动，要唤起居民的热情，就必须通过一定的领导方式和一定的宣传手段来强化行动的理想目标，以促进社区居民的自觉，并端正居民的态度。这种观点依靠外来力量来推动社会变迁，在实践中主要是社区工作的初期推动，但不宜形成一定的制度。

克瑞斯坦森(Christenson)和罗宾森(Robinson)将社区发展的任务取向定义为“社区中的一群人，在启动一项社会行动计划方面达成一致，从而改变他们的经济、社会、文化或者环境的现状”②。

4. 过程说

过程说认为社区发展是指一种过程，即由公众以自己的努力，与政府当局联合一致，以改善社区的经济、社会、文化环境，并把社区与整个国家的利益合为一体。

从社区发展的本意看，可以将社区发展理解为一种社会行动的过程。在这个过程中，社区中的成员需要自己组织起来，找出他们的共同需要与问题，拟订共同计划以满足其需要、解决其问题。在此过程中，尽量运用社区的本土资源，必要时辅以政府或其

---

① Ross M G. Community Organization：Theory，Principles，and Practice. New York：Harper and Row Publishers，1955；Dunham A. The outlook for community development：an international symposium. International Review of Community Development，1960 ，5：33-55.

② Christenson J A，Robinson J W. Community Development in America. Ames：Iowa State University Press，1980.

他社团的协助。从社区发展的目标看，社区发展可认为是一种经全体社区成员积极参与，并充分发挥创造性的力量，以促进社区经济与社会同步发展的工作过程。

沃伦(Roland Warren)指出，社区发展的过程取向是“加强社区水平模式的周密的、持续的努力”。联合国在1955年发表的《通过社区发展促进社会进步》一书中也将社区发展的过程定义为“一种经由全社会居民积极参与，并充分发挥创造力量，以促进社区经济与社会同时进步的工作过程”①。

在社区发展的实践中，以上几类定义所反映的状况在一定程度上分别贯穿于社区发展的不同阶段。例如，西方许多国家在推行社区发展的初期，为了向公众宣传，并激发公众的积极参与，主要视社区发展为一种社会改造运动。但宣传计划不可能长期而持续地进行，在进入工作实施阶段后，具体的发展规划和行动方案就成为社区发展的主要方式。例如，为推进社区发展行动的进行，许多国家和政府纷纷制订“社区发展计划”，希望通过政府有关机构与非政府组织的合作，将社区发展引导到正常的发展轨道上。不过这也仅仅强调社区的物质建设和有形发展，对社区成员的社区意识和自助、互助精神的提升并无多大促进。而社区成员的社区意识和自助、互助精神的提升，对社区发展的作用是长远而有效的。因此，这种策略在一定程度上可能反而会使物质建设难以长期维持。因而，为了促进社区长远发展，比较理性的态度是持有持续发展的观点，适当运用宣传、规划、物质建设手段，通过公众自助、自治能力的培育，使社区成员、社区工作人员、行政主管人员及专业技术人员与专家等各方力量可以在不同的社区发展阶段发挥各自的作用。

总之，对社区发展含义的理解可以归纳为两个方面：从纵向来说，社区发展是一种不断接近目标的过程，这种过程是通过选取有效的方法，制订可行的方案，推动社区成员的改造社区的运动来实现的。其基本的指导思想就是，从社区的利益与国家利益的一致性的角度切入，通过社区成员利益的实现来体现国家利益。从横向来看，即从社区发展涉及的领域来看，又可以对社区发展进行广义和狭义的区分。从广义上来看，社区发展泛指国家或地区的所有事物的发展过程，包括社区的经济、政治、文教、卫生、环境、服务、管理等方面；从狭义上来看，社区发展包括基层社区建设的一系列具体问题。

## 二、社区发展的理论模式

在社区发展的过程中，每个社区都需要根据实际状况发展有特色的模式。但无论如何，社区发展都需要寻找合理、良好的社区发展模式作为推动社区良性运转的重要途径。

1. 体系模式

体系理论的基本观点是：社区变迁会导致社区体系或结构失衡甚至功能丧失。该理论把社会体系作为一个由诸多密切相关的元素或副体系有机构成的功能性实体，一个社

---

① UN Economic and Social Council. Official records of the 24th session. Annexes, Agenda Item 4: 20th Report of the Administrative Committee on Coordination to the Council, 1955: (E/2931)annex iii, 14.

区就是相对独立的一个社会体系。体系平衡是社会体系运作的目标或理想境界。只有体系处于平衡状态时，内部各单位要素的互动关系才能够良好，没有冲突与紧张，各部门之间各司其职、良性运作。

体系模式的理论使用的基本概念包括以下几点：①体系都有一定的界限；②体系有特定的发展目标及运行规范；③体系内部包括角色、地位及阶层结构的性质；④体系内部存在奖惩制度；⑤体系内部有必需的物质资料设施；⑥社区体系内部包括诸多要素，如家庭或家族的、非正式群体的或正式组织的、宗教的或教育的、政府的或大众传播方面的体系等。

促使并保障这些体系之间保持平衡与协调的正是体系模式的目标。为了实现体系结构的平衡，社区发展的设计者和行动者应该做如下几个方面的工作：首先，要了解来自体系之外，冲击体系平衡的力量；并针对不同的力量对体系的作用，采取适当的行为。其次，要了解社区体系内部各次级单位变迁的相关性，并且能够在社区变迁发生之时，维护原来各部门之间的平衡性，或适应新的趋势把体系推向新的平衡状况。

2. 社区发展模式

社区发展模式主要是指，在一个社区之内鼓励居民通过自助及互助的方式广泛参与社区事务、解决社区问题、推动社区发展，以使社区发展的目标与社会发展的目标相一致。

该模式认为，社区发展的价值在于促进发展目标与社会目标保持一致，并充分调动社区居民的积极性。

社区工作者在应用这一理论模式时，其工作重点在于：社区发展目标要符合社区实际发展的需要，反映社会发展的趋势；统筹社区资源，为目标实现提供必要的财政和人力支持；对影响社区发展的因素有充分认识，不能因为实现此目标而影响其他目标的进行；区别积极因素与消极因素的不同作用，对即将发生的变迁有前瞻性的预见，做好应对方案；通过一定的社区教育和宣传调动社区居民自觉参与的积极性；制定实现目标的民主的工作程序等。

3. 社区计划模式

社区计划模式被广泛用于处理社区事务。这种模式认为，每个社区都有一系列需要解决的问题，这些问题必须逐一解决。

社区计划模式取得成效的关键在于，通过制订完备的社区发展计划来确认问题的性质，并制订合适的问题解决方案。每一个问题都应放在整个社区体系中来认识，并从综合的、全面的角度来研究解决的策略。只有这种逐一解决问题的过程及行动的结果，才能最大限度地考虑社区体系的平衡性。

在这一过程中，社区工作者的主要任务就是在较为复杂的社会环境下，收集和分析社区问题的有关资料，设计出各种计划与政策，并以有效的方式执行，以促进社区的体系平衡与健康发展。

国内城市社区发展基本都属于这种模式。例如，武汉市以改革城市基层管理体制为突破口，围绕合理调整划分社区、组建社区组织、转变政府职能和强化社区民主自治功能、大力发展社区服务等关键环节，全面推进城市社区建设，为我国城市社区建设开创了一个崭新的模式。该市在江岸、江汉、青山等国家和省社区建设试验区的基础上，全面推进了以转变政府和街道办事处职能、理顺与社区工作关系、强化社区民主自治功能为中心的城市社区建设深层次改革和探索。改革的结果是将全市13个区和两个开发区、107个街道办事处的1 936个居委会调整划分为1 016个社区，组建了社区党组织和社区居委会，并新建了13个住宅区社区居委会。与过去相比，全市社区居委会建制减少了45%左右；社区居委会干部人数由11 800多人下降了57%以上；经选举产生的社区工作者的平均年龄由52岁下降到39岁，97%具有高中以上文化程度，其中大专以上占37. 6%。

4. 社区行动模式

社区行动模式旨在通过组织弱势群体与他人联合来改变社区权力与资源的分配，使弱势群体能够改变自己的处境。

社区行动模式的目标是根据社会正义的理念，为了充分体现弱势群体的利益诉求而对整个社区提出的适当要求，这些要求可以体现为弱势群体资源的增加、权力的实现、政治地位的保障等。因此，社区行动模式有时可以推动社会制度的健全和社会的根本变革。而社区行动模式发挥这些作用的关键在于其结合了社区尤其是社区内弱势群体的力量，这种结合起来的力量往往能够发挥很大的作用。

社区工作者在应用这一理论模式时的主要职责就是，作为行动的倡导者和行动者，组织民众、引导有组织的案主和团体争取其经济与政治利益。社区行动模式往往在社区内团体之间矛盾比较突出、各方利益不容易协调时使用，以有效促进弱势群体的政治经济地位的提升。

## 三、社区发展的实践模式

### (一)国外社区发展的典型模式

1. 政府主导模式

政府主导模式表现为政府行为与社区行为的紧密结合，政府对社区的干预较为直接和具体，并在社区设有各种形式的派出机构，社区发展特别是管理方面的行政性较强、官方色彩较浓。其代表国家为新加坡。在新加坡，社区管理组织具有非常完善的体系；同时公众很少主动参加社区管理，社区居民民主观念淡薄。

2. 社区自治模式

社区自治模式的主要特点是政府行为与社区行为相对分离。政府对社区的干预主要以间接的方式进行，其主要职能是通过制定各种法律法规去规范社区内不同集团、组织、家庭和个人的行为，协调社区内各种利益关系并为社区成员的民主参与提供制度保障。而社区内的具体事务则完全实行自主自治，与政府部门没有直接的联系。其代表国家是美国。美国的社区自治模式有以下特点：第一，非营利组织（non-profit organization，NPO)是美国城市社区发展的主力军；第二，社区规划较为严格、合理；第三，依靠社团组织实行民主管理；第四，强调法治功能，实施依法管理。

3. 混合模式

在混合模式中，政府对社区发展的干预较少，政府的主要职能是规划、指导并提供经费支持，官方色彩与民间自治特点在社区发展的许多方面交织在一起。由政府部门人员与地方及其他社团代表共同组成社区管理组织机构，或是由政府有关部门对社区工作和社区建设加以规划、指导，并拨给一定的经费，但政府对社区的干预相对较少和间接，社区组织与管理以自治为主。其代表国家是日本。日本模式的特征是：第一，政府主要起指导、支持和监督的作用；第二，建立以人为本、为民服务及居安思危的思想意识；第三，城市社区管理趋于民主化、自治化。

综合来看，西方国家社区管理模式具有以下共同特点：第一，组织管理机构健全，权限职责清晰。社区内都建有社区委员会、社区顾问团等组织机构，并有相应的法律对各种社区组织机构的组成及权限进行明确规定。第二，非营利组织在社区发展中具有重要作用。在实施社区发展计划的国家，社区发展的各项服务性工作一般是由非营利性中介组织具体操作实施的。第三，社区志愿者组织是社区建设和发展不可缺少的力量。社区志愿者组织是由社会各界志愿者组成的服务团体。国外社区志愿者组织的基本特征有：组织形式多样；服务方式灵活；社区志愿者来源广泛，数量众多；"三位一体"的资金扶持。

**(二)国内社区管理的实践模式**①

伴随着社区建设的蓬勃发展，我国各地开始进行社区管理体制创建的实践，在社区定位、社区划分、社区组织结构等方面获得了许多宝贵的经验。赵勤、周良才等学者对这些实践模式进行了归纳，其中包括上海浦东模式、深圳罗湖模式、武汉模式、青岛模式、沈阳模式、佛山城南模式、南宁模式等。下面仅选取三种来说明。

1. 上海浦东模式

上海是我国较早探索社区建设管理体制的特大城市，它在实行"两级政府、三级管理"的改革过程中，构筑了领导系统、执行系统和支持系统相结合的街道社区建设管理体制。其中，卢湾区五里桥街道的改革最为突出，其构筑的以街道为单位、统一规划、政府主导、多方协办的社区共建模式有如下特征：第一，由街道党工委、办事处和城区管理委员会构成街道社区建设的领导系统；第二，设立市管理委员会、社区发展委员会、社区治安综合治理委员会和财政经济委员会四个工作委员会，它们构成街道社区建设的主要执行系统；第三，辖区里企事业单位、社会团体、居民群众及自治性组织构成街道社区建设的支持系统。

2. 深圳罗湖模式

深圳罗湖模式是在20世纪90年代初进行"安全文明小区建设"的基础上建立起来的。其特点是：在政府的统一规划指导下，在一些可以实行市场化的社区服务中引入市场运作机制，以建设安全文明小区为切入点，化整为零，分散管理，将居委会的社会性职能与物业管理公司的商业性运营较好地结合在一起，形成了一种高度市场化的社区建

---

① 赵勤、周良才：《社区管理》，中国劳动社会保障出版社，2007年，第25～29页。

设和管理模式。具体的管理办法是：社区工作中涉及"物"的，如治安、绿化、环境卫生、公共设施的维护及保养等具有公共性质的服务，由社区居民通过招投标聘请物业管理公司进行专业管理和市场化管理；居委会则不从事以盈利为目的经济活动，主要集中精力做好"人"的社会性工作，如传统的民政服务、计划生育、纠纷调解、组织群众性文体活动等。

3. 武汉模式

武汉市的江汉社区以转变政府职能为突破口，创新管理体制，形成了以社区为依托，以基层自治组织为抓手，通过发展社区自治，促成政府行政调控与社区自治相结合、分阶段逐步实施的模式。其分三个阶段推进：首先是近期社区培育阶段，通过调整社区规模，构建新型社区组织，理顺社区各方关系，初步建立政府倡导、政策引导、基本自治的基层社区管理体制。其次是中期社区发展阶段，稳步推进社区制度的变迁和转型，基本完成管理体制重心由行政调控体系向法制保障下的社区居民自我调控体制的转变。最后是远期社区自治阶段，即实现以民主选举、民主决策、民主监督为主要内容的依法自治，全面提供社区功能。

以上几种模式虽各具特色，但也反映了我国社区管理改革的某些共同特征：一是政府高度重视社区管理；二是重新审视了政府在社区管理中的角色定位；三是充分利用社区整体资源；四是居委会在社区管理中的自治作用日益突出；五是社区服务成为社区管理的重点；六是社区管理日趋体现以人为本的原则。

## 第三节　社区发展规划

### 一、社区发展规划的含义与类型

#### (一)社区发展规划的含义

社区发展规划是以社区为单位进行的规划，又称社区计划或社区设计。它是运用系统分析技术，决定最佳行动方案，以达到预定目标，解决社区共同问题，引导社区变迁的理性决策方法。

社区发展规划由于从产生之初就涉及多学科，因此，社区发展规划的研究和制定也应由各学科合作承担。但是与社区发展相关的学科和专业分别从各自的角度考虑社区发展的问题，没有形成合力。

从广义上讲，社区发展规划是关于一定时期内社区发展的总体目标、社区发展的结构框架等的总体性计划。其目的在于有效利用社区各项资源，调动居民积极性，协调社区各种社会关系，以不断满足居民的物质文化生活需求。

在经济社会发展和城市化的进程中，城市社区的建设对城市发展的影响越来越大。因此，社区空间环境的建设若在规划阶段能够较全面地考虑社区的发展需求，则环境将对社区的社会和经济发展起到推动作用。

因此，也可狭义地从城市规划的学科角度来理解社区规划。徐永祥认为现代意义上的社区规划与城市规划的区别主要存在于概念、制定主体、评价尺度三个方面①。就概念而言，社区规划不同于城市规划的本质属性在于其第三部门(third sector)的特征。就制定主体而言，城市规划的制定主体、批准主体、实施主体是各级政府，成果具有一定的法律效力，其实施具有一定的强制性；而社区规划的制定与批准主体不是唯一的，可以是政府、社会集团或社区成员，并且其实施不具有明显的强制性。就评价尺度而言，城市规划的评价与检验尺度是城市的整体发展水平及相应的物质硬件设施标准；社区规划则主要是一种社会发展水平意义上的评价标准和检验尺度，包括社区组织、居民素质、社区工作等非物质因素，以及社区设施环境方面的物质因素这两方面的成果。

社会发展规划制定的过程就是社区工作者以适当的方法，通过掌握工作机构的工作理念、政策、资源和方向来确立社区工作目标，从多个预选方案中选择一个最理想的工作策略，然后根据社区发展的需要来动员和分配资源，并在工作过程中随时根据情况的变化修改计划，使计划按预定的目标进行，待工作结束时对计划执行情况加以检讨和反思的过程。

**(二)社区发展规划的类型②**

20世纪60年代以来，各国根据自身不同的国情，丰富了社区发展规划的内涵，从而使社区发展规划表现为不同的类型。

1. 按规划理念来区分

从理念上来看，社区发展规划可分为温哥华模式和台湾模式两大典型流派。温哥华模式强调社区规划是一种规划的理念和方法，在理念上尊重和吸纳民间发展意愿，在方法上高度重视公众参与，同时可应用在任何类型、尺度的规划中。在我国台湾省，社区发展规划虽然也强调尊重基层意愿，关注公众参与，但其是一种以有明确空间边界的社区为对象的物质型规划，目的是以社区物质环境的改善促进社区团结，推动社区可持续发展，并为此专门建立了社区规划师制度。

2. 按规划内容来区分

社区发展规划是社区组织、社区发展、社区工作的重要内容与方法。它是由社区决策机构统一主持、由社区各单位分别执行的多项行动方案的联合筹划工作。因此，从规划内容来讲，社区发展规划可分为两种类型：一是全社区的总规划，即将整个社区的经济、教育、卫生、福利、交通等方面综合起来拟订的发展计划。二是各部门的规划，即社区各业务机构按社区总规划的分工拟订的具体工作方案。社区发展规划可先从整体计划做起或由社区决策单位总揽，亦可在各业务机构提出计划后由决策单位予以协调。前一方式为集中式，后一方式为协调式。

3. 按规划期限来区分

社区规划的总目标或长期目标是全面提高居民的生活水平，促进社区发展，实现国

---

① 徐永祥：《社区发展论》，华东理工大学出版社，2000年，第108～110页。

② 钱征寒、牛慧恩：《社区规划：理论、实践及其在我国的推广建议》，《城市规划学刊》，2007年第4期，第75页。

家整体建设；分目标或短期目标是，根据社区当前需要解决社区面临的各种问题，逐步改善社区的生活条件和环境，等等。

4. 按工作组织模式来区分

在工作组织操作模式上，当今的社区发展规划还可分为政府主导型和民间自发型两种。前者由政府统一组织，提供经费，自上而下开展。例如，美国纽约就借助有官方背景的社区工作委员会开展社区规划。后者纯粹由民间社区根据需要自己委托开展，作为自治自理的参考，甚至在有的时候，还作为与政府进行沟通和争取社区发展权益的手段。

值得注意的是，社区发展规划虽然不可避免地包括物质形态规划，但这只是促进社区可持续发展的一种手段。因此，“真正意义上的社区规划”应该是基于自下而上理念、综合考虑社区各个方面发展需求的综合发展规划。同时，为避免与其他规划类型产生混淆，将社区发展规划作为一种有明确空间范围的规划类型较为合适。

## 二、社区发展规划的多维度特质①

社区发展规划是在多元的规划理念和多学科领域的影响下成长起来的。其在内涵方面渐趋一致，即为社区居民营造一个和谐、宜居、可持续发展的社会空间。但是在外延方面却越来越宽泛，涉及多学科、多领域，充分体现了现代社区发展规划的多维度特质，实现了多学科的融汇与贯通。正是这种融汇与贯通推进了社区发展规划的发展。

李慧栋等基于社区发展规划的原生领域和扩展领域的规划原理，从多角度、多层面对社区发展规划的多维度特质进行深刻解析，指出社区发展规划具有非常强的综合性。

### (一)原生领域中的社区发展规划

1. 社会学视角下的社区发展规划

社区的概念最早起源于社会学，发展至今，城市社区已成为城市社会学的主要研究对象之一。促成社区多样化、实现社区美好的生活，是社区社会学的主要目标。现代社区规划依据社区社会学的基本原理，把社区作为整个社会的基本组成单元，注重社区的社会性，着重考虑个人与群体的相互关系、社区组织、人的社会化等方面的内容，以构建社区共同体为目标，通过对社区中的各种现象的解析来把握社区中的社会关系及冲突，指导社区规划的各项工作，并制订出相应的社区发展计划和社区建设的软要素规划，体现了很强的社会属性。

2. 地理学视角下的社区发展规划

社区规划一直是社区地理学研究的重要内容，是社区地理学的一项长远的战略课题。社区地理学萌芽于19世纪末20世纪初，研究对象从农村社区扩展到城市社区，研究内容复杂，不仅涉及空间社区(城市社区、农村社区)，还涉及非空间社区或精神社区(种族社区、宗教社区)。城市社区是社区地理学研究的一个重要领域，主要研究城市社

---

① 李慧栋、李同升、郜鹏：《社区规划的发展进程与多维透视》，《城市发展研究》，2006年第13卷第6期，第26～30页。

区的空间分布、空间结构及演变过程，从而揭示其成因和预测其发展趋势，体现了较强的空间性。

3. 建筑学视角下的社区发展规划

现代的建筑学已逐步由传统建筑学走向广义建筑学，不局限于建筑的物质结构，而是转换为用群体、城市、区域的眼光看建筑，在设计中寻求建筑的存在意义，这种意义统括功能意义、社会意义与环境意义，不仅把时间、空间、人群融为一体，而且综合了社会、经济、技术等多种要素，实现了社区发展规划的立体化。此外，现代建筑学还推崇环境友好、科技高新、崇尚人文的生态建筑。因此，在社区发展规划中要强调遵循人与建筑融合的规划法则，根据当地的自然生态环境，运用生态学、建筑技术科学的基本原则，采用现代科学技术手段，合理地安排并组织建筑与其他领域相关因素之间的关系，使人与建筑及自然环境之间成为一个有机结合体，充分体现生活性、艺术性、文化性与生态性，即做到建筑生态化。

**(二)扩展领域中的社区发展规划**

1. 生态学视角下的社区发展规划

在倡导绿色、生态与可持续发展的 21 世纪，社区的生态性备受关注，生态学已成为社区规划所涉及的重要领域，生态设计手法也在社区规划中被广泛使用。从生态学出发，社区发展规划不能单以社会与经济为导向，应更多考虑社区的生态意义与价值，赋予其更多的生态性能。社区的生态性规划内容包括：社区生态文化体系的建设，突出家庭、群体、人格、制度等的生态属性；生态管理活动的规划，以生态学习、生态对话、生态教育等为主；社区硬件设施的生态规划，偏重于生态技术的应用和节能手段的普及。

2. 经济学视角下的社区发展规划

社区经济是社会经济的一部分，如何更好地发展社区经济，越来越受到经济学的关注，它不仅关系到社区的发展，而且关系到社会生活的方方面面。目前社区规划渐已把社区经济规划作为重点，运用宏观、中观和微观经济学的相关理论与方法，分别从社会、城市、社区、居委会等不同层次来进行社区经济发展规划、社区产业等的综合规划布局，并指导社区服务、社区管理等经济相关性很高的社会工作，使其发挥经济效益，扩大社区的盈利渠道。

3. 管理学视角下的社区发展规划

城市社区管理的实质是社会管理。目前，社会管理的重心不断向社区转移，社区的外延也随社会和经济发展而不断扩展，因此社区职责范围在不断扩大，并日趋多样化，已具有政治、整合、教育、服务、娱乐、凝聚等功能，社区管理成为社区发展规划的重要内容。管理学视角下的社区发展规划被看做社区内所有成员和机构共同参与的自我组织、服务和管理，在规划中强调充分体现地方性、社会性、群众性、公益性，在内容上主要从科、教、文、卫、体等多方面，对组织、党建、服务、文化、教育、环境、治安管理等具体内容进行合理的规划部署。管理学视角下的社区发展规划强调社区自治，尤其重视建立新型的社区管理体制、运行机制和管理法制，形成社区主导的管理局面，条包块管、以块为主的管理格局，小政府、大社会的管理框架。

4. 政治学视角下的社区发展规划。

构建和谐社会是我国政府的新理念，它要求实现城乡结构、区域结构、社会阶层结构、就业结构和代际结构的和谐。作为社会基本单元的社区，更应该注重和谐社区的构建，处理好社区内外的各种复杂关系，这就成为目前社区建设与规划的新课题。社区发展规划把居民参与、关系网络和信任度这三大社会资本(social capital)进行有效的整合，为社区管理、社区自治、社区资源利用和社区功能开发提供坚实的社会政治基础。通过从各个学科、不同的规划视角对社区规划进行解析(表 1-1)，可以看出社区规划是基于多学科的理论与实践分析基础上的，具有系统性、社会性、经济性、空间性、生态性、可持续性等多元属性的，极具弹性的综合安排部署。

**表 1-1 社区发展规划的多维度特质解析**

| 领域 | 视角 | 原理 | 原则与方法 | 内容 | 目标 |
|---|---|---|---|---|---|
| 原生领域 | 社会学 | (1)个人与社会群体的互动关系<br>(2)社会群体与社会组织 | (1)公众参与<br>(2)居民互动<br>(3)社会调查<br>(4)系统分析 | (1)制定社区发展的总目标<br>(2)进行社区建设软要素规划，包括社区服务、社区保障、社区工作、社区组织、社区民主、社区文明和社区管理等的具体规划 | (1)构建合理的社区组织结构及权力结构<br>(2)创造和谐的社区生活氛围<br>(3)合理组织居民生活空间 |
| | 地理学 | (1)区位理论<br>(2)人地关系地域系统原理 | (1)人本主义<br>(2)协调共生<br>(3)因地制宜<br>(4)空间分析 | (1)社区的空间规划与整合<br>(2)物质环境规划<br>(3)资源的合理开发与配置 | (1)提高社区的各种效率和效益。推进社区发展与建设<br>(2)满足人们的空间需求<br>(3)形成良好的人地循环系统 |
| | 建筑学 | (1)广义建筑学原理<br>(2)建筑与环境辩证关系原理<br>(3)生态建筑理论 | (1)技术原则<br>(2)整合原则<br>(3)艺术原则<br>(4)可持续 | (1)建筑单体的全方位设计<br>(2)社区内建筑的整合规划<br>(3)特殊建筑的保护、利用、规划，延续社区的历史与文化 | (1)满足不同阶层居民的居住需求<br>(2)追求协调美和秩序的真谛<br>(3)创造三维形式的人性化空间 |
| 扩展领域 | 生态学 | (1)共生理论<br>(2)系统理论<br>(3)生态流 | (1)环境容量<br>(2)可持续<br>(3)4R 原则<br>(4)生态设计 | (1)确定多绿色空间的社区规模<br>(2)生态建筑及节能设施规划<br>(3)制定社区生态建设实施机制<br>(4)社区交通规划 | (1)在不对生态环境产生永久的严重破坏的前提下，满足人们的基本需求<br>(2)有效地整合规划设计与自然生态<br>(3)强化社区的基地作用 |
| | 经济学 | (1)公共资源配置<br>(2)行政区经济与社区经济 | (1)双赢原则<br>(2)公共参与<br>(3)社区产业布局合理<br>(4)统计分析 | (1)可操作的社区经济发展规划<br>(2)合理布局与组织社区产业、服务业和社会再就业等<br>(3)政企分开，将街道经济纳入社区经济 | (1)以满足居民的社会需求和生活需求为根本目标<br>(2)提高公共资源配置效率<br>(3)创造更多的就业机会<br>(4)促进经济与社会的共同进步 |

续表

| 领域 | 视角 | 原理 | 原则与方法 | 内容 | 目标 |
|---|---|---|---|---|---|
| 扩展领域 | 管理学 | (1)系统原理<br>(2)人本原理<br>(3)动态原理<br>(4)有效与权变原理<br>(5)变革创新原理 | (1)以人为本<br>(2)自助、自治<br>(3)简洁、高效<br>(4)协调手段 | (1)制定各类社区事务的管理导则<br>(2)合理部署组织、党建、服务、文化、教育、环境、治安管理等<br>(3)设计适当的社区管理制度<br>(4)形成统一有效的社区管理机构 | (1)发现群众的需要，满足群众的需要，一切为了群众<br>(2)充分发挥社区人的主人翁精神 |
| | 政治学 | (1)民主与稳定的关系原理<br>(2)社区空间多元权力主体和谐"管治"原理 | (1)共治原则<br>(2)共存原则<br>(3)民主原则<br>(4)协调原则<br>(5)协商原则 | (1)居民的自组织体系规划<br>(2)制定多元化的社区治理主体的合作实施导则<br>(3)社区治理和社区制度规划 | (1)实现和谐、均衡发展<br>(2)构建以和谐社区为基本单元的和谐社会<br>(3)社区居民参与自治 |

资料来源：李慧栋、李同升、部鹏：《社区规划的发展进程与多维透视》，《城市发展研究》，2006 年第 13 卷第 6 期，第 28 页

## 三、社区发展规划的基本内容①

### 1. 社区历史与现状分析

社区是地域性的居民与组织的生活共同体，了解社区的历史与现状是开展社区规划的前提和基础。只有运用调查和统计的方法和手段，立足社区的历史变迁和现实状况，才能获得对特定社区的发展阶段、发展要素、发展条件、发展水平等方面的科学认识。在这种科学认识的基础上才能进一步发展出既具前瞻性又合乎实际的社区发展目标。

其操作基本要点有：第一，从空间环境入手，将经济、人口、科技、教育、文化、社会生活等的各种数据，按指标法分类测评，并将测评结果进行可比性分析，从而获得对社区发展阶段、发展要素、发展条件、发展水平的综合认识。第二，社区现状分析要以经常的科学统计数据为依据，采用调查研究与统计分析相结合的方法。第三，社区分析通常采用 SWOT 分析法，即要分析社区的优势(strength)、劣势(weakness)、机会(opportunity)和威胁(threat)。

### 2. 社区发展目标规划

发展目标是社区发展规划的总纲，是基于前期调研基础做出的整体性的、前瞻性的预测结果。社区发展规划的目标有总体性目标和子目标之分。总体目标是社区发展的总体性任务，子目标是社区发展的不同方面的目标与任务，如社区服务的目标、社区文化的目标、社区经济的目标等。

总体目标反映规划年限内整个社区应该达到的总体水平，对子目标和其他部分起着

① 徐永祥：《社区发展论》，华东理工大学出版社，2002 年，第 118～120 页；赵勤、周良才：《社区管理》，中国劳动社会保障出版社，2007 年，第 80～82 页；韦克难：《社区管理》，四川人民出版社，2003 年，第 218～220 页。

规范作用，因此必须具有战略性、全面性、长远性和高度概括性等特点。战略性是指它起着统领全局的作用，能够从根本上解决社区问题、促进社区发展。全面性是指它所规定的内容对不同方面的建设都起着制约性作用。长远性是指它规定的是特定未来阶段的任务与要求。高度概括性是指它高度集中地反映了整个规划的精神。

3. 社区发展要素规划

社区发展要素规划是社区发展规划的主体部分，是指根据社区发展总体目标制定的规划，包括社区人口、社区经济、社区教育、社区文化、社区服务与保障、社区环境与卫生、社区治安、社区共同意识等要素在内的发展任务的规划。

在这里需要强调的是：第一，社区人口规划的目标或重点在于提高居民素质，而非调整社区人口的数量和年龄结构等。第二，社区组织和中介机构的发展是社区规划与实践的重要内容，没有非政府性质的社区组织和中介机构的发展，就不可能完成社区向现代社区的转型和过渡。第三，经济发展规划应该成为社区发展规划越来越重要的部分。阿瑟·梅尔霍夫指出："土地的价值由于后工业化的发展而大大改变了，当社区努力为他们的土地寻找更富有生产力的使用时，经济发展方面的专家能够帮助提醒设计组的其他成员不要简单地限制一些土地的利用，而是寻求新的方法使社区也能更有效地利用土地。"①第四，根据自治性原则，从我国城市社区的实际出发，应努力规划好有利于社区自治和共同体意识形成的社区参与体制和机制。

4. 社区支持体系规划

社区的支持体系规划既是社区发展规划的重要组成部分，也是整个社区发展规划的保障条件。社区支持体系主要是指社区的管理体制和运行机制，大体上可以划分为以下五个部分，即行政调控系统、中介执行系统、经费运筹与价值管理系统、经营服务系统、公益服务系统。行政调控系统是指党政组织在社区中的职能和职责。中介执行系统是指社区事物的具体经办机构，这种机构一般与政府有着密切的关系，能为社区服务。经费运筹与价值管理系统主要由金融组织、资产经营公司和其他管理机构组成。经营服务系统是市场导向的，是面向社区居民生活服务的组织或个人。公益服务系统是指那些面向全社区成员，落实居民最基本的生活、社会保障的系统，它为社区居民提供各种自助互助、便民利民的日常服务。只有做好以上五个系统的规划，整个社区发展规划的内容才能够落到实处、获得保证。

## 四、社区发展规划的必要性

从现代社区理论的发展来看，社区工作越来越是一种有目的、有计划的、系统的行为，因此，社区发展规划对于社区活动的开展、社区工作的进行、社区的发展，越来越具有重要的意义。

第一，社区发展规划是社区工作开展的必要前提。社区发展规划是一种程序、一种过程，是对未来要发生的事情作预先决策，即根据各种形势与信息，判断事物变化的趋

---

① 阿瑟·梅尔霍夫：《社区设计》，谭新娇译，中国社会出版社，2002年，第127页。

势，确定可能实现的目标和预期的效果，并据此来设计、选择能产生最佳效果的资源配置与行动方式，最后形成正确决策和工作计划的复杂过程。简言之，发展规划就是预先决定“做什么”“何时做”“如何做”“谁来做”。

第二，社区发展规划是普遍而必要的工作方法。制定发展规划是一种十分普遍的工作方法，事实上个人和组织的活动都需要制定发展规划。人类最早的集体制定发展规划的行为开始于农业部族社会，巫师在其中充当了规划者的角色。那时的规划主要围绕战争、庆祝及宗教祭祀活动进行。到了奴隶社会和封建社会，规划的领域进一步拓宽，涉及城市设计、道路修筑、军事战争、庞大建筑等方面。进入近现代社会，规划几乎涉及组织的方方面面：从经济和商业管理中的市场、投资、人事规划到整体的组织战略性规划，从城市发展的房屋、交通、环境、新市镇规划到社会发展中的人口、教育、医疗及福利的社会规划等。总之，凡是国家和社会中有群体活动的空间都需要制定发展规划。离开了发展规划，组织的发展几乎不可能。

第三，社区发展规划是发现和解决社区社会问题的重要手段。社区发展规划的前提是对社区的整体状况进行全面、深入的调查和了解。因此，社区发展规划是从社区的角度对组织内的各项活动进行一次较为系统的总结，在总结的基础上找到需要解决的问题，从而确定下一步的目标和任务。社区发展规划通过对社区问题的分析、对未来的预测，可以发现社区工作中存在的不足和隐患，为社区日后的发展提供准确依据和努力的方向。同时，它还能发挥自身的咨询作用，使每一个社区工作者对社区工作都有一个整体和客观的认识，意识到问题的存在，并能从公众的利益出发，有针对性地制定工作方针，做出新的决策，使社区和谐发展。

第四，社区发展规划是促进社区高速发展的重要条件。随着城市化进程的加快和全球市场经济的建立和发展，尤其是自 20 世纪 50 年代中期联合国倡导以社区发展来推动社会全面进步以后，有关社区发展的课题受到了越来越多的国家和地区的重视。同时社区发展实践所带来的积极作用，也越来越得到各方面的认同。因此，对社区发展进行科学有效的规划就成为促进社区有效、高速发展的重要条件。

## ➤本章小结

社区是社会学家使用最多的词之一，也是概念最复杂、歧义最多的词之一。所谓社区，就是以一定的地域为基础，由相互联系、相互交往、具有共同利益的社会群体或组织构成的社会实体。社区的基本特征是地域性、聚集性、多样性、共生性。社区的基本要素是地域要素、人口要素、组织要素、物质和保障要素、文化要素。

社区发展的理论模式有体系模式、社区发展模式、社区计划模式、社区行动模式。社区发展的实践模式，在国外主要有以新加坡为代表的政府主导模式、以美国为代表的自治模式和以日本为代表的混合模式。在国内有上海东浦模式、深圳罗湖模式、武汉模式、南京模式等。

社会发展规划制定的过程就是社区工作者以适当的方法，通过掌握工作机构的工作理念、政策、资源和方向来确立社区工作目标，从多个预选方案中选择一个最理想的工作策略，然后根据社区发展的需要来动员和分配资源，并在工作过程中随时根据情况的变化修改计划，使计划按预定的目标进行，待工作结束时对计划执行情况加以检讨和反思的过程。社区发展规划有不同的类型，由于其多学科的特点，社区发展规划在原生的社会学、地理学、建筑学领域，具有社会内涵、空间内涵、立体内涵；在扩展的生态学、经济学、管理学和政治学领域，又具有生态内涵、经济内涵、可持续内涵和和谐内涵，体现出极强的综合性、多维度特质。社区发展规划的基本内容包括四个方面，即社区历史与现状分析、社区发展目标规划、社区发展要素规划和社区支持体系规划。开展社区发展规划非常必需，它是社区工作开展的必要前提，是普遍而必要的工作方法，是发现和解决社区社会问题的重要手段，是促进社区高速发展的重要条件。

## ➢关键概念

社区，社区文化，社区变迁，社区发展，体系模式，社区发展模式，社区计划模式，社区行动模式，社区发展规划

## ➢复习思考题

1. 简述社区的含义与基本要素、基本特征。
2. 简述社区发展的含义。
3. 简述社区发展规划的内容与构成。
4. 简述社区发展规划的含义与模式。
5. 简述研究社区发展规划的原则、方法与意义。

## 案例

### 谁的城市，谁的社区
### ——加拿大社区规划的两个实例

第二次世界大战后，旧城更新运动席卷欧美城市，多伦多的市中心地区亦不能幸免。丽晶园（Regent Park）和圣劳伦斯小区（St. Lawrence）均坐落在多伦多热闹的市中心，交通便利，都有大面积的开发住宅(包括政府补贴住房)。两个社区几十年的规划发展在加拿大城市发展史上同样赫赫有名，是高等院校城市研究学科经常引用的范例教材。两者最大的区别在于，前者是第二次世界大战后旧城更新的产物，单一的设计和单一的社会阶层(低收入人群)直接把社区和城市完全隔离，导致社会问题繁衍，城市顽疾丛生，2005 年不得不面临全面拆建；而后者是在 20 世纪 70 年代起北美“以人为本”规划思潮影响下最成功的混合社区规划(如混合收入、混合土地使用)，发展至今，社区成熟而充满活力，能够容纳不同社会阶层的居民和谐共处，社区个性特色鲜明。

1. 丽晶园的发展变迁

丽晶园在 20 世纪 40 年代末期开始营建，是加拿大历史上首个也是最大的社会住宅社区。所有住户均由政府按照“房租收入挂钩制”进行补贴，居民仅需要支付收入的 1/3 作为房租。但是，政府的补贴并不能保证低收入家庭脱离贫困线，获得就业机会，或攀升到更高的社会阶层。低收入家庭比例和失业率之高使丽晶园成为全国最贫穷的社区之一。在旧城更新的过程中，原来混合功能的蓝领居民小区全部被拆掉，变成整齐划一的中高层居住楼或低层住宅，占地 28 万平方米，约有 7 500 名低收入居民居住在 2 000 个住宅单元。大楼之间以大片空地或草坪连接，实现柯布西耶“公园中的塔楼”的设想。由于受现代主义规划思想的影响，土地的使用被严格区分，偌大的社区除了住宅楼竟然没有任何商用设施，如食品店、日用杂货、餐馆、银行等，也未创造就业的机会，纯粹的住宅区不能提供居民日常所需的生活设施和服务：所有道路的设计仅连接社区内部，车辆难以进入，社区失去了与外围城市空间的接触和联系；另外，设计上忽略了社区居民使用公共空间(如街道，绿地)的有效性和安全性，如大片的空地使用率低，也缺乏标识性和场所感。与外界不能连接的街道上没有来往车流，没有警车巡

逻，人流也稀少，高层的塔楼减少了居民对公共空间进行监测的机会，如雅各布斯所倡导的“街道上的眼睛”的作用不能得到发挥。规划设计的缺陷为各种犯罪活动提供了场所，涂鸦破坏、抢劫、贩毒、暴力、卖淫活动在社区的角落内屡屡发生。在这片城市孤岛上，丽晶园成为贫穷和罪恶的代名词。这场历时半个世纪的对现代主义规划思想的社会实践以失败告终。

新的丽晶园计划在 2017 年完成重建，居住单元增至 5 000 个，居民数目达 12 000 人。最大的规划改进体现在混合社区(包括混合收入和混合土地使用)的多样化设计上。新建的住宅楼混合政府补贴的社会住宅和商品房，保证原有 2 000 个社会住宅单元的提供，其他 3 000 个单元可售卖或租住。建筑类型(包括高、中、低层的结合)和风格的设计也呈多样化，采用最新的节能建筑技术，因地制宜，同周边的社区有机结合起来。原有道路全部打通，沿街单位作商业用途，布置食品店、咖啡店、银行等服务设施，同时创造就业机会。

2. 圣劳伦斯小区

圣劳伦斯小区位于多伦多的历史中心区。该中心是 18 世纪多伦多市开埠发展的起源，历史建筑比比皆是，一直是无可替代的城市地标。但是，随着第二次世界大战后郊区化的盛行和大工业活动的日渐式微，至 20 世纪 60 年代该区仅剩下大面积的工业建筑、空地、停车场，成为无家可归者的聚集地和电影业的取景场。20 世纪 70 年代中期，多伦多市政府决定重振圣劳伦斯小区的风貌，大规模发展住宅区以弥补工业外迁的旧城空心化。吸取了丽晶园等旧城更新项目的经验教训，为避免重蹈覆辙，当时的市长和规划师们专门邀请人本主义规划思想家雅各布斯为新发展出谋划策。以人为本是贯穿雅各布斯规划理论思想的一条主线。圣劳伦斯小区的复兴正是在这个规划原则的指引下开始的。

小区占地 18 万平方米，大部分用地在当时是废旧的工业用地或临时停车场。住宅建设是规划的重心。秉承雅各布斯多样化设计的准则，小区的规划在土地使用、人口分布、住宅类型、空间设计等各方面均力求多样化。住房包括高中档的公寓楼、社会住宅和合作式管理住宅。楼房沿街底层多功能地结合商店、餐饮、电影院、食杂店、托儿中心、学校等服务设施。街角花园、运动场、林荫大道、社区中心等公共空间和设施穿插其中。建筑体量和密度统一，在用料、颜色和风格上与其他历史建筑互相呼应。区内不少建筑都内设公共花园，并且把一、二层部分打通，令建筑内外空间和街道在最大程度上视线相通。为增加行人对街道的使用率和居民对街道空间的监督作用，有的两层排屋(联排单户住宅)干脆布置在中高层住宅楼的底部，每家住户有单独的出入口和前院。

如果从土地开发价值的角度来看，圣劳伦斯小区地处市中心的最佳地段，多伦多的金融贸易区、会展中心、体育馆、高级酒店等重要的大型建筑和交通枢纽(火车站、地铁站、渡轮码头、有线电车)均在几步之遥；区内大面积保留完好的历史建筑具有不可估量的文化价值，一直是房地产商投资的热点；区内高档的住宅可以过百万加币，是不少名流阶层或高薪职业者置业的首选。但是为何预留这样的黄金地段来开发社会住宅呢?

人本主义规划思想的核心是人文关怀，建筑为人，规划为人，不论经济基础和社会地位；而每一个市民也要担负应尽的社会责任。这样的社区才是有生气、可持续发展的有机体。在这样的社区里，低收入家庭不再被排斥在主流社会、经济活动、文化活动外，自由和同等地享受城市空间和生活的便利。该社区还实行合作式管理住宅的住宅模式，一旦进入良性循环，长期内都可以自行运作，持续发展。居民广泛地参与社区建设是保持这种平衡的关键。

资料来源：庄志茜：《谁的城市，谁的社区：加拿大社区规划的两个实例和思考》，《信区》，2011 年第 1 期，第 48～52 页

**案例思考**

1. 旧丽晶园的规划为什么会以失败告终，问题究竟出在哪里？规划师应该承担怎样的社会责任？

2. 圣劳伦斯小区成功的原因是什么？

## 实训指导

### 到2015年建设新型农村社区100个

2012年2月21日，为加快全市新农村建设步伐，牡丹江市出台了《牡丹江市社会主义新农村建设"十二五"规划》(简称《规划》)，明确提出，"十二五"期间，该市将把"工业化、城镇化、农业现代化"(三化)同步作为重要原则，把统筹城乡发展作为基本方略，努力建设具有特色的富裕、民主、文明、和谐的新农村。

据介绍，该市将分级选择一批示范点，积极探索不同地区推进新农村建设的有效途径，力争建设五星级村10个、四星级村30个。到2015年，全市农业现代化水平大幅提升，农民生活普遍富裕，农村基础设施配套，初步实现基本公共服务均等化、农村城镇化和城乡生活同质化目标。全市农村经济总收入实现550亿元，农民人均纯收入达到1.8万元，建成五星级村30个、四星级村150个、三星级以上村500个，新型农村社区100个，农改居15万人以上，城乡推进全覆盖，城镇化率65%以上。

《规划》提出，"十二五"时期，该市新农村建设一要着力发展特色、高效、品牌农业，加快构筑现代农业体系；二要着力拓宽农民增收渠道，加快推进城乡生活水平同质化；三要着力打造精品群体，加快推进农村城镇化；四要着力农村基础设施建设，加快推进基本公共服务均等化；五要着力提升农村整体素质，加快推进人居环境优质化；六要着力加强农村社会管理和创新，加快推进农村社区化；七要着力深化农村各项改革，加快推进城乡一体化。

资料来源：王唯先、张琦：《2015年城镇化率要达到65%以上》，《牡丹江日报》，2012年2月22日

**实训要求**

1. 查阅资料，从社区的五个基本要素角度出发，分析农村社区的特点。

2. 分析《牡丹江市社会主义新农村建设"十二五"规划》对该市农村社区发展的意义与作用。

3. 查阅资料，收集近年我国各地农村社区建设的有关规划文本，总结我国农村社区发展规划的特点与趋势。

# 第二章

# 社区发展规划的历史发展

**本章要点**

本章主要阐述国外社区发展规划的兴起和概况，中国社区发展规划的兴起以及现阶段影响中国社区发展规划的因素。

## 第一节　国外社区发展规划的历史发展

### 一、国外社区发展规划的兴起

社区发展是一个自然的过程，又是一个人的力量可以控制、调节的过程。社区发展是一个自然的过程，是指社区发展必须与生产力发展水平和时代所能提供的发展条件相适应。社区发展是一个人的力量可以控制、调节的过程，是指社区发展可以通过有计划的组织实现。实践证明，真正有效的社区发展必须有一个立意长远、综合协调的社区发展规划。

社区规划的兴起有两条主线：第一，社区规划是城市规划发展的结果；第二，社区规划是社区发展运动推动的结果。

社区规划是从城市规划中延伸出来的，从横向上看，社区规划是城市规划的深化和细化，社区规划要服从所在城市的发展规划，城市规划通过社区规划得以具体化。从历史发展的视角来看，先有城市规划，后有社区发展规划。社区规划是城市规划发展到一定阶段后才出现的。

国外城市规划的演进大体可以分成前工业社会、工业社会和社区城市时期几个发展阶段。

#### (一)前工业社会

工业革命之前，城市规划是与农耕文明相对应的。城市主要是政治和军事需要的产物。当时的城市规划在指导思想上并不系统和具体。以古希腊、古罗马为代表的古代欧洲，曾经是人类古代城市发达的地区。古希腊兴建的米列都城是古代城市规划的经典之作，由“城市规划之父”希波丹姆支持设计建设，其规划设计思想是采用一种几何形状，以棋盘式路网作为城市规划骨架的规划结构形式。公元前一世纪古罗马建筑师维特鲁威的《建筑十论》是世界上保存至今的唯一一部最完备的西方古典建筑典籍。在中世纪的欧洲，王权和神权是城市规划的主要理念。在神权至上思想的指导下，市政厅是城市的中心，密集的房屋和狭小的街道围绕着贵族的庄园或城堡。15～16世纪欧洲文艺复兴时期，人文主义的思想被带到了城市规划之中，人的主体和权威取代了神权，城市的中心是人们集会的广场，其中威尼斯的圣马可广场是文艺复兴的典型代表。

**(二)工业社会**

现代城市规划诞生于19世纪末20世纪初，是对近代以来工业革命、城市化等招致的种种问题的一种回应。多数西方资本主义国家经历了“工业化—城市化—现代城市规划诞生”这样一种线性过程。

发生在欧美的工业革命，直接导致了传统农牧业社会的解体。人们开始离开祖祖辈辈赖以谋生的土地，迁往城市，从事工业生产或者其他活动。到19世纪末期，伦敦已经成为世界最大的城市，人口达到450万人(19世纪初90万人)，巴黎人口从50万人增加到250万人，纽约从60万人增加到350万人。工业革命及其带来的人口迁移浪潮，远远超出了传统城市的承受极限。简单说来，传统城市的基础设施无法承担工业革命的高密度人口。城市出现了巨大的混乱。空气污染严重、缺乏基本的卫生设施、给排水不足，人们被迫生活在极端拥挤的住宅内，胡乱搭建，缺乏必要的卫生设施和通风采光。1845年，恩格斯的《1844年英国工人阶级的状况》描绘了曼彻斯特充斥的肮脏、悲惨与绝望：“这种混乱直到最近达到了高峰，通往原有建筑的道路所剩下的每一个小空间都被填满了，直到没有一尺土地可以进一步占用……到处是成堆的渣土、垃圾和动物废弃物，用做排污水的污水潭，仅仅是这种恶臭本身就使得一个有一点文明的人都不可能生活在这样的区域。”恩格斯的描述代表了工业革命城市的基本状况。

人们认识到城市花园作为城市的肺，可用以改善城市环境。建设所有城市市民都可以使用的城市花园最终成了一场世界性的运动——公园运动(the Parks Movement)。1844年，英国利物浦建成了世界上第一个真正的公园——伯肯赫德公园(Birkenhead Park)，1845年维多利亚公园(Victoria Park)在伦敦建成，随后又进一步扩大，最终形成包括花园、人行道、水塘、草坪和树林的综合性城市公园，面积超过200亩(1亩≈666.7平方米)。1857年，纽约中央公园开始兴建，1863年基本建成。纽约中央公园是城市公园的杰出代表，直到今天，它仍被看做人类改造自然、提高生存环境和城市环境的典范。

公园运动的进一步发展就是19世纪末出现的城市美化运动(City Beautiful Movement)。城市美化运动将注意力从城市公园扩大到整个城市范围，重点是公共建筑、市政广场道路等，力图在整个城市范围内美化城市。芝加哥、巴黎和华盛顿的影响最为显著，并逐步扩大到世界各地。

1898年，英国人霍华德发表《明日：通往真正变革的平静之路》，该书于1902年再版，改名为《明日的花园城市》。霍华德认为，城市(town)意味着高工资、社会机会和娱乐设施，但同时存在高房租、肮脏空气和社会隔离。乡村(country)的优势是自然美、低房租和新鲜空气，但是出行时间长、没有娱乐和缺乏社会。如果能够结合城市和乡村的优点，使低房租与社会机会并存，高工资和自然美景同在，那么就能够吸引人们到一个新的更健康和实现自我的道路。霍华德指出，“城市和乡村必须结合，这种愉快的结合将会产生出一种新的希望，一种生活、一种文明”。霍华德的花园城市理念源于英国的传统乡村生活，是一种对工业革命的自然抗拒，他的城市模型成为第二次世界大战以后英国乃至世界卫星城的原型，开启了工业革命后期开始的城市分散化新潮流。按照霍华德的花园城市理论建成的城市有 1904 年的 Letchworth 和 1919 年的 Welwyn，两个城市花园实验后来演变成传统的英国小镇。

仅仅建设小乡村并不能满足规划师的改革欲望，必须对工业革命城市的种种弊端采取革命性的手段。柯布西埃强调城市本身就是大花园，他提出了花园中的高楼的思想。1921 年，柯布西埃首次提出在大草坪上有间隔地布置高楼的全新城市形态。1922 年，柯布西埃发表了著名的“当代城市”(Ville Contemporaine)设计。他要以充分享有阳光和绿地的大间隔的高楼群来代替传统的街道和街区，这种城市形态俗称为“公园中的高楼”。该概念一提出，立即得到整个世界的欢呼，人们一致认为这将是一个伟大的发明。由于传统城市的街道和街区的布置方式形成了密集的城区，柯布西埃的变革方法是建高楼，同时扫除街道和街区以及由此带来的拥挤，用清理出来的地面建设开敞的绿化空间建设休闲、娱乐、服务设施和停车场。这种全新的城市形态形成的公共绿化空间，不但可以优化城市的物质环境，而且将改善人们社会生活。因为不论谁从事何种工作，当一天结束后，他可以来到公共花园，忘记一天的辛劳，从而形成融洽的社会关系。

1928 年，国际现代建筑协会成立，1933 年发表《雅典宪章》，公园中的高楼的理念得到进一步加强。《雅典宪章》首次提出将休闲娱乐列为城市的四大功能之一，并要求城市规划必须划出专门为休闲和娱乐服务的城市花园，并将绿化带的概念引入城市规划。

柯布西埃的花园中的高楼的畅想在第二次世界大战前形成广泛的共识，并在战后得到广泛运用。但是结果与柯布西埃的设想相差甚远。首先，花园中的高楼并没有形成花园环境。这一方面由于花园的主人都是穷人，社会上层躲到远的地方，花园环境带来了空前的社会隔离。另一方面是因为花园没有形成好的物质环境，在高密度建筑环境下形成公园式的环境是不可能的。其次，公园中的高楼导致了城市混乱，开启了城市混乱发展之门。一方面公园中的高楼为随意布置城市制造了可乘之机。另一方面，花园中的高楼以所谓的花园环境取代了人类城市文明的瑰宝——街道。总之，花园中的高楼并没有为城市带来公园环境，反而带来了不少麻烦。

欧美第二次世界大战之后 20 年的住宅小区建设，并没有形成良好的环境。大草坪远远没有达到人们的预期。相反，欧美的住宅小区衰落了，形成了劣质的居住环境；人们原本设想要居住在公园般的环境中，后来竟发现公园本身变成了贫民窟。

### (三)社区城市时期

对现代主义社区衰落的研究，成为 20 世纪 70 年代后城市和社区发展的重要内容。经过 20 年的不断努力，人们发现，即使有非常好的绿化环境，也不足以提供高质量的居住环境。适宜居住性研究发现，社区使人们居住变得舒适。按照新社区主义的定义，社区由住宅、公园和学校组成，并且商店、市政服务、工作和公共交通都在步行区以内。也就是说，人们只有居住在具有公园、商业服务、学校和公共设施的环境内，才会觉得舒适。而人们觉得舒适的原因是，在使用这些设施的过程中，居民间进行了某些社会活动，从而建立了社会关系，最终形成了社区。

在西方国家，社区发展规划的进程与社区发展有着密切关系。社区发展源于20世纪初在英、美、法等国开展的“睦邻运动”。1915年，美国社会学家F. 法林顿在《社区发展：将小城镇建成更加适宜生活和经营的地方》一书中首次提出了社区发展的概念。1928年，美国社会学家斯坦纳在其所著的《美国社区工作》一书中专门设置了“社会变迁和社区发展”一章，并对社区发展的内涵进行了论述。1939年，美国社会学家桑德森与波尔斯合著《农村社区组织》一书，也对社区发展的基本方法和理论观点进行了比较详细的论述。在此期间，又有多位学者在该领域进行了相关研究，为社区理论的发展和广泛应用奠定了基础。

社区发展活动的倡导和深入展开主要发生在第二次世界大战后。20世纪40年代末，西方一些国家的执政者只谋求本国经济发展，甚至把单纯的经济增长作为唯一的执政目标，所产生的诸如财富分配不均、贫富两极分化等带来了政治动荡、社会冲突、生态环境恶化等问题。针对这些问题，联合国在成立之初的1948年就提出落后地区经济发展须与社会发展同步进行的方针，并采取实际步骤援助以社区为单位的社会发展。

1951年联合国经济社会理事会通过了“390D号议案”，计划建立社区福利中心，推动全球经济、社会的发展。“社区发展运动”的倡议正式发出。1952年联合国成立社区组织与社会发展小组，由其具体负责社区发展活动的试行和向世界各地特别是落后地区的推广，目的就是要以乡村社区为单位，由政府有关机构协同社区内的民间团体、合作组织、互助组织等，通力合作地发动全体居民自发地投身于社区建设事业。1954年联合国又进一步改组了社区组织与社会发展小组，建立了社会事务局社区发展组。这一组织在亚洲、非洲、中东、南美等地区大力推行社区发展运动，并取得了显著的成效。例如，印度政府就较早地采纳了联合国的社区发展计划，在全国数十万个村庄推广社区发展运动。

正是得益于这些成功试点，联合国又在1955年通过了《通过社区发展促进社会进步》的文件，提出十条社区发展规划的基本原理：①社区各种活动必须符合社区基本需要，并以居民的愿望为根据制订首要的工作方案；②社区各个方面的活动可局部地改进社区，全面的社区发展则需要建立多目标的行动计划和各方面的协调行动；③推动社区发展之初，改变居民的态度与改善物质环境同等重要；④社区发展要促使居民积极参与社区事务，提高地方行政的效能；⑤选拔、鼓励和训练地方领导人才，是社区发展中的主要工作；⑥社区发展工作特别重视妇女和青年的参与，扩大参与基础，求得社区的长期发展；⑦社区自助计划的有效发展，有赖于政府积极的、广泛的协助；⑧实施全国性的社区发展规划，须有完整的政策，建立专门行政机构，选拔与训练工作人员，运用地方和国家资源，并进行研究、实验和评估；⑨在社区发展规划中应注意充分运用地方、全国和国际民间组织的资源；⑩地方的社会经济进步，须与国家全面的进步相互配合。

1957年联合国开始将社区发展计划运用到发达国家，试图通过社区发展来解决发达国家工业化与城市化所带来的一系列社会经济问题，并得到了一些发达国家和地区政府部门的重视。此后，联合国还在世界各地举行过多次研讨会，探讨社区发展的理论与方法，并先后发表了《社区发展与有关业务》(1960 年)、《社区发展与国家发展》(1963 年)、《都市地区中的社区发展与社会福利》等报告。从此，社区发展作为一个重要的世界性运动，在全球得以迅速推广和飞速发展。

为推进社区发展行动的进行，许多国家和政府纷纷制订社区发展计划，希望通过政府有关机构与非政府组织的合作，将社区发展引导到正常的发展轨道上。经过 50 年的实践，今天全球已有一百多个国家执行全国性的社区发展计划，其社区组织管理方式也日益得到普遍重视。因此，联合国推行的社区发展运动对于现代社区发展规划的兴起产生了直接而良好的作用。

## 二、国外社区发展规划概况

### (一)发展中国家

在发展中国家，社区发展与建设的突出问题是城市化进程与工业化不相协调，与经济发展相脱节。斯里兰卡、巴基斯坦、印度等国在 20 世纪六七十年代就出现过城镇人口增长率超过工业产值增长率的不正常现象。这种消极的城市化现象影响经济的发展，导致社会问题的增多，针对这种情况，加强城市的社区建设，进行社区规划显得尤为必要。

从 20 世纪 50 年代起，为了改变贫困落后地区的状况，联合国首先在发展中国家的农村地区推行社区发展工作，此后又转向城市地区。20 世纪 70 年代以后，社区发展与规划放弃了以前过多的经济目标，更加侧重于解决社会治理方面的问题，从“变迁”取向转到了“社会服务”取向。

在发展中国家，社区发展规划有两种：一种是地方性计划，如泰国等改造旧的公共设施，韩国、希腊、缅甸将筑路和公共工程作为计划的重点，菲律宾将学校教育作为社区发展的重点，印度、巴基斯坦以农业技术推广为核心内容，南美和非洲一些国家把土地经营、水利灌溉作为社区发展项目(community development projects)的重点。另外一种是全国性社区发展方式，如埃及在全国各地设置社区福利中心以推进社区发展，非洲和拉丁美洲的一些国家以大规模水利工程、土地改革与垦殖计划推行社区发展，波多黎各、缅甸、印度尼西亚、加纳等国配合国家教育计划通过学校建设来推进社区发展。

对于发展中国家来说，其农村人口众多，改善农村居民生活质量、增加农村公共服务、促进农村社区发展是经济社会整体推进的重要举措。

1. 印度：依照城市提出新农村计划①

印度独立后按历史传统在农村采取了种姓世袭的自治体制。印度的村级组织称为“藩查亚特”，“藩查亚特”的成员称为“藩奇”。1948 年，印度《宪法》第 40 条定义“藩查亚特”为自治政府单位，但“藩查亚特”的权力被高种姓的人控制。村“藩查亚特”通常建立在一个自然村或几个村落的基础上，辖区人口在 1 000～3 000 人，由村民大会选举产生。

---

① 项继权、黄无皓：《国外农村社区是如何规划的》，《中国社会报》，2012 年 6 月 27 日。

现行印度行政区划主体上为四个层次或五个层次并存的格局，大致为一级行政区、县(市)、村(镇)四级制与邦(一级行政区)、专区、县、乡(市)、村(镇)五级制，其中村一级的行政区是印度最基层的农村社区。印度城市，不论大小，绝大多数隶属于县，镇与村则隶属于乡。县作为每个一级行政区的主要区划类型，是印度行政区划的主体之一。

20世纪90年代，时任印度总统卡拉姆率先提出一项计划，即为印度农村地区提供城市化的生活和市政设施，并推行农村社区的城镇化建设。之后政府为发展农村基础设施投入了大量资金，但由于执行力与客观因素的影响，政府的基础设施投资很难直接到达每一个村庄，诸如道路、供水、供电等基础设施常常要滞后数年才能抵达村庄，这就削弱了发展的效果。为了改变这一情况，2010年5月印度农村发展部宣布，印度将以政府和私营企业合作的新模式来实现卡拉姆当初提出的计划，即全面推进农村基层设施的建设与生活环境改善的新农村计划。资金将来自多个方面，包括政府资金、私人资金等。实施年限为13年。人口总计达到3万～4万人的数个相邻村庄将组成一个“集团”。私营企业将为这个村庄“集团”开发城市化的市政设施和基础设施，并进行长达10年的维护。这一计划将在10个地方先行试点，由政府和私营企业以合作方式进行开发。

2. 巴西：以城市为中心参照城镇标准①

在巴西，农村既是一个地理概念，又是一个社会概念。巴西是一个联邦制的国家，行政体制设联邦、州和市三级政府，没有设置镇、乡、县。除了州府和首都外，城市管辖范围也包括周围的农村，巴西现有5 561个城市，其中5万人以下的小城市约占90%，这些小城市实际上相当于中国的乡或镇，几乎没有工业企业，主要以农业生产为主。巴西在2008年的城市化水平就高达86%，因此巴西的大部分农村都是在这些小城市的管辖下。

由于巴西行政区域划分的特殊性，巴西的“农村社区”是相对联邦、州中的“城市社区”而言的，是指人口在5万人以下的城市所管辖的广大农村中由许多自主性、服务性的社会组织所构成的农村基层单位和基层组织。

巴西的乡村治理策略以城市为中心，对农村社区的具体建设活动的管治几乎是参照城镇的标准来进行的。总体来看，巴西的农村社区建设可以分为两部分：第一部分是符合巴西《宪法》规定条件的，即由乡村设为市的地方的社区建设；另一部分是没有成立市的乡村社区建设，对此，巴西政府给出了明确的法律规范。在设市的乡村中，社区建设具有很大的自主性。巴西《宪法》第15条明确赋予乡村地区新建立的市以一定程度的自治权。这一自治权的内涵包括以下几点内容：由居民通过直接选举方式产生市长、市议员；在不违反法律规定的情况下，市可以在其职权范围内发布法令、征收税收和使用其收入。在这样的背景下，社区建设既具有市级政府的指导性，又具有社区本身的自主性。政府一般通过对社区建设的财政投入来控制和规范农村地区的建设，而社区本身的运行更多依靠社区自主管理和发展。

那些没有达到巴西《宪法》规定的设市标准的乡村地区中的社区建设，更多地体现在

① 袁方成、杨旭辉：《国外农村社区是如何规划的》，《中国社会报》，2012年6月27日。

村民以农业生产的不同种类为基础而建立起来的农业合作社的发展。巴西的合作社不同于我国的人民公社，不具有行政职能，而是非营利性的民营公司，公司实行股份制，每个社员的股份有数量限制，任何人不能超过总股本的1/3。合作社有专门的资金投入乡村的农业基础建设、教育和社会基金，用于推广农业技术，帮助有困难的公社社员及其家庭成员。

3. 韩国：注重土地利用规划①

韩国的社区建设和其他亚洲国家一样有着自身独特的历史特点。在韩国政府英文文件中，“洞”被翻译成“邻里”，相当于美国社会一般意义上的社区，不同之处在于，“洞”是一级行政区，但在功能上与美国的社区接近。现在的韩国行政区域分为道(包含特别市、广域市)、郡(市、区)、面(邑、洞)、里(统)这四级。一级行政区称为广域自治团体，共有16个，广域自治团体以下的二级行政区称为基础自治团体，基础自治团体以下又分为面、邑、洞，再分为里、统以及最基层的班。

“洞居民中心”之下有若干“统”，“统”之下有若干“班”。“统”和“班”不具有行政性质，负责人没有专门的办公场所。他们自己在家处理有关社区事务，组织居民参与社区活动，是社区建设和社区服务体系的重要组成部分。在乡村，“邑”向居民提供日常服务，邑长由市长任命。居民代表组成居委会参与邑事务管理。

在韩国，“洞”和“邑”有自己的委员会，提出预算，制定规划。“洞”和“邑”之下的社区组织主要执行中央和地方政府的规划，没有自己单独的财政预算。与“洞”政府相匹配的居委会以自治方式安排自己的活动。在城市，“洞”向居民提供日常服务。“洞居民中心”综合福利、文化、就业、生活和体育等便民、利民职能，面向居民提供日常服务。居民代表组成居委会参与邑事务管理，居委会的主要工作是举办各种讲座，如外国语、初中级电脑技术等方面的讲座，丰富居民的业余文化生活。

近年来，韩国社区规划的对象和内容发生了巨大变化。20世纪70年代《国土利用管理法》的颁布和“新村运动”(1970年4月由朴正熙提出了“建设新村运动”的构想)的开始，确立了以村为单位的农村开发规划的地位。韩国的“新村运动”的目的是动员农民共同建设“安乐窝”，起初阶段的活动主要是加大农村基础设施建设、改善农村生活条件、改变农村贫穷落后的面貌；后来延伸到大力发展农产品加工、提升农村产业化水平，并在全国倡导精神文明建设，完善全国性的新农村民间组织，把“新村运动”推向了高潮。“新村运动”从农村发端，在农村广泛开展的同时逐渐进入城市社区。韩国“新村运动”对加快城镇化步伐、实现城乡一体化、促进社会和谐发挥了重要的作用。经过四十多年的实践，韩国基本解决了城乡失衡问题，实现了城乡经济的快速协调发展。2011年韩国城镇化率高达91.1%，高于欧美等一些发达国家的水平，成为世界上城镇化发展较快、城镇化率较高的国家之一。

**(二)发达国家**

迅速的工业化和城镇化进程，以及资本主义经济危机的周期性爆发，致使贫穷、孤

① 袁方成、刘璐：《国外农村社区是如何规划的》，《中国社会报》，2012年6月27日。

独、自杀、暴力、色情、犯罪、失业、冲突等社会问题在一些发达国家凸显。面对这些问题，政府和社会工作者提出用社区规划、社区发展的方式来应对。发达国家在社区发展与社区规划的具体工作方法上多采取“冲突的方法”和“社区行动策略”，即采取与政府“讨价还价”的冲突策略，培养社区居民为自己争取利益和权利的能力，保护社区环境及维护不同群体的利益。下面将介绍主要发达国家的社区发展规划。

1. 美国

第一，美国社区发展规划的历史阶段。

美国的城市问题早已不是城市扩张，而是城市衰退，所以城市规划的重要性相对减弱，社区规划多由民间或自治体自主制定，其大致经历了以下几个阶段。

(1)民间自发阶段的进步时代。美国的社区发展源于19世纪末的睦邻中心运动。欧洲国家建立睦邻中心的目的是让知识分子深入贫民区，了解贫穷问题，进而寻求解决之道。美国的一些社会工作者参观了包括世界上第一座睦邻中心——1884年建在伦敦东区贫民区的汤恩比馆在内的许多社区睦邻中心后，于1886年回国建立了美国历史上的第一座社区睦邻中心，而最有名气的则属1889年建于芝加哥的赫尔馆。

与欧洲不同，19世纪末处于工业化和城市化快速发展时期的美国，正面临海外移民的高潮，大量失地及贫苦的欧洲农民涌入美国各大城市，为美国带来了新的社会问题。因此，美国早期的睦邻中心主要用来帮助新移民尽快融入新环境，提供的服务包括成年人教育(特别是英语课程)、日托中心、图书馆和休闲设施等。与英国等国相比，社区睦邻中心运动在美国的发展更为迅速和普遍，不仅对所在社区的贫民及整个社区的福利的提高有很大贡献，对一般社会问题的解决以及社会改革运动的推进也有很大影响。

(2)大发展阶段的约翰逊时代。第二次世界大战之后的时期，罗斯福政府侧重战后重建和旧城更新，但大规模的旧城改建活动很快遭到了批判。随着20世纪50年代社会经济的快速发展，到60年代时美国在总体上已进入富裕社会阶段，但同时贫富差距加大、社会矛盾突出、民权运动高涨。1963年约翰逊总统上台之后，开始了全国范围内的反贫困运动，约翰逊总统时期的主要社区发展政策包括社区行动、模范城市和特殊项目。从进步时代到20世纪60年代，社区发展通过社会活动家扩展了社区干预，并成为制度化的国家政策。

(3)再度活跃的克林顿时代。在克林顿就任美国总统前，美国的经济发展已经进入低谷，所以克林顿的社区发展政策侧重社区经济发展。克林顿在1992年当选美国总统后，主要采取了两项重要的社区发展政策：一是授权区( empowerment zone)，二是事项社区(enterprise community)。其主要面向单个和成群的贫困社区，利用税收优惠等战略来促进经济发展和基础设施改善的总体规划的实施。

到1994年，美国联邦政府向退化的都市和农村区域提供了25亿美元的联邦税收增值投资和13亿美元的灵活拨款援助，42个州的105个社区受惠，这些投入都是为了帮助社区解决其自身的各种问题。这一计划获得了空前的成功，美国的社会经济发展水平在克林顿时代达到了一个历史新高。

第二，美国社区发展的特色——社区发展公司。

社区发展公司是美国社区规划建设的组织者和实施者，它是美国社区发展的一项特色。美国的社区发展公司成立于20世纪60年代，产生于向贫穷宣战、公民权利运动、房客组织和反歧视运动。利用社区投资法令作为工龄来活化社区的社区发展公司，实际上是一种规划和建设性组织。但是，它们通过创造性的工作已经设法使自己嵌入经济和社会服务决策的主流。社区发展公司希望作为介于公有部门和私人部门之间的第三部门发挥作用，力图完成它们原所不能完成的任务，更新与活化恶化的内城区域，使之重新具有社区的生命活力。其目的是加强地方社区对自身经济发展的规划管理，在高度竞争的资本主义经济体制内强化社区成员的集体力量。由于社区发展公司模式是由福特基金会发展起来的，并且是由联邦政府的资金所支持的，所以它们所提供的所有规划和管理服务都是免费的。

全美现有4 600个社区发展公司。它们在复兴贫困社区，积累社区财富方面扮演着关键作用：①通过开发住宅和商用不动产，将资本留在社区；②理事会至少三分之一的成员由社区居民组成，使草根的直接决策参与成为可能；③在改善社区环境的过程中，进行社区组织，对居民赋权。社区发展公司为社区复兴而生，但是保障房提供是它们最主要的抓手，它们也成为最主要的提供者——美国非营利住房总量的80%由其提供。

社区发展公司通常采用四种战略来规划、引导街区的社会变迁，即改变居民的种族构成、改变已住个体居民的态度、改变个人彼此相关联的方式、改变街区及其居民与社区外部强大人物和制度的互动方式。这四种战略一般由社区发展公司在住宅发展项目或商业活化启动项目上使用。社区发展公司使用选择和驱逐方法来规划、控制进入其建筑的居民构成；通过物业管理规则和条款的强化或社会服务的推举，社区发展公司与个人和家庭一起工作来解决各种问题，并鼓励个人发展；通过承租人和社区的组织过程，社区发展公司影响到居民彼此互助关联的方式；通过鼓吹宣传，社区发展公司力图改变其街区和居民被外部强大力量对待的方式；通过运用对克服收回投资是可用的社区投资法令这个工具，社区发展公司在解决与新住宅有关的以住所为本的问题方面已经取得了重大进步。

在20世纪70年代和80年代初期，社区发展公司主要关注以住宅建设为主体的规划发展战略，特别重视住宅和经济发展的联动效应。但是，80年代中期和90年代初期实行的对社区发展公司表现的评价表明，虽然物质规划发展依然是占主导的项目组成，但是社区发展公司依然面对诸多方面的问题、如物质的、社会的、经济的、个人的、制度的和政治的问题。于是，社区发展公司开始追求影响社区生活的整体规划并对其加以改善。根据美国国会社区经济发展委员会1991年的报告，全国范围内超过三分之二的社区发展公司不仅在社区的物质发展规划管理方面是积极的，而且在社区的社会发展规划建设层面也开始日趋活跃、贡献颇多。

2. 英国

第二次世界大战后，英国经历了战争的磨难，城市建设、社会生活、经济发展都遭到了很大程度的破坏，其最迫切的任务是医治战争创伤，进行城市基本建设。英国政府根据1940年的《巴洛报告》(Barlow Report)及阿培尔克隆比的1944年大伦敦计划建议，在全国建设了17个新镇，其中8个在大伦敦区域，各距伦敦市中心30英里(1英里≈1.609千米)左右，中间隔以5～15英里的绿化带，5处在英格兰的东部及西部，4 处在苏格兰境内。早期的城市复兴运动主要是从满足战时需求的角度入手，并没有形成一个系统、合理的规划体系，注重的是物质上的改观，忽略了从长远角度解决社会问题的方法。因此战后初期的城市复兴运动并没有从根本上解决社会问题，并且由于福利制度的进一步实施，英国的发展又陷入新的困境。此时，社区自助行动又开始兴起，并引起政府的极大关注，社区发展的方案逐渐走入政府的城市更新计划当中，并一步步成为城市的主体复兴政策，缓和了政府无能、市场无效的尴尬局面。

第一，英国社区发展规划的历史阶段。

(1)社区发展的初级阶段。从 20 世纪 60 年代到 70 年代中后期，是社区在城市复兴下的初级发展阶段。从社区运动的兴起到“社区发展项目”的出台，实际上是对政府在第二次世界大战后无法进一步满足民众生活需求的一种政策补充，反映了英国政府对社会问题的重视，政府开始引入新的策略来应对出现的新的社会问题。

社区运动被看做创造更具有实效性的地方服务和具有鼓励性的自助精神的一种方法。一般情况下，它主要有两种类型：第一种是中产阶级团体的社区运动，第二种是激进团体的社区运动。这两种类型的社区运动交叉进行，主要出现在反清除和重建方案的运动和环境运动之中。

“社区发展项目”是一种新的地方性政府改革方案，项目的主要目标是由自愿代理机构提供服务支持社区活动，通过创造自愿社会福利活动资金，从个人、家庭和邻里中的社会团体的服务中削减国家财政负担。这样一来，社区运动的缺陷就被弥补了，社区运动不但得到了大量的后备资源和资金，而且还进一步获得了方法指导，从而得到一定的组织力量，增强了自身的力量，加大了影响力，使成功的概率大大增加。

(2)社区发展过渡阶段。从 20 世纪 70 年代末到 90 年代中后期，英国的经济和社会发展都进入了一个新的时期。为了应对从 70 年代中后期起英国经济出现的严重滞胀现象，1979 年撒切尔夫人上台，以货币主义代替凯恩斯主义，主张以市场力量调节经济活动，同时也以市场力量带动社区进步，社区发展进入第一个发展过渡阶段。

然而经济的单项发展并没有引起社区的全面复兴，直到 20 世纪 90 年代初，随着梅杰的上台，政府认识到前期的保守党以经济和效率为重点的改革会导致政府公共福利的减少和公共服务质量的降低，因此政府对社会问题日渐重视，社区发展逐渐进入第二个发展时期，社区作为正式的参与伙伴开始走向真正的复兴。其中最大的变化是社区的正式参与，以及新型伙伴关系的建立。此时保守党的城市复兴政策主要集中于“城市挑战”(city challenge)项目和“单向再生预算”(single regeneration budget)。

(3)社区主体化阶段。从 20 世纪 80 年代到 90 年代的城市政策以市场为主体，引入商业参与到城市复兴的进程当中，虽然减少了英国福利制度的支出，但是随着经济的复兴，城市并没有得到全面的发展，社会问题仍然存在。到了 90 年代以后，政府逐渐认识到这一问题的严重性，开始在城市复兴中注重社会因素，将社区引进伙伴关系中，逐步使社区合法地成为城市复兴的一员，新工党的上台进一步加大了这一力度，社区逐渐成为城市复兴政策的主体。

在英国，政策发展有两个不同的阶段。第一个阶段，从 1997 年至 2000 年，在许多方面是上任政策的继续和扩大，包括一个新的综合地区复兴项目——“社区新政”(new deal for communities)和一些特殊的主动行动，如教育行动区(education action zones)和卫生行动区(health action zones)。第二个阶段的旗舰项目是“邻里复兴的国家政策”，它将城市社区复兴计划深化到社区邻里之中，不再以被选择的地区孤立、短期主动行动为主导，而是形成了国家性的策略规划，成为长期的包容性政策。

第二，英国社区发展规划的特色——公众参与。

20世纪70年代以后，公共参与的规划原则开始广泛地渗透到英国社区更新运动中。城市居民纷纷成立自己的组织，如街区俱乐部、反投机委员会、社区互助会议等，通过居民协商，努力维护邻里关系和原有的生活方式，并利用法律同政府和房地产商进行谈判。这些社区组织对政府的城市更新政策产生了日益显著的影响。这时期还出现了一种“自下而上”的所谓“社区规划”(community-based planning)，这是由社区内部自发产生的“自愿式更新”(incumbent upgrading)。它的实际情况是，在社区里长大的第二、第三代人接受教育以后社会地位有所提高，有一定的经济实力，渴望改善原有的居住条件，同时又希望保护社区文化以获得个人认同(self-identify)。他们不再满足于对规划提出修改意见，要求直接参与规划的全部过程，希望由自己来决定如何利用政府的补贴和金融机构的资金。社区规划通常规模较小，以改善环境、创造就业机会、促进邻里和睦为主要目标，这已成为80年代以来欧美社区更新规划的主要方式。

近二十年来英国社区发展规划的主要趋势体现在以下几个方面：①加强市民参与；②接受“反对意见”的申告；③在某些地区创设奖励开发制；④某些地区开始试行单一计划(unitary plan)，原因是英国历经长时间的城市规划，当初(1968年)开发计划来不及做或做得不够详细的问题已消失，反而根据计划的程序(拟订、公民参与、审核)要求，计划的修正要经过两次才能完成，这就导致了计划的机动性不足的新问题；⑤由单一计划的推行来看，城市规划趋于地方权责的落实。

3. 日本

日本社区发展规划的出现有三方面的背景：一是日本在第二次世界大战后的急速经济复兴与成长，造成三大城市圈人口过剩且过度集中、城市化蔓延、中心区大量增加、居住环境恶化。二是20世纪60年代的社会运动，逐渐从反对运动走向环境权的要求，以及社区环境的保护运动。三是日本建筑管理制度中，对建筑执照的核发常依照行政指导纲要来弥补法规的不足，结果是在城市规划上缺乏较细的计划，缺乏基地内的管制。所以日本一方面由指导纲要、建筑协定发展出广义的、非法定的社区规划，另一方面透过学术界的鼓吹、立法，在1980年分别修改了《建筑基本法》及《城市规划法》的部分条文而形成法定的、狭义的社区规划。

日本社区具有明显的半自治特征，其社区内部往往形成一个相对独立的小经济系统，“小政府、大社会”的治理模式确保了这一系统的有序运转。一方面，政府对社区发展的干预较为宽松，政府的主要职能是制定规划、指导并提供经费支持、审计监督等。另一方面，社会和民间力量在社区管理和建设中扮演着极其重要的角色，社区的具体事务主要由社区自治组织和非政府、非营利社会团体或组织负责。

第一，日本社区发展规划的历史阶段。

(1)20世纪60～70年代的社区营造。20世纪60～70年代日本的社区营造是以历史城镇和传统街区保护为重点的。这些地区保存着具有较高历史价值的建筑物，保留着独具特色的历史文化传统、风俗习惯，以及颇具当地特色的手工艺品和美食，是地区独特历史文化风情、风俗习惯的象征和综合反映。越来越多的市民关心的不再是经济的快速增长及各种名义的"开发"，而是生活质量的提高。日本全国范围内大大小小的市民团体应运而生，掀起了轰轰烈烈的"历史街区保护运动"。该运动大都通过对历史建筑的保护、改造、利用和重新挖掘地方文化的方式来实现，以岐阜县的高山、长野县的妻笼为开端，迅速扩展到各地。

(2)20 世纪 90 年代中期以前的社区营造。这一时期，社区营造的市民参与进程加速，以社区营造为目标和活动内容的非营利组织不仅吸收了当地居民、大学教师、智库研究人员、都市规划专家，还邀请地方行政人员参加，以"协议会""恳谈会"的方式对当地社区营造出谋划策。日本政府也逐渐认识到非营利组织、普通市民团体和市民的力量，开始注重在制定方针政策时吸收市民的意见。社区营造从单纯的保护过渡到在传统文化的基础上创造时尚、现代的环境，追求传统与现代的融合。政府的行政行为也因为有了市民的参与和支持而逐渐转化为市民的自觉行为。

(3)20 世纪 90 年代中期以来的社区营造。20 世纪 90 年代以来，社区营造领域中非营利组织大量涌现，1998 年 12 月，《特定非营利活动促进法》(即 NPO 法)的出台为社区营造非营利组织的蓬勃发展打下了良好的基础。该法通过赋予从事特定非营利活动的团体以法人资格，来促进以义务活动为代表的、市民自主开展的、以贡献社会为目的的非营利组织的健全发展。

为了维护社区设施，改善社区环境，创造让大家安心生活、居民和谐共处的社会，社区营造非营利组织带领社区居民开展丰富多彩的活动，取得了不少可喜的成绩：通过绿化及河道整治，改善了社区自然环境和空气质量；通过对社区中心、中小学校、商店、车站、公园、美术馆、博物馆等设施周边环境的改善，营造了一个干净、清洁、方便居民出行和生活的环境；通过居民参与各种区域开发规划、行政辅助制度、垃圾回收制度等的制定与执行，试图构建一个市民参与的政策制度环境；通过举办各种"文化祭""地方祭"等活动，彰显地区特色，使地区传统文化和生活方式得到较好的传承。社区居民也通过参与非营利组织的活动，形成一股关心社区发展、环境和自然生态的力量，成为社区建设的基础。

第二，日本社区发展规划的特色——官民结合的温和发展模式。

整体来看，日本城市社区实行的是一种官方色彩与民间自治特点相结合的温合发展模式。作为最早追随西方现代化发展方式的亚洲国家，日本社区经济建设和管理也深受西方国家影响，但其作为一个东方国家又具有自己的独特性。

日本社区发展规划的特色有以下几点：①社区发展规划有法定的社区发展规划，也有非法定的社区发展规划。法定的社区发展规划可说是政府与学术界合力促成的，取样于德国的建设规划图则(B-plan)制度及英国的地方规划(local plan)制度；非法定的社区发展规划可以说是水到渠成的，积累了指导纲要及建筑协定的经验。②社区发展规划以地方自治及居民为主的计划，强调公众(居民参与)性及公益性与公开性。③社区发展规划强调具体的、综合性的计划，这足以弥补原先建筑与城市规划之间的缝隙。④社区发展规划强调地区特色及日常生活的便利性与舒适性。⑤社区发展规划强调选择性、指导性，而不强调约束性。⑥社区发展规划不是立一个新的法来形成计划的制度，而是在已有法规的基础上调整出一个可行的计划制度，所以矛盾较少。

## 第二节　中国社区发展规划的历史发展

中国社区发展规划兴起于改革开放时期，在这之前，中国并没有社区发展规划，在城市规划方面，中国一直都是引用、学习苏联的居住区模式，或美国建筑师佩里在1929年提出的邻里单位的居住空间组织方式。20世纪90年代，在改革开放的冲击下，中国社区发展规划才真正兴起，并创造了多种社区发展规划实践形式，但是由于受到多种制约因素的影响，中国社区发展规划尚待完善。

### 一、中国社区发展规划的兴起

中国是人类城市文明最早的发祥地之一。据考证，距今3 500年前的商城是我国历史上最早建造的都城。中国古代城市规划理论与实践为世界贡献了大量的东方文化智慧。

在我国的春秋战国时期，以宫室为主体发展起来的城市，如周王城、齐临淄、赵邯郸、魏大梁均有详细的规划。《考工记》《墨子》《管子》等书中均有城市规划的记载。这一时期，宫城是城市的主体，宫殿是城市的核心区。按照宫城居中的传统，其位置位于南北的中轴线上。秦汉时期，城市布局基本沿袭了春秋时期的形式。隋唐时期，随着中央集权的加强，形成了严谨封闭的棋盘形城市格局。该时期，宫殿、官署是城市的核心，城市布局规整均匀，商业活动局限在城市某一区域或被排除在城市规划之外。宋代以来的城市规划开始强调经济职能和军事政治职能并用，不同于之前政治色彩浓郁的特点。城市容量增加，经济区与商业街市越来越密集、发达，城市结构彻底改变，外城的面积大大超过了王城、宫城。元明清继续了宋以来的有益转型。

从城市建造的历史看，周王城是有文字记载的城市规划的开篇之作。苏州古城的规划作品《平江图》是我国古代城市规划的经典作品。作为多朝都会的北京，其在中国古代城市规划发展史中具有突出地位，是城市规划的典范。

近代中国城市规划的转型，从19世纪的鸦片战争开始。受传统文化、西方文化和近代工业革命的共同影响，城市规划和城市建设增加了西方城市建设的内容，发生了重大变化，主要表现为：第一，城市开放空间的出现。城市开放空间是指园林、公共绿地、市民广场等市民自由活动区。据统计，1936年，南京城内有公园七处，正在兴建和拟兴建的八处。广场五处，正在兴建和拟兴建的十处。第二，城市道路系统的转型。随着机动交通工具的出现，中心环状放射形的道路系统产生，打破了中国传统城市的封闭性特征，形成了积极与外界联系的新型城市生态。第三，现代景观系统的萌发，改变了传统城市的“平面式”建筑布局。作为20世纪早期我国城市规划变迁的产物，我国出现了与古代传统城市规划理念完全不同的城市类型，如租界大城市(上海、天津、香港、澳门、大连、哈尔滨)、交通发展及新型工业发展形成的城市(郑州、蚌埠、焦作、萍乡等)，民族资产阶级经营的城市(如南通市)。

新中国成立以来的六十多年，我国城市规划发生了重大转变，经历多次曲折而最终走上现代化发展道路。归纳起来，主要分成三个主要阶段。第一，20世纪50年代“行政性照搬型”城市规划时期。新中国成立后，城市规划和建设得到重视，这个时期的城市规划工作主要是在苏联专家指导下全面开展起来的。当时，城市规划被看成“国民经济计划的继续和具体化”。由于照搬苏联模式，难免有不符合国情的地方，形成了计划的、行政的、福利的、集中的、工业型的城市规划模式。第二，1958～1976年中城市规划的无政府状态。1958年的“大跃进”运动和1966年开始的“文化大革命”造成的前后断断续续20年的工作失误，使城市规划很大程度上处于无政府状态。1960～1976年，只有攀枝花和唐山两个城市制定了城市规划，前者是因为发现了优质铁矿，后者是因为发生了地震。第三，1979年之后城市规划全面复兴时期。20世纪80年代以来，我国的政治经济发展进入一个新阶段。全国各地土地开发和整治规划逐步展开，随着城乡经济的普遍繁荣、城镇化速度的加快、现代化的生产、交通和通讯工具的快速发展，城市与城市、城市与乡镇之间的联系越来越紧密，城市规划进入复兴期。我国的城市规划发展很快，但是也面临着模仿多于创新的问题。

20世纪90年代以后，中国社区发展规划热潮兴起，这主要得益于以下因素的影响。

### (一)社会转型

中国社会的重大变革起始于1978年，在此之前，中国各级政府几乎控制了所有的社会资源，由此工作单位和地区组织两个社会系统相继派生，它们肩负着代表政府实行社会分配和社会管理的载体职能。改革开放以后，政企分离、医疗社会化、住房分配货币化、养老社会化等一系列的变革使计划经济下形成的“企业办社会”“单位制”的局面不复存在，社会成员由“单位人”逐渐转变成为“社会人”，经济因素在社会中的作用越来越大。城市规划如何应对新形势，如何实现以人为本，如何将分工时代的异质人群整合成具有共同利益的社会，是每个城市规划工作者思考的重要问题。在这种情况下，西方国家的社区发展规划理念开始逐步进入中国，该理念十分注重公众参与的自下而上和自上而下的结合，通过社区规划，政府、经济组织和居民协调成一个整体，三者的利益得到兼顾。

### (二)社会阶层变化

改革开放以后，随着中国社会的快速发展，中国社会阶层发生十分显著的变化。2002年，以陆学艺为组长的中国社会科学院“当代中国社会阶层结构研究”课题组推出《当代中国社会阶层研究报告》，鲜明提出中国社会已经由两个阶级一个阶层(工人、农民、知识分子)分化成十大社会阶层(国家和社会管理者、经理人员、私营企业主、专业技术人员、办事人员、个体工商户、商业服务人员、产业工人、农业劳动者和城乡无业失业半失业者)，标志着中国现代社会结构雏形的基本形成。2004年他又推出《当代中国社会流动报告》，该报告显示中国社会正在逐步走向一个开放的阶层化社会。为新的就业职能提供空间保障和物质支持，适应流动人口带来的环境和安全压力，为增强城市的社会服务与管理职能提供空间与物质支持等，都是新的社会阶层变化给社区发展规划提出的新要求。

### (三)住房私有化

在中国现有的规划中，社区发展规划概念的形成是和住房制度改革紧密联系在一起的。以1998国务院下发的《关于进一步深化城镇住房制度改革　加快住房建设的通知》为标志，中国城镇住房供应货币化开始，商品房、经济适用房、廉租房三个层次相结合的住房供应体系开始建立，自此，购买商品房成为绝大多数中国人解决住房问题的首选。在这种住房私有化的情况下，居民个人财产直接与地域社区关联，居民生活质量也直接与社区发展密切相关。正是因为此种原因，公民颇为看重所购住房的社区发展规划，为了适应这种社会需求，开发商和政府开始在中国社区积极开展多种规划活动。

### (四)家庭小型化和家庭生活方式的变迁

改革开放以后，随着中国社会的迅猛发展，家庭观念和结构发生了巨大变化，核心家庭数量在不断增加，家庭逐渐出现小型化趋势，这些变化要求对与人口相适应的配套公共服务设施进行调整。例如，在老年服务设施方面，上海市就规定，到2010年，中心城浦西内环线以内的建成区以及地处中心城历史文化风貌保护区的居住社区，按照不低于本社区老年人总数的1.5%配置床位；中心城内外环线之间的建成居住区以及郊区新城老城厢地区，按照不低于本社区老年人总数的2%配置床位；浦东新区、郊区新城和城镇人口在5万人以上的新市镇以及中心城成片改造地区或新建地区，按照高于本地区老年人总数的2.3%配置床位。与此同时，公民家庭生活方式也发生了相当大的变化，快节奏的现代生活和消费升级等都对居民对生活环境提出了新的要求，成为住宅设计、住区规划建设必须面对的问题。例如，在购物问题上，集中购物正在逐步代替分散的就近购物。原小区规划中必须设置的粮店、菜店、副食店、杂货店也正被仓储式超市、大型购物中心等具有市场竞争力和较高服务质量的集约化商业设施代替。又如，在出行问题方面，生产力逐步提高，经济快速增长带来了出行工具的迅速升级，小汽车由奢侈品变成常用品逐渐进入普通家庭，并成为首选出行工具，这种改变直接影响到住区交通系统的安排，住区规划布局也不得不为“私家车”的停放做出合理安排。

### (五)居民情感归属需求突显

改革开放在促进我国社会迅猛发展的同时，也对我国公民的心理产生了颇为巨大的影响。对于城市居民而言，原有的生活突然被打乱，尤其是那些因下岗而失去工作的人们，在物质上、精神上都无所凭依，他们既无法获取足够的经济来源，又不知道该如何改变现状，对未来深感茫然。对于农村居民尤其是远离故土涌入城市的人们而言，一方面远离故土，思乡心切，另一方面又难以扎根城市，在这种情况下，他们内心充满了迷茫。即使是那些手握文凭、工作优越的“白领”阶层，由于科学技术的日新月异和飞速发展以及无所不在、无时不在的竞争压力，其潜意识里也弥漫着害怕知识落伍或被新人淘汰的焦虑感，表现在行为上就是不停地、超负荷地“充电”以考取更多的甚至跨越多种行业的证书，使学习在很大程度上成为一种无可奈何的惯性，而不是源于自我发展、社会发展的真实需求……在这种全社会迷茫的状态下，找到一种能够满足社会心理需求的介质成为需要，而社区恰恰以人际情感、认同为特征，因此以满足居民情感需要为主要目标之一的社区规划开始进入政府、开发商和居民的视线。

## 二、中国社区发展规划的实践

社区发展规划在我国兴起已有十多年时间，在这段时间里，我国社区发展规划的实践主要有居住社区规划、街道社区规划、城区社区规划等。

### (一)居住社区规划

居住社区规划是在原有居住区规划的基础上，对新建居住社区发展的规划进行实践。居住社区规划在形式上继承了原有居住区规划中的居住区-居住小区-组团的格局，但是着重弥补了原有居住区规划中人文因素的不足。同时，居住社区规划关注产权性质、建设主体和管理主体变化带来的影响，探讨怎样使入住居民与新建居住社区磨合的过程相对缩短。20 世纪 90 年代后期这类规划研究在以市场为导向的商品住宅开发的形势下越来越受到重视。1998 年，上海市城市规划设计研究院针对上海市社区建设中的配套设施建设指标问题展开研究，形成了《上海社区建设指标体系规划研究》报告；2000 年，开展了“上海城市社区规划理论和对策研究”。这些工作均在传统城市规划的概念中融入了社会学的观点，注重社区发展规划中各种软、硬性因素的结合。2002 年，同济大学与广州市规划局联合组成课题组，针对市场经济条件下居住区开发中出现的新问题，开展了“广州市成片居住区公共服务设施建设方式改革研究”课题，课题组把握我国经济体制改革的总体要求，深入研究了居住区公共服务设施的不同经济属性、产权性质、配置标准、建设主体及供地方式等。在课题研究成果的基础上，广州市城市规划局于 2003 年年初发布了《关于试行居住区及居住小区公共服务设施配建分类、分项控制指标的通知》，以求适应市场经济条件下居住社区的建设要求。

### (二)街道社区规划

以街道行政管辖范围为规划单元的社区发展规划实践较为活跃。1992 年，上海市卢湾区瑞金街道、普陀区曹杨街道先后编制了《社区综合发展规划》，内容包括现状、总体规划、人口规划、经济规划、社区服务规划、教育科技文化规划、环境规划、对策措施等九大部分。瑞金街道的社区规划在 1994 年拓展为《上海市社会综合发展示范工程——瑞金街道社区建设模式研究》，对城市社区的街道管理体制进行了初步探索，增加了居民生活质量、妇女地位等内容。这一规划引起了市、区政府领导的重视，并得到实施。1995 年，浦东新区潍坊街道制定了《1995—2010 年社区发展规划》，这个规划中加入了社区发展指标体系、社区公共安全规划等内容。1999 年上海市普陀区真如镇开展了社区发展规划研究，规划注意到该社区处于城乡结合部的特殊地域空间特征，着重对社区人口状况进行了调查，发现了三类人群的分布规律，并提出了加强社区建设和管理的对策。2001～2002 年，上海市宝山区通河街道制定了《通河社区发展规划》，这项规划工作分别对社区的社会构成、组织管理及社区环境等进行了深入调查，并针对社区的实际情况制定了综合性的发展策略。2002 年，上海市浦东新区沪东新村街道制定了《沪东社区发展三年(2002—2004)规划》，这项规划提出了“七化”，即“细化”建设方案、“强化”队伍建设、“深化”创建内涵、“块化”管理社区、“美化”中小道路、“优化”投资环境和“精化”特色工作。

**(三)城区社区规划**

城区社区规划是在街道社区规划的基础上发展起来的，由各区政府主持，为所辖区域制定社区发展规划。

上海市先后有浦东新区、黄浦区、卢湾区等开展了城区社区规划。浦东新区社区发展规划开始于1995年，之后该区社会发展局采用政府主管部门与专家结合、以专家为主的方式，连续三年开展了社区建设的规划研究工作，完成了《浦东新区现代化城市社区管理模式研究》报告。该报告首次对浦东新区的社区状况进行了系统分析，提出了浦东新区社区规划指标体系，并针对浦东新区社区发展中存在的问题提出了社区发展的方向、目标和重点。报告提出的“行政社区”的概念和建立“浦东新区行政区-社区体系”的观点[①]引起较大反响，并成为浦东新区行政区划和社区规模调整的重要依据。1996～1997年，该区先后完成了《浦东新区社区发展纲要研究》和《上海市浦东新区城区——社区发展规划(1996—2010)》[②]。前一成果进一步充实和完善了浦东新区社区发展的指标体系和目标思路；后一成果是以浦东城区十个街道为对象进行研究的，包括综合报告和专题报告两大部分，内容十分丰富；“一流的城市需要有一流的社区”，该规划正是为适应浦东新区建设城市一流街道(镇)社区需要而制定的。2000年，浦东新区开展了文明城区建设的规划研究工作。

卢湾区的社区发展规划是该区获批准为“全国社区建设实验区”之后，按民政部的要求而制定的，规划期为三年。该规划内容包括指导思想、三年目标、工作原则、主要任务、实施步骤、保障系统和考核办法，规划具有较强的可操作性。

黄浦区的社区发展规划则是围绕创建大城市文明城区的活动而制定的，早在1995年黄埔区就已制定了《黄埔区1995—1997文明建设规划》，开始了创建文明城区的活动，1998年被批准为上海市创建文明城区的试点工作区，并制定了高标准、切实可行的文明城区指标体系，1999年黄埔区通过国家级文明城区的验收。此后，黄埔区有关部门与华东师范大学中国社区建设研究中心合作，从理论和实践两方面系统总结了黄埔区创建文明城区的经验，出版了《大城市文明城区建设的理论和实践》专著。在该著作中全面介绍了创建文明城区的基本思路、资源基础、目标体系、评估体制与机制保障等内容，特别是黄埔区整体推进文明建设的经验模式——“三条文明链”。

## 三、现阶段影响中国社区发展规划的因素

从以上分析可以看出，20世纪90年代以后，中国不管是在社区发展规划理论，还是社区发展规划实践方面都获得了长足发展，但是，在一些因素的影响下，中国社区发展规划依然存在多种问题，如社区行政化倾向仍过于强烈，社区承担了本不应当承担的职能，社区功能错位；社区发展规划缺乏人文关怀，建筑空间体型和人文环境缺乏协

① 刘君德：《上海城市社区的发展与规划研究》，《城市规划》，2002年第3期，第41～42页。

② 吴铎：《上海市浦东新区城区——社区发展规划(1996—2010)》，上海市科学技术委员会，1997年。

调，或者缺乏特色；社区发展规划的空间单元划分有待完善；等等。

**(一)管理体制**

中国当前的社区工作虽然着眼于社会组织体制的改革，但更多的只是把社区建设纳入原有城市管理体制的框架内，尚未把社区发展本身作为体制建构的中心，社区工作总体上仍然普遍按照传统的“街道-居委会”模式进行，基本上以政府指导性工作为主，而没有真正体现社区的构成原则。在这种管理体制之下，一方面，以政府主导的社区发展模式可以直接依托经过居委会改组成的社区委员会进行社区建设，不必另起炉灶成立独立的社会组织，从而维持社区的稳定，集中精力改善社区环境和设施，一定程度上保证了社区建设的快速发展；另一方面，这种社区发展模式将原本属于社区居民自发性组织团体的功能嫁接到了街道办事处这类行政机构，导致机构更加庞大、臃肿，政府疲于应付大量社区内部性事务，致使管理成本大大增高，同时又限制了社区居民的自主性要求，来自基层的声音很难通过社区发展规划得到体现。社区居民团体的不发育又会使真正来自社区需求的自下而上的规划无处表达，规划最终脱离了社区建立的本意。

**(二)社会意识**

长期以来，受社会传统模式和思维惯性影响，社区居民自主性意识不强，民主思想不足，文化层次参差不齐，所以在公众中仍有一种根深蒂固的观念，即认为城市建设是政府的工作，与自己无关，只有到了生活不方便时才呼吁一下，反映一下，以期得到有关部门的重视和解决，从而形成了关乎自身利益的事务参与多、公共利益方面参与少的局面。另外，社区概念对居民来说还是一个新生事物，他们不知道社区为何物，建立社区有什么意义，以及现在的社区与以前的居委会有什么区别，所以居民对参与社区建设积极性不高。而对于社区里的单位或社会团体而言，它们认为自身是一个独立的系统，与所在社区没有多大关联，社区建设更是对它们无关紧要，这就造成驻区单位一般不会考虑作为社区一员的责任和义务，不会产生参与社区建设的自我意识。它们更多的是以一种“纳税者”的心态来介入社区事务，在街道办事处某些机构的劝说与争取下提供一些赞助经费或者个别就业岗位，以提升企业形象，达到一种公益宣传的目的。因此，在社会传统惯性的影响下，社区居民及社区内的组织并不能担当起社区发展主体的角色。

**(三)规划学科**

社区发展规划至今没有正式纳入城市规划学科领域，只是引起了一些学者的研究探讨。社区、住区和居住区等概念的混淆也导致了学科内容的不清，而相关法律、技术规范上也只有城市规划和居住区规划的内容，鲜有社区发展规划的相关条例。从以下几个方面可以看出社区发展规划知识的匮乏。首先，没有相关的教科书和系统的教学内容。我国一般普通高校的城市规划课程中并没有将社区发展规划作为一门课程开设，最多是提及社区发展规划的概念。而学术研究的内容也以介绍、引用国外社区发展规划居多，没有形成相对较为系统的理论。其次，没有相应的规划规范及法规。我国社会学的社区研究与城市规划的社区研究还缺乏系统的结合，尚未形成与我国国情相适应的社区发展规划理论和体系。这与“社区建设由民政部门主持，编制的社区规划内容中关于管理性建议较多，缺乏具体的、可操作的方法和手段；社区规划缺乏建设部门参与，使得规划的编制和实施存在缺失”的现象吻合。最后，没有相关的考试命题。从历年的高等学校研究生考试情况来看，关于社区规划的命题出现频率很少；注册规划师考试也没有把社区发展规划的内容作为命题重点。规划学科的授业者和准规划从业者在传播和接受规划思想时缺少社区发展规划的内容，映衬了理论与方法的滞后。在物质文明快速发展的今天，需要将关注个体发展和群体进步的人本主义规划思想结合起来，从规划体系上把社区规划纳入城市规划范畴，以适应当前社会发展的需要和社区建设的需求。

**(四)组织方式**

我国的社区发展规划，不论是在城市规划体系还是在经济社会发展计划体系中都还没有明确的定位，社区发展规划的主体问题尚未解决。从目前开展的社区规划组织方式来看，由政府通过行政安排来实施社区建设任务的居多，其主要表现是通过政府的力量来划定社区范围和变更社区冠名，借助经居委会转化而来的社区居委会开展社区日常工作，同时提供社区福利服务和公共服务。但是在实际操作过程中，未能把私人服务与公共服务区分开来，仅是简单地倡导社区服务市场化、产业化，结果形成大量社会成本平摊到社区居民的现象。此外，社区还需要安置大量社会失业、残障人员的就业，承担了一定的社会责任。也就是说，此种社区规划的组织方式仍偏重于“自上而下”的行政色彩，公众参与的成分偏少。从社区的本质和发展原则来讲，像社区居委会、街道这类由政府主导的社区体系并不能代表真正意义上的社区发展精神，它们目前扮演的角色只是过渡性的，不能反映终极状态时的社区架构。所以这种社区规划组织方式应该被认为是不得已而为之的形式，在以后的社区发展中行政色彩应逐渐淡化，主导权应逐步过渡到社区居民、团体等的身上。

西方国家和我国社区发展规划的历史发展是本章阐述的重点内容。总体而言，受到社会、经济、文化等多种因素的影响，我国与西方国家社区发展规划各具特色。国外发展中国家的社区发展规划大都强调自助、合作、参与和专家援助等，大多带有“服务取向”和“问题解决取向”的性质，其主要目标集中于社区情感、凝聚力、责任感和归属感的培养以及社区居民的组织及人际关系的协调，注重各类服务机构的建立与协调以及社会保障和福利服务的改善。发达国家着重把社区发展作为解决社会问题、进行社会改良，以至社会开发的一种手段和途径。随着城市社会功能的加强，欧美国家的社区发展规划更趋向于对社区的社会规划，偏重内在社会机能的构建。其推行社区发展的组织是分散的，不仅有政府组织，非政府组织也可以参加规划，社区发展的公众参与程度不断加强。与国外学者的对社区发展和规划更多涉及社区发展的经济领域不同，我国社区发展规划更多地关注物质环境建设、城市文化传统的保护，这一方面反映了处于不同经济发展水平的城市所面临问题的差异，另一方面也反映了我国的规划更偏重于物质环境技术方面的特点。但城市是一个开放的复杂巨系统，城市规划问题的解决需要社会、经济、管理等多方面的知识，因此，我国要更多地注重从社会、经济、文化等方面关注社区发展规划，把社区发展规划推向一个新的高度。

## ➤本章小结

社区发展规划是伴随着近代城市规划观念与理论的发展和成熟而逐步演进的。第二次世界大战后，单纯的“经济发展观”逐渐为各国所抛弃，代之以追求“社会的全面进步”。由此，社区发展日益受到广泛关注，成为解决各种社会问题的重要途径，社区发展规划也应运而生。国外发展中国家的社区发展规划大都强调自助、合作、参与和专家援助等，发达国家着重把社区发展作为解决社会问题、进行社会改良，以至社会开发的一种手段和途径。我国社区发展规划兴起于 20 世纪 90 年代，社会转型、社会阶层变化、住房私有化、家庭小型化和家庭生活方式的变迁及居民情感归属需求突显，是我国社区规划兴起的重要原因。此后，在我国社区发展规划实践中出现居住社区规划、街道社区规划、城区社区规划三种形式。综合来看，管理体制、社会意识、规划学科和组织方式等是影响我国社区发展规划的重要因素。

## ➤关键概念

社区发展运动，前工业社会，工业社会，社区城市时期，居住区规划，街道社区规划，城市社区规划

## ➤复习思考题

1. 简述西方国家社区发展兴起的背景。
2. 简述西方国家社区发展规划概况。
3. 简述中国社区发展规划思想的发展历史。
4. 简述中国社区发展规划的三种实践形式。
5. 简述现阶段影响中国社区发展规划的因素。

## 案例

### 纽约市的社区规划

纽约市的社区规划表现为一种官方规划的形式，但其具体制定可划分为两个相互独立又密切联系、彼此影响的过程：一个是自上而下的立意于促进社会进步、解决社会问题的“政府规划”，由社区委员会具体操作，目前处境比较尴尬，规划地位尚未确立，可以说是一种立足社区却不被看好的官方规划。其从资金和技术上都不能得到有效支持，规划的实施更是难以保障。另一个是切实提高社区生活质量、捍卫自身权益的基层社区运动，可称之为“平民规划”过程。社区广泛的居民参与，尤其是那些表现激烈的抗议活动强烈地影响着官方的社区规划过程，使社区规划更能反映居民的需要和切身利益，体现人本关怀和社会公平。社区规划的最终制定从某种程度上是社区抗议和斗争的结果，这也恰恰反映了社区规划立足社区、服务社区的本质特点。

1. 社区规划的官方组织

在拥有 750 万人口、100 多个邻里的纽约市，有关邻里规划的官方组织受到多方的抗议，因为它没能从根本上消除邻里之间政治和经济上的不平等状况。那些经济条件较好的邻里经常显示出较强的力量，因此它们的影响就相应较大，社区组织的方法考虑得也更为周到。纽约市官方的邻里规划组织已存在了近 40 年，这比美国其他大城市时间都要长。纽约市包括 5 个区，共有 59 个社区单元(community districts)，每个社区都设有一个由 50 人组成的社区委员会。这些委员会的成员由各区区长提名，与市议会成员协商后最终确定下来。据城市宪章规定，社区委员会有权对土地利用申请(包括功能分区的改变、特殊许可证、城市更新区等的申请)、市属财产的获得和处置及主要社区设施布点等问题进行评议，并投票表决。但它们的投票只是起咨询和参考的作用，真正做最后决定的是市规划委

员会和市议会，这些投票有时能对高层机构产生影响，有时则不产生任何效果。同时，社区委员会可对机构的预算需求进行评议。

官方组织的社区规划目前面临很大困境，尤其是有关社区长远发展的197-a计划。纽约城市宪章的197-a条款部分授权社区委员会可以准备一个长期的计划，这个计划就被称为197-a计划。迫于社区激进分子的强大压力，1990年修正后的宪章明确了社区委员会具备拟订长期计划的权力，社区委员会还可将长期计划提交市规划委员会和市议会以获准通过。在这之前，一些邻里曾制订了自己的发展计划，但市规划委员会以宪章中没有关于该项权力的明确规定为由，对这些社区规划不予理睬。而今，已有五个邻里的197-a计划被获准，另有十多个正在酝酿之中。像许多官方的规划一样，197-a计划对邻里发展的影响是相当有限的。该规划作为一种政策咨询和声明，只能要求城市各机构在未来的决策中充分考虑规划中的建议。更主要的问题是，所有的规划在一定程度上都是咨询性的，那些严格限制某些行动的具体规划依然不被理睬和执行。对于社区规划，尤其是197-a计划，市政府一般采取不支持的态度。一个社区委员会平均要管辖十万人左右，其中三分之一或二分之一的委员要花费大量的时间去答复社区居民的种种小抱怨，如从路面上的探坑到交通灯。社区委员会制定的规划得不到任何资助，城市规划处也不提供规划人员进行技术支持。少数几个社区将完成的规划提交给城市规划委员会等候获准，随之而来的是极其详尽的考察过程，以及不顾社区评议而进行的擅自改动。

2. 非官方的基层社区规划

社区规划的真正成功更多地体现在许多非官方的运动中，尤其是在那些官方机构决策力影响不太深入的社区，如低收入社区和非白人社区，这些运动包括基层社区在住房、开敞空间、环境、公众健康和社区服务等方面所做的种种努力。参与社区规划始于社区组织。20世纪30年代，与失业和劳工运动密切相连，纽约市成为承租人运动非常激烈的地区之一。城市监管人员将房客的家具扔到大街上，而街坊邻居自发地组织起来，将家具又搬回住所，捍卫自身的利益。第二次世界大战后，租房者仍旧能够继续保持战时对租价的控制。战后时期较大的冲突包括50年代哈莱姆(Harlem)的罢租运动和70年代的库珀市(Coop City)罢租运动以及广泛的静坐示威活动。一次声势浩大的住房运动使纽约成为美国租用房和公共住房存量最大的城市，属于市政当局的房屋也最多。当前房地产市场的繁荣和中产阶级向劳动阶级居住区移民的浪潮，引发了私有化运动和大量违反规定的行为，导致那些中低收入阶层难以承担房租压力而只好放弃，个人租房市场受到严重打击。尽管如此，全市目前仍有约15%的住房以某种形式归公共和社会所有。基层社区运动为提高纽约市大多数人生活质量做出了相当大的贡献。社区居民和广大的社区工作者为了争取更清洁的生活环境、更多的公共空间，消除环境不平等而努力工作。从某种角度来看，基层社区比政府更像规划(公众参与和民主的规划)的提倡和鼓吹者。

综上所述，纽约市的社区规划可以被看做美国社区规划的一个缩影，从中我们不难看出其公众积极参与的突出特点，带有对抗性质的基层社区运动对政府的规划行为产生了重大影响，甚至取得完全性的胜利。另外，虽然社区规划的地位尚待巩固，但有关的立法毕竟给予社区委员会较广泛的规划权限，其中包括土地的使用权。纽约市基于邻里的规划(neighborhood-based planning)可以说是全美国最为发达和多样化的。而纽约的社区规划之所以达到如此程度，并不是由于政府允许社区参与某些决策过程，而是始于基层社区的抗议和有组织的活动。当前，虽然有一个负责社区规划的庞大的官方组织，许多社区尤其是低收入社区和有色人种居住的社区，仍然需要以抗议和组织的方式来对社区发展施加影响。

**案例思考**

美国社区规划中的官方组织与非官方组织分别承担什么样的角色与功能？它们是如何实现有效合作的？

## 实训指导

### 建设街“四面旗”引领社区自治

广州市越秀区建设街有64 000多名居民，约10 000多户，是广州典型的老街区。它曾是新中国成立后广州市第一个工人新村，也是改革开放后精英白领最集中的地方。随着改革开放的深入，建设街悄然发生着变化。大量的退休人员被移交社会化管理后，由企业人变成了社会人，感情上很不适应，相当多退休人员带有悲观消极情绪，认为自己为单位辛苦工作了几十年，却被这样推向社会，担心以后的生活“无人理”。在建设街这样一条宜商宜居的大社区里，如何让居民找到当年的归属感是一个值得思考的问题。

为了培养“社区人”自我组织、自我治理的社区意识与社区精神，建设街一直秉承“建设我家园，家园我建设”的共驻、共建、共享理念，开展社区服务试点工作，积极推进“双培工程”。所谓“双培”即是一方面将社区党员骨干培养成为“社区领袖”，另一方面将不是党员的社区居民骨干培养发展为党员。从2009年2月起至2012年，建设街已在9个社区中先后培育了46名“社区领袖”，其中有41名为党员。2012年1月10日上午，建设街一支由退休党员、热心群众组建而成的志愿服务队正式成立，他们分别是“平安红”社区守护队、“活力彩”社区文体队、“书香韵”社区读书队、“邻里缘”社区互助队。建设街希望通过“彩旗”效应，带动更多街坊服务社区切身感受“远亲不如近邻”，让街道的居民对社区逐渐产生“认同感”，并升华为互助互济、共生共存的“社区意识”。

资料来源：刘云：《建设街“四面旗”引领社区自治》，http://news.gd.sina.com.cn，2012年1月11日

**实训要求**

1. 请单独或3～5人一组，前往周边社区寻访社区领袖，并深入观察与了解一个普通居民是如何成为“社区领袖”的。
2. 分析“社区领袖”都具备哪些特质，这些特质又是如何被培育的？
3. 总结归纳“社区领袖”们为社区居民提供的服务。

# 第三章

# 社区发展规划的理论与方法

**本章要点**

社区发展规划是综合性的知识运用，从不同的学科角度和视野，形成了不同的社区发展规划理论。内源式发展理论、对话式规划理论、区位理论试图通过规划师的作用促成各方利益主体真正地参与规划，寻找到各方利益的平衡点，进而形成理想的社区；新城市主义理论向人们展示了理想社区的构建模式；以市民社会(civil society)理论、第三部门理论、社会资本理论为代表的新社会治理观，重点对影响社区发展的因素、影响社区发展规划良性运作的因素进行阐述。

从建立基本的社区发展规划的研究框架，到分析资料，再到制订社区发展规划方案，是一个系统的过程。首先，研究主要采用访谈、实地观察、抽样调查、文献检索等方法。其次，分析方法是对收集的资料进行定性和定量分析。最后，在公众的参与下，按照六个基本阶段(即成立规划小组、进行社区实地调查、整理分析资料、确定规划目标、拟订工作项目计划、制订社区规划方案和方案评估与反馈)，来完成社区发展规划的制定。

## 第一节　社区发展规划的理论

社区发展规划是伴随着近代城市规划理念与理论的发展和成熟而逐步演进的，早在19世纪末，英国人霍华德提出“田园城市”构想之际，便已有了社区发展规划的雏形；20世纪30年代的《雅典宪章》将城市规划推进一个现代性阶段，社区发展规划的理论与实践也更贴近现实，进入人群社区与建筑空间的有机组合阶段。

自近代社区发展规划理论建立以来，特别是在20世纪60年代以来的西方国家，规划理论一直存在两大发展趋势：一个是期望通过设计导向的规划、物质空间的创造来平衡各方利益的冲突，这主要集中了规划界、建筑学界的观点，如现在风行西方国家的新城市主义。另一个是倡导通过社会运动促进民主、公平、公正的城市和社区的建成，其观点主要集中于内源式发展理论、对话式规划理论，以及以市民社会理论、第三部门理论、社会资本理论为代表的新社会治理观上。

## 一、内源式发展理论

内源式发展理论也称为内发式发展理论，是亚洲 20 世纪 70 年代提倡的一种经济发展理论，它与既存的外生型发展理论相对应，引起了世人的关注。外生型发展理论认为，所有的社会都是从前近代社会向近代社会发展，落后地区的发展受先进地区的影响。而内发式发展理论则认为，各个地域的发展是受自身的资源配置和固有的传统、文化、当地居民主导意识等因素制约的。内源式发展理论强调历史发展的多元性，重视经济发展中人类自身发展的多面性，不仅重视经济发展，也重视社会文化方面的发展，并且强调市民社会的作用，认为它们与国家和企业一样，都在经济发展中发挥着重要作用。

内源式发展理论的特点，总括起来包含如下几点。

第一，内源式社区发展规划强调社区参与。内源式发展规划首先是精神价值得以实现的过程。只有使民意得到充分反映，发挥社区居民的主体性，才能依靠社区的自身力量，找到社区经济、社会发展的目标及实现途径。另外，从社区与外部环境的相互关系看，内源式发展规划意味着从社区文化传统出发，适应固有的自然生态环境，自立地发展，自立性是其突出特征。这种发展规划将创造出社区自我循环机制，建立起可持续发展社区的经济和社会基础。

这种社区发展规划认为，发展的核心动力来自发展主体而非外界的干预，因而发展动力的寻求方向从国家转向民众，强调"自下而上的发展"和"以人为中心的发展"。作为直接体现个人利益的场所，小范围地域空间的发展规划首先要明确的问题是，谁是规划的受益人，规划由谁来设计和指导。很显然，作为主要受益人，社区居民是发展的主体，所以这种规划要求社区居民全程参与到整个规划过程中，通过社区居民参与的方法去分配服务，并发挥民众在地方发展中的作用，通过保护环境和社区系统来满足他们的要求。

社区发展规划关注的是最基层居民的切身利益，所以规划最终要落实到各个具体项目，通过规划的过程将社区可持续发展的思想深入细化到基层。而不同地方面临的问题不一样，要想将有限的资源投入社区最关键或最严峻的发展问题，即实现稀缺资源的高效配置，就需要地方当局、外来专家、社区居民的共同参与和分析，设计地区发展远景，并最终落实到分阶段的选择、实施、监测与评估中。正是由于社区居民的全程参与，这种规划才更具指导性和可操作性。另外，在具体的操作中，社会中个人对规划的参与往往是以各类社团组织为载体实现的，因此要强调社会群体特别是弱势群体组织的参与，如分别代表妇女、残疾人、失业人员、儿童、老人等群体利益的民间组织的参与。规划不仅仅反映现存势力群体的利益，还需要关注弱势群体、边缘群体的利益。

第二，内源式社区发展规划过程中所使用的方法要与社区的实际情况相适合，从而可以最大限度地利用当地的资源与潜力。一般来讲，资源可以分为三部分，即自然资源、经济资源和社会资源，又可以分为可再生资源和不可再生资源两种类型。无论是何种形态的资源，都以不同的方式形成了各自的经济循环系统，作为地域内的资源被利用。社区发展规划，从本质上讲，就是研究如何充分发现这些类型的资源，并且尽可能地多利用可再生资源，使这些资源在社区范围内达到最优的经济状态。

第三，内源式社区发展规划关注社区基本需求、基础设施和社区的组织建设，帮助社区居民接近并使用区域的设施等。内源式社区发展规划在关注经济宏观发展的同时，也关心微观的社区和社区居民层面的基本需求，即保证社区居民的生存质量。生存质量是关于社区舒适、安全、关爱的质量表述，表现为居民或社区设施的使用者对其社区的社会和环境质量的感受，主要包括以下几个方面的内容：①安全和健康，包括交通安全、人身安全和公共健康；②环境条件，包括清洁、安静、空气清新和水流清澈；③社会交往质量，包括邻里和谐、公平交流、相互尊重、社区特性和对社区的自豪感；④享受休闲娱乐、美学和现存的独特文化和环境资源，如历史文化建筑、古树、传统建筑风格等。

以上内容和社区的生活质量相关，使社区变得亲切自然，易于居住。相反，缺少这些质量内涵，社区生活将会变得枯燥无味。简言之，社区发展规划的任务是在不威胁生态环境和社会系统的前提下，为社区所有居民持续提供基本的环境、社会和经济服务，满足和提升社区居民的生活质量。

**案例**

**红豆杉与可持续发展**

云南西北的红豆杉森林为云南社区生态环境的保障起着积极的作用。然而云南一家生物技术有限公司利用生物技术将红豆杉树皮加工成有效抗癌物质紫衫醇。一公斤紫衫醇在欧美售价 20 000～30 000美元。在产业链的粗加工生产基地建立在云南后，林业部门鼓励当地社区居民剥取红豆杉树皮以增加收入。公司以每公斤 6～7 元的价格向当地居民收购红豆杉树皮，而一棵红豆杉的树皮仅 10 余公斤。红豆杉的生长周期很长，数百年才能长出 20 公斤树皮。村民因贫困大量剥取红豆杉树皮，致使几十万棵珍稀的红豆杉树死亡。而在此过程中，村民仅从每棵红豆杉上收获几百元，大量高额利润被公司赚走。可见，外源性技术的植入和产业化经济的发展，如果只是以社区自然资源为代价，不植根于社区内部能力建设，其可持续发展将成为一纸空谈。

资料来源：钱宁：《以内源发展的观点看待农村社区能力建设——新农村建设中少数民族社区发展思考》，《共识》，2009 年第 10 期，第 22～23 页

## 二、对话式规划理论

对话式规划首先由本恩德·简森(Bernd Jenssen)提出。对话式规划是指在社区规划工作中让社区所有的人、机构和团体都对规划作贡献，而这个过程是通过对话来完成的，它利用的是不同的人们所持有的不同利益、知识和经验。最基本的对话方法是陈述、讨论和交流观点，目的是分享知识、观点和经验。传统的规划过程就是一系列固定的步骤，从分析、预测、项目确定到完成，每个步骤要取得什么样的结果都是预设之中的。在这个过程中，虽然也要征求意见，但只是为了验证某个步骤。在对话过程中，不同利益者会为了不同的利益而相互说服和竞争，结果往往是相互妥协和相互让步，在性质上具有一定程度的不可预知性。

对话式社区规划要发挥作用，必须具备如下条件。

(1)共享发展资源。在大多数情况下发展资源是十分有限的，如果社区规划的各方参与者都愿意推动规划的成功，他们就必须贡献资源。在这种情况下，规划决策不能由任何一方垄断。

(2)分权管理。分权管理的目标就是使社区基层能够掌握更多的机会和资源，在对话式规划中获得平等的规划信息。

(3)从替代现实到面对现实。规划就是确定未来的发展方向，至于现状和历史，却往往被许多规划师忽视。传统上，人们认为规划师能够技术性地做出英明决策，在此基础上自动引入执行、完成和见效的阶段。如果不见效，就会认为是规划师的技术不佳，没有人想到过可能是规划本身不佳。这里的假设是，规划是好的就能带来好的结果。但是实际的情况是，当地决策者处于一个人情社会当中，在决策过程中，很难把规划确定的目标当做优先目标，因而私人利益可能会影响其决策。这是社会事实，不能被简单地忽视或者回避。对话式规划所要做的正是通过对话的方式让这些隐性的阻力显性化，从而解决问题。

在社区发展规划中，对话的形式主要是区域规划平台。区域规划平台是区域规划内相关群体的对话渠道，官员、政治家、规划师和私人投资者以及普通居民都能够通过该平台来表达自己的认知与要求。

区域规划平台是由二十人左右组成的讨论会，这些人是区域内不同群体的代表，有政治家、官员、非政府组织和私人企业、国有企业、社区的代表或其他特殊利益群体的代表，如下岗工人代表等。讨论的人数过多，就很难保证每个人的充分参与，因此必须控制人数。为了给所有参与者一个相应的起点，规划师可以把已经确认的区域的一般情况写成文字资料，分发给大家。

区域规划平台并不是否认社区内部成员的广泛参与。区域规划平台方法也可以用于较大区域的规划，但我们无论如何都不可能组织一个十万居民都参与的大讨论，于是，这种类似“代议制”的形式自然就产生了。其实现基础是，所谓的区域角色必须来自某个阶层或利益团体，由其内部选举产生。这种推选的过程是增进区域内自我组织的过程，同时也梳理和明确了不同社区、群体的利益。区域平台可以看做社区广泛参与形式的延续，而不是它的替代物。

确定了讨论会的成员之后，区域规划平台便形成了，主持区域规划平台的就是规划师本人。当然，我国的其他规划中也经常出现类似的情况，即为了进行区域规划而由来自不同部门的人组成一个研讨班。但区域规划平台与此不同，因为其成员代表的是不同的利益群体，他们不是由行政指派的，那些行政指派人员在该平台中只能起到记录员式的“上传下达”的作用。规划师所要主持的并不是一般的小组工作，而是不断循环的冲突和挑战、调解和妥协。

对于这种不断对话的规划过程，有人担心参与人员过多可能会影响效率。实际上，规划师在任何规划中都要花费60%以上的时间进行讨论，相比之下，对话式规划用于讨论的时间并不算多。不同的是，在讨论之后，规划师自己还要对讨论的结果继续检验和讨论。对话式规划中的群策群议能够使所有可能方案的优劣甚至操作的难易程度快速显示出来，省去了基于推测和理论的技术型讨论。对话式规划所使用的区域平台是一个持续的工具，在规划的每一步中都要发挥作用。

**案例**

## 奥古斯腾堡的改造

奥古斯腾堡是瑞典马尔默市南部的一个社区，这一建立于20世纪50年代的城区主要是为低收入的市民提供居所。20世纪七八十年代，随着工业在马尔默的衰落，这一社区的情况变得更加糟糕。除了生活设施落后外，社区还经常发生内涝，社区的总体生活水平不高，居民持续搬离，此地成为标准的“穷人区”。然而当马尔默逐渐转型成功时，如何让这个“穷人区”重现活力，也成为当地政府急于考虑的问题。振兴社区，关键是构建融洽的社区关系，马尔默在这方面的经验是建立“对话机制”。

从1998年开始，奥古斯腾堡的改造进入实施阶段，首先需要改变的是困扰社区已久的内涝问题。马尔默的改造方案是在老房子屋顶上种植绿色植物，这种绿色屋顶技术可以吸收大量雨水，降低室内温度，起到节能的效果，更可以美化环境，改善空气质量。社区的绿化地带及空地上建设了一些用来排水的水池和水沟，这些水池和水沟如同人造的景观湖与小溪，到了雨季，就起到排水系统的作用。在完成这两项改造后，奥古斯腾堡再也没有发生过大规模的内涝灾害。马尔默市政府还在这一区域大力推广垃圾分类与废弃物回收，并指导居民如何正确地使用分类垃圾桶。经过近十年的生态化改造，这一老社区已经称得上欧洲最环保的社区之一，但硬件改造远远不够，提高社区居民的生活品质，需要建立一套完善的社区问题解决机制——社区对话机制，这也是社区规划的一个重要部分。

塞菲娅是一位东欧移民，多年前移居奥古斯腾堡。她发现社区的移民妈妈有一个困扰，即如果她们去工作，孩子们特别是那些还不到上学年龄的小朋友就没人照看。这位曾经做过幼教的妇女就自发建立了一个社区托儿所，为社区居民照看孩子。

塞菲娅托儿所很受欢迎，但其有限的条件显然容纳不了太多孩子，于是她向房产公司求助。在瑞典，房产公司也是国有企业，起着市民与政府之间桥梁的作用。在公司把塞菲娅的诉求告知政府后，政府出面建立起一间条件不错的教室，还为塞菲娅争取到了津贴，使她可以没有后顾之忧地照看孩子。

这个案例只是奥古斯腾堡社区方案的一个个例，人们习惯使用这种被称为“对话机制”的方式处理问题。“居民经常发挥主动性设法为邻居们提供服务，物业则作为桥梁把市民的需求传达给政府，而政府则倾听居民的需求，并为他们提供便利”。丹尼斯坦姆小姐表示，一旦这种良性的机制形成，社区就会充满活力，从某种意义上来说，良好的社区氛围比先进的硬件更为重要。

资料来源：李一能：《瑞典马尔默案例展社区规划对话机制让穷人区宜居》，《新闻晚报》，2012年11月9日

## 三、区位理论

区位是指人类行为活动的空间。具体而言，区位除了可解释为地球上某一事物的空间几何位置外，还强调自然界的各种地理要素和人类经济社会活动之间的相互联系和相互作用在空间位置上的反映。区位就是自然地理区位、经济地理区位和交通地理区位在空间地域上有机结合的具体表现。区位理论是关于人类活动的空间分布及其空间中的相互关系的学说。具体地讲，它是研究人类经济行为的空间区位选择及空间内经济活动的优化组合的理论。

就区位理论在社区空间结构上的分析而言，最早从理论和原则上对土地利用空间结

构进行研究的是区位论的先驱、德国古典经济学家冯・杜能(Johann Heinrich von Thnen)。1826年杜能在《孤立国》一书中建立了以市镇为中心，围绕其安排乡村土地使用的同心圆理论模式，为以后城市土地利用结构的理论研究奠定了基础。20世纪20年代以后，西方国家的工业化加速了城市化进程，城市用地随着城市人口的增长迅速向外扩展。针对城市功能布局等问题，欧美学者从区位、空间结构、土地租金和价格等方面展开了土地利用空间结构的实证分析和理论假设，形成了城市土地利用地域空间结构的描述性理论和解释性理论。代表性的理论包括同心圆理论、扇形理论、多核心理论、中心地理论等。

### (一)同心圆理论

同心圆理论是由伯吉斯(E. W. Burgess)于1925年对芝加哥城市土地利用空间结构分析后总结出来的(图3-1)。基本模式为，城市各功能用地以中心区为核心，自内向外作环状扩展，共形成五个同心圆用地结构。从城市中心向外缘依次顺序如下。

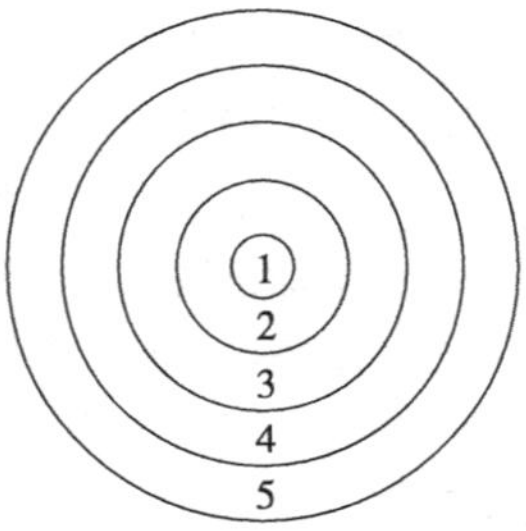


图3-1　伯吉斯的同心圆模式

注：1—中心商业区；2—过渡地带；3—工人住宅区；
4—高收入阶层住宅区；5—通勤人士住宅区

第一环带是中心商业区(central business district，CBD)，包括大商店、办公楼、剧院、旅馆，是城市社交、文化活动的中心。

第二环带为过渡地带(zone of transition)，是围绕市中心商业区与住宅区之间的过渡地带。这里绝大部分由老式住宅和出租房屋组成，轻工业、批发商业、货仓占据该环带内一半空间，其特征是房屋破旧，居民贫穷，处于贫民窟或近乎贫民窟的境况。

第三环带是工人住宅区(zone of workingmen's homes)，这里租金低，便于乘车往返于市中心，接近工作地，工厂的工人大多在此居住。

第四环带是高收入阶层住宅区(zone of better residences)，散布有高级公寓和花园别墅，居住密度低，生活环境好。

第五环带为通勤人士住宅区(commuter's zone)，约距中心商业区30～60分钟的乘车距离。

伯吉斯的同心圆理论的弱点同冯・杜能理论一样，忽略了交通道路、自然障碍物(河、湖等)、土地利用的社会文化和区位偏好等方面的影响，与实际有一定的偏差。1932年巴布科克(Babcock)考虑到交通轴线的辐射作用，将同心圆模式修正为星状环形模式，使这一理论更接近单中心小规模城市的真实情况。

**(二)扇形理论**

扇形理论是霍伊特(Homer Hoyt)于 1939 年创立的，来自于他对美国 64 个中小城市及纽约、芝加哥、底特律、华盛顿、费城等城市和住宅区的趋势分析。该理论的核心是，各类城市用地趋向沿主要交通线路和沿自然障碍物最少的方向，由市中心向市郊呈扇形发展。

霍伊特认为，由于特定运输线路线的影响，各功能用地往往在其两侧形成。他还把市中心的可达性称为基本可达性，把沿辐射状运输主干线增加的可达性称为附加可达性。轻工业和批发商业对运输线路的附加可达性最为敏感，多沿铁路、水路等主要交通干线扩展；低收入住宅区环绕工商业用地分布，而中高收入住宅区则沿着城市交通主干道或河岸、湖滨、公园、高地向外发展，独立成区，不与低收入的贫民区混杂(图 3-2)。

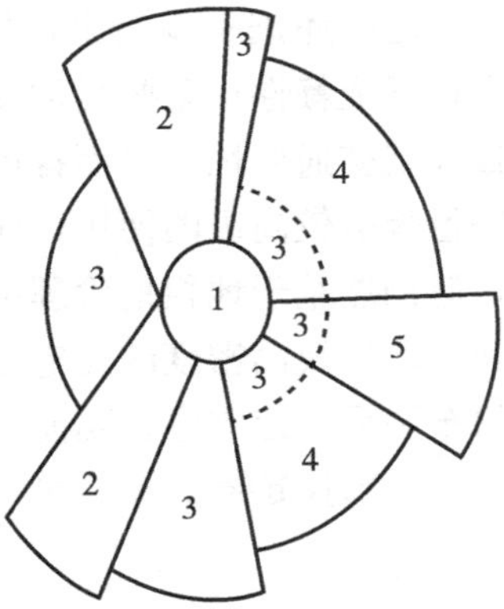


图 3-2　霍伊特的同心圆模式

注：1—中心商业区；2—批发商业区、轻工业区；
3—低级住宅区；4—中等住宅区；5—高级住宅区

当城市人口增加、城市用地需要扩大时，高收入的人就从原居住区搬迁到新的声望更高的地方，原来的高收入住宅区的房产变为低租金的住宅供贫民居住，出现土地利用的演替。但大部分低收入阶层，由于经济和社会因素的理智的内聚力，很难进入中产阶级和高级住宅区居住，只能在原有贫民区的基础上向外作条带扇形状延伸发展，因此，城市各类土地利用在空间上呈现出扇形结构。

**(三)多核心理论**

多核心理论最早是由麦肯齐(R. D. Mckenzie)于 1933 年提出的，然后被哈里斯(C. D. Harris)和乌尔曼(E. L. Ullman)于 1954 年加以发展(图 3-3)。该理论强调城市土地利用过程中并非只形成一个商业中心区，而会出现多个商业中心。其中一个主要商业区为城市的核心，其余为次核心。这些中心不断地发挥成长中心的作用，直到城市的中间地带被完全扩充为止。而在城市化过程中，随着城市规模的扩大，新的中心又会产生。

哈氏和乌氏还指出，城市核心的数目多少及其功能，因城市规模的大小而不同。中

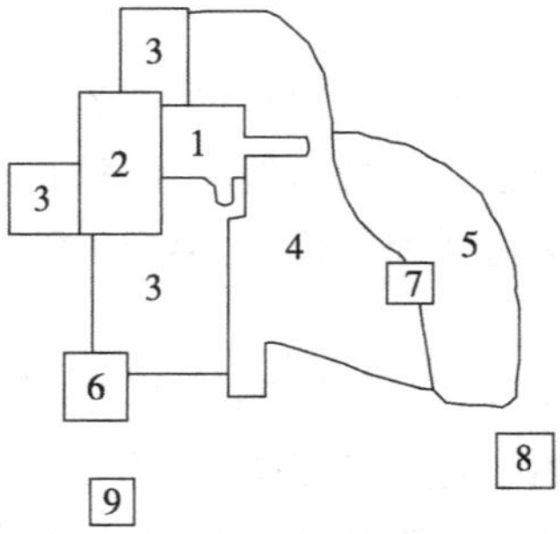

图 3-3 哈里斯、乌尔曼的多核心模式

注：1—中心商业区；2—批发和轻工业带；3—低收入住宅区；
4—中收入住宅区；5—高收入住宅区；6—重工业区；7—卫星商业区

心商业区是最主要的核心，另外还有工业中心、批发中心、外围地区的零售中心、大学聚集中心以及近郊的社区中心等。他们还进一步指出，形成城市多中心的因素有四个：某些活动需要彼此接近，而产生相互依赖性；某些活动互补互利，自然集聚；某些活动必须利用铁路等货运设施，导致区域交通繁忙，进而排斥其他功能设施，导致类似活动功能设施的聚集；高地价、高房租吸引较高级的使用，而排斥较低品质的使用。

多核心理论模式虽然复杂，但仍然基于地租地价理论。支付租金能力高的产业位于城市中心部位，其余是批发业和工业以及高密度的住宅区。多核心理论没有假设城区内土地是均质的，所以各功能区的布局无一定顺序，功能区面积大小也不一样，空间布局具有较大的弹性，尤其是那些由几个小市镇扩展合并而成长起来的城市，表现更为明显。

**(四)中心地理论**

中心地理论又名中心地点论，由德国地理学家 W. 克里斯塔勒(W. Christaller)结合地理空间单位与经济学的价值观提出，中心地向其周围腹地提供服务形成不同层级的空间等级序列。中心地可称为服务中心，一般是区域中心，如城市中心、居民点中心或服务中心。

中心地作为服务中心的基本功能就是向腹地提供中心性商业服务，如批发、金融、零售、企业、文教娱乐等。提供中心地功能的地方必须获得足够的支持以维持自身的运营。中心地商业服务范围的上限是中心地的中心商品能到达消费者手中的最大空间边界；其下限是中心商品必须达到的最小限度的需要量，即需求门槛。这样，每一个中心地都有它的作用范围。中心地规模与中心地数量之间是反向关系；中心地规模与腹地大小之间是正向关系。为使中心地的作用遍及整个空间地域，中心地形成了六边形的网络构架(图 3-4)。

中心地层次系统遵循市场原则、交通原则、行政原则。市场原则适合由市场及市场区域构成的中心地的商品供给。交通原则适合文化水平高、工业人口密集的区域。行政原则适合以行政组织为基础的社会生活。

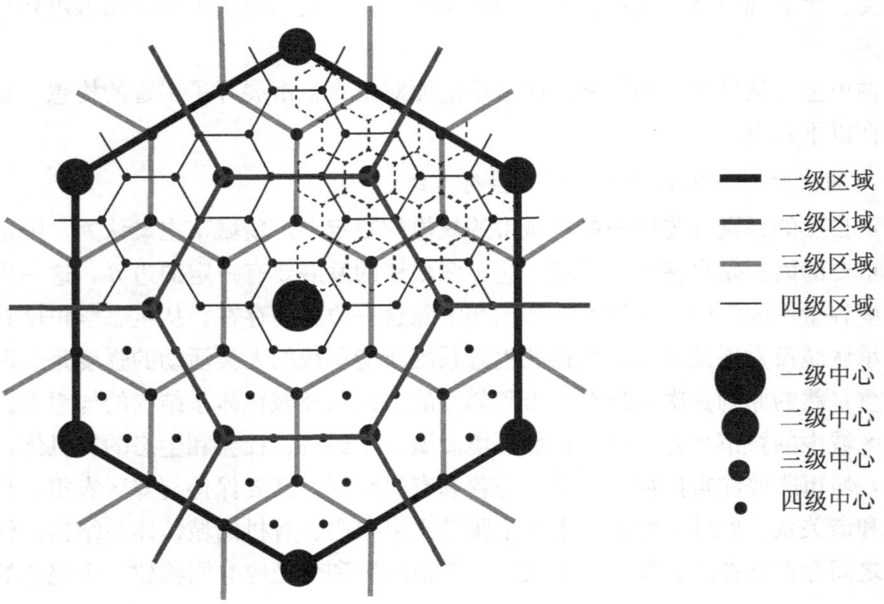


图 3-4　W. 克里斯塔勒中心地理论模式

## 四、新城市主义理论

新城市主义(new urbanism)是 20 世纪末最重要的规划活动之一。美国的建筑界和规划界在 20 世纪 80 年代就提出了新城市主义的概念，其宗旨是重新定义城市，探索住宅的意义和形式，创造出新一代的城市和社区。

新城市主义包括了有关城市形式和开发的新思维方式，肯定了紧凑型的形式，以及混合使用、可以步行和相对自我包含的社区。新城市主义的两大组成部分为传统的邻里发展理论(traditional neighborhood development，TND)和公共交通主导型发展(transit-oriented development，TOD)理论。1993 年，新城市主义的主要倡导者走到了一起，成立了新城市主义学会(Congress for the New Urbanism，CNU)，其主要创始人有安德雷斯·杜安尼(Andres Duany)、伊丽莎白·普拉特-扎别克(Elizabeth Plater-Zyberk)、彼得·卡索普(Per Calthorpe)、丹尼尔·所罗门(Daniel Solomon)、斯蒂芬森·保利佐德(Stefanos Polyzoides)和伊丽莎白·摩尔(Elizabeth Moule)。1996 年 CNU 第四次会议通过并批准了《新城市主义宪章》，标志着新城市主义思想走向成熟。

新城市主义思想的产生，源于对地方地理、自然生态环境、历史文化和新经济时代的理解，以及对必要的城市规划与设计原则的尊重，但它对具体设计风格不抱有任何的偏见，只是寻找一条通向 21 世纪的实现城市持续发展的道路。可以说，新城市主义代表了人类对于城市的一种新梦想，是人类都市梦想的精华。新城市主义是现代主义批判的产物，同时又是 20 世纪 60 年代各种建筑和城市规划与设计研究的成果。它倡导传统建筑和建筑模式以满足步行的需要，反对以汽车为导向的开发。它在汲取了人文主义、历史主义、生态和可持续发展思想精华的基础上，向人们展示了一个城市规划与发展的理想蓝图。

新城市主义从区域、城市和社区三个层面对未来城市展开了丰富的构想。其思想主要体现在以下几点。

1. 尊重自然——构建完整的城市生态系统

尊重自然的原则首先体现在对城市的规模的限定上。新城市主义认为，限定城市规模的最重要的因素是自然生态环境。它主张城镇的发展要有一定的边界，这一边界是由自然环境容量所限定的，人们不能模糊和消除这一边界的存在。从生态学角度看，新城市主义承认城市发展及其赖以生存的生态系统所能承载的人类活动的强度是有极限的。

尊重自然的原则其次体现在城市和郊区的关系以及城镇体系结构的构想上。新城市主义把区域中的城市和郊区及其自然环境看做一个经济、社会和生态的有机体，二者共生共荣，城市既要注重内部的更新、完善和有机组织，又要保持与郊区农田、自然生态环境的和谐关系。此外，新城市主义主张建立多中心、有机的城镇体系结构，认为不同的城镇之间存在互补的关系，中心城市、普通城镇和郊区应共同构建一个完整的城市生态体系。

尊重自然的原则最后体现在城市和区域的发展模式上。针对不同条件，新城市主义将城市和区域的发展模式主要总结为三种：填充式开发，主要是指城市内部功能的自我完善；再开发，主要是指城市内部功能的更新；新的成长区和卫星城。同时，新城市主义注重城市生态系统平衡的建设，强调不论城市发展以何种模式进行，在发展中起决定作用的都是开发的品质而不是开发所处的位置和开发规模。

2. 尊重社会与个人——建设充满人情味的生态社区

新城市主义充分体现了人性化的设计手法，表示了对社会和个人的充分关心。这一点在它所倡导的“社区”设计理念中体现的尤为明显。邻里、分区和走廊是新城市主义社区的基本组成元素。他们所构筑的未来社区的理想模式是：紧凑的、功能混合的、适宜步行的邻里；位置和特征适宜的分区；能将自然环境和人造社区结合成一个可持续的有机整体的、功能化和艺术化的走廊。同时，新城市主义认为邻里、分区和走廊也是大都会地区发展和再发展的基本元素，这三者的有机组合共同形成了市民认可的、具有归属感和安全感的、充满人情味的生态社区，并且促使居民形成保持社区活力、促进社区发展与进步所必需的责任感。

(1)提倡健康的生活方式。新城市主义社区作为一项解决方案，由于可以提高社会健康状况，其实践活动日益受到瞩目。社区开发实践从不同角度对公众健康产生影响，体育活动、空气质量、水质、生态平衡及社交网络等都受到社区建设的影响。提高居民的活动量、降低污染、增加就业机会和与绿地接触机会、增加交通选择等，都是社区设计的关键考虑因素。

(2)回归传统习惯性的邻里关系。新城市主义认为，习惯是在活动中形成的。自然环境对我们的行为造成巨大的影响，并影响我们习惯的形成。步行习惯需要都市为我们提供一个特殊的环境。商店、公园和地铁站的位置和距离引导着我们的习惯。除了这些地方，邻里也经常被高速公路、山丘、空地等定界。邻里的自然边界、邻里内的目的地为我们的步行习惯提供了中心和边界。我们建造的环境直接影响我们步行习惯的形成，中心和边界有助于社区可识别性的确立。新城市主义认为，邻里内的社会多样化能促进社会的相互联系。当各种各样的群体相互接近时，由于占用共享的空间，他们可能会发现彼此可以分享的一些事情。研究显示，邻里设施(购物设施、娱乐设施等)的使用与更高水平的居民交往相联系，新城市主义就是通过促进这种相互间的往来来达到形成社区的目的的。

3. 保持多样性——维持城市生态系统的稳定

城市、社区主体与功能的多样性是城市与社区持续发展的基础，这一点也是新城市主义所强调的。多样性原则在新城市主义设计理念中主要体现在以下三个方面。

(1)主体的多样性。在这一点上，新城市主义主要是从社会公平和公正的角度，寻求一种解决社会阶层隔离与分化等社会问题的方法。它认为在城市、邻里和社区内应该具有多种类型和价格水平的房屋，以满足不同年龄、种族和收入水平的阶层的需求，从而达到保持主体人多样性的目的。另外，它强调社会公众的参与和合作以及社会资源分配的公平，这样可以加强具有社会多样性的主体人的交流与联系，而这正是一个有活力的地区所必需的。

(2)功能的多样性。新城市主义将城市或社区看做一个有机的整体，使具有不同使用功能的土地组织在一起，以促进社区生活多元化的形成和社区生命力的增强。它反对过分注重功能分区的做法，强调城市特色和活力来自对丰富的资源的混合使用，使居民、工作单位、商业活动等融入邻里和社区的生活中，同时，通过有机联系的街道网络共同构成居民邻里生活的舞台。

(3)物质环境的多样性。这一点主要体现在对城市历史遗存的尊重上。新城市主义认为城市历史遗存是城镇的有机组成部分，它强调城镇的开发和再开发应当是一个维持地方传统和特色的过程。新开发的物质环境应该能够尊重历史、传统与现实，实现与传统的和谐和有机联系，以保持地方特色的延续和维持城市物质环境最大限度的多样性，适应人对城镇功能的综合要求，实现城市文明的持续发展。同时，新城市主义开发并不完全是新传统主义开发，它一方面从以前的规划建设中寻找灵感，另一方面着眼于人们的现代生活，新城市主义的倡导者认为，各种类型的建筑风格、城镇规划和社区密度都能够整合成一流的新城市主义社区。

4. 节约资源——实现城市生态系统的可持续发展

首先，新城市主义坚持城市要紧凑发展的原则。它批判了“建立在汽车轮子上”的郊区化模式，主张应该有限制地使用小汽车。新城市主义认为城市应该拥有多种交通运转系统：不仅要有大运量的、快速的、节约能源消耗的公共交通系统，而且更要有无须消耗能源的、宜人的步行系统、自行车系统等，以满足人和社会的多种需求。最为重要的是，新城市主义认为城市内其他车行系统应该体现出对公共交通系统、步行系统、自行车系统的充分尊重，并且各交通系统之间必须要有便捷的衔接和转换，共同构成有机、便捷的交通网络，保持城市生态系统的持续运转。

新城市主义思想、设计原则中充分体现了对生态要素的关心和对城市生态系统平衡的追求。在这里，无论是作为城市生态主体的人，还是作为城市生态系统基础的自然、社会生态环境，都得到了应有的尊重，同时通过各种要素的有机联系，共同构建了一个充满活力的城镇有机体。虽然新城市主义只是强调了城市规划与设计的理论、原则与方法，没有明确提出未来城市发展的目标，但毫无疑问，它和当今最富魅力的"生态城市"具有殊途同归的内在一致性。

5. 提高公众参与，强调公共福利

新城市主义非常注重设计中的公众的参与。例如，将一个项目的大部分工作高度集中于几天进行，在此期间，设计者与政府官员、社区百姓和各种利益集团进行商谈，召开发布会和展览会，邀请当地的建筑师、规划师和居民进行合作，使专家的意见、居民的要求和管理者的意见都能充分汇集和表达。这种方法已经在建设社区中发挥了重要的作用。新城市主义大会成立后，新城市主义的支持者从一开始的少数建筑师精英分子发展成为拥有相当广泛群众基础、融合社会多领域参与者的强大声音的主流力量。目前，它包括了许多享有声望的规划设计师、工程师、经济学家、生态学家、环境学家、社会学家、传媒记者、环保主义者等，还有越来越多的政府官员、普通市民和开发商。

新城市主义有三项社会目标，即社区、社会平等和公共福利。每一个目标都对一般意义的城市实体建设起到一定的作用，因此，每个目标都与研究新城市主义的社会目标之间的联系潜在相关。新城市主义主张的社会平等是平等地拥有公共设施和服务。社会平等的概念，特别是资源平等分配的目标可以同实体规划建立直接的联系。公共福利强调整个社会的康乐，提倡公共利益，而将个人利益放在次要地位，大多数新城市主义都是围绕这一目标的。公共福利的原则可分为两类：第一类与保护现有资源有关，促进集体利益而非个人利益的社会目标非常重要。第二类提倡区域可识别性，就是说地方区域必须具备自己的特点。这一区域可识别性能够促进共享感和归属感的产生，从而可以增强人们对该地区的维护意识和责任感。通过创造区域或邻里可识别性，增强共享感和归属感，是公共福利的一部分内容。

新城市主义自 20 世纪 80 年代末在美国兴起后，近十余年来有大量的实践，其中较有影响的作品包括：洛杉矶内城的复兴规划，被誉为"进步的建筑"的亚利桑那州机动家庭村庄，德克萨斯州国家级的最大城市更新住宅项目的重建，不列颠哥伦比亚为 12 000 人所建的"可持续性社区"，等等。

新城市主义运动的宗旨是重新定义城市，探索住宅的意义和形式，创造出新一代的城市和住宅。作为当代多元化发展时期对城市及社区发展方向探索的一支重要力量，新城市主义在价值观念、理论原则和实践方法等不同层面上均具有相对系统、完整的框架，并且有所创新。

## 五、新社会治理观

新社会治理观是因为国家作为绝对主体力量协调各种社会事物的效果不理想而产生的。由于国家-市场-社会之间的关系的新变化，出现了各种社会经济新情况及新问题，传统的自上而下的、臃肿而无所不包的政府管理体系已无法适应急速变化的社会、经济和文化环境，为了寻求一种计划和市场结合、集权与分权结合、政府和公众结合、正式组织和非正式组织结合的全新理念，新社会治理观便应运而生了。

新社会治理观不是一种单一的理论，它是由多种理论构成的，其中主要有市民社会理论、第三部门理论、社会资本理论等。以下分别介绍这几种理论的基本内容及其对社区发展规划的意义。

1. 市民社会理论

市民社会最早的含义可以追溯到古希腊的哲人亚里士多德，原义是指城邦，后在拉丁文的含义中，不仅是指单一国家，而且也是指业已发达到出现城市文明的政治共同体的生活状况，14 世纪传入欧洲后转译为现在的英文“civil society”。

市民社会是与政治国家相对应的一个分析概念，从最一般的意义上讲，市民社会是指个人、团体按照非强制原则和契约观念进行自主活动，以实现物质利益和社会交往为目的、相对独立于国家的非政治生活领域，亦即国家政治生活之外的所有社会秩序和社会过程。近现代的社会学界对市民社会一词的理解主要构建在国家和市民社会的关系上。

发端于 20 世纪 80 年代末 90 年代初的全球性市民社会思潮的产生背景如下：70 年代中后期以来，西方发达国家出现经济停滞和通货膨胀的并发症，西欧的社会民主党上台后依靠国家政权推行福利国家政策，但是高税收和高支出造成政府的财政负担越来越沉重。80 年代以来，西方政府通过国有企业民营化、减少国家干预、鼓励自由竞争等措施使自由市场和私有企业重振雄风，从而在经济、社会和政治生活中发挥着越来越重要的作用；基于此，发达国家试图重新调整国家和市民社会的关系。在 80 年代末特别是“东欧剧变”以来，市场化和民主化已经成为世界性的潮流。但是长期的高度集权的政治经济体制使得国家享有充分的行动自由，并使国家通过计划等手段严格控制社会生活的各个方面，明令禁止各种非官方的社团存在，市民社会为国家所淹没。前苏联和东欧的原社会主义国家试图通过改革转向自由市场资本主义，重建原来有过而现在已丧失的国家和市民社会的关系。至于世界上的其他第三世界国家和地区，其奉行“政府主导型”的发展战略，先后在第二次世界大战之后走上了现代化道路。但是其中除了东亚的韩国等个别成功的例子外，近期绝大多数的国家和地区在政治和经济上都出现了一些问题。所有这些很自然地使人们对单纯依靠国家力量来解决社会经济问题这一方法的有效性产生了怀疑，人们重新思考国家在社会经济生活中的定位，以及怎样促进民众参与政治生活，这样人们不约而同地都想到被冷落多年的市民社会理论。

市民社会兴起的一个重要表象就是非政府组织在全球的蓬勃发展，国际间的许多事务甚至是重大事务很大程度上已经由非政府组织来承担。以中国为例，随着市场化进程的推进，原有的国营单位制度的逐步瓦解，国营单位对个人的行政约束，个人对国营单位的归属感和认同感已经在逐步降低；另外，市民社会的兴起也使人们在社区或社团重新找到了归属感和认同感。市民社会思潮的兴起对社区规划理论和实践方法的冲击已经开始出现。最主要的表象就是，非政府组织和社区组织在社区发展规划中的作用越来越明显。

应该说规划师这一职业在出现时，就是以寻求建立民主、公平、公正的城市为己任的。规划师与市民、非政府组织的合作，是寻求与政治精英和经济精英在城市发展决策过程中能够形成制衡，也是使决策走向民主化、科学化的必由之路。

2. 第三部门理论

按照社会整体三元架构的理论解释，第三部门实际上是社会中存在于政府和经济之外的第三种力量。它是各种非政府组织、非营利组织、公民的自愿性社团与协会、社区组织、利益团体、基金会和公民自发组织起来的运动等的统称。当今世界第三部门的类型主要有非政府组织、非营利组织、慈善组织和志愿组织、免税组织等，它们之间存在一些共同的特征，如民间性、非营利性、自治性、自愿性等。在我国规划领域，目前存在的第三部门形态主要有规划协会、规划学会、居委会、基金会等。

在西方，随着公共管理走向公共治理，社区发展规划无论是在编制还是在实施中都引入了相关利益团体的对话机制。第三部门的积极参与，满足了公众自主管理社区的欲望，同时提升了公众管理社区的能力；同时第三部门架起了规划师与公众之间的沟通桥梁，使社区发展规划管理更加民主化，增强了规划管理的科学性；第三部门非营利的特性，在分担社区发展规划管理的管理职能时，也大大节约了管理成本。

社区发展规划作为公共事务的一部分，在我国也经历着由传统的自上而下、强制控制、单向的管理走向公众互相沟通协调的互动管理。最为明显的是，随着城市现代化进程的推进，在各种各样的社区建设规划、城市公共道路和设施的建设规划中，公众对自身居住权益越来越关注，要求参与城市规划和社区规划的热情日益高涨。规划部门也逐渐认识到公众参与的重要性和必要性，通过规划方案公示的形式让公众参与到城市和社区建设中。

第三部门在社区发展规划中发挥了重要作用，主要包括以下几种。

(1)规划沟通。从第三部门的非官方性质可以看到，第三部门既可以传递政府的声音，也可以反映公众的愿望，成为政府与公众沟通的桥梁。政府可以通过第三部门宣传解释相关的政策、规范、规划项目的建设；第三部门也可以通过自身渠道，将公众关心的问题、公众的建议和意见进行整理和汇总，向规划管理部门反映。例如，规划协会及时向政府主管部门反映会员单位的意见和建议；居委会把居民对规划方案的看法和建议反馈给规划部门；规划学会面向公众开展城市规划知识普及和宣传；等等。

(2)规划组织协调。城市规划协会组织研究城市规划行业深化改革的有关问题，为政府主管部门制定行业发展规划和有关政策、法规、标准提出意见和建议；居委会在规划方案公示时组织居民讨论，提供与城市规划主管部门沟通的场所；等等。

(3)规划评估与论证。规划协会可总结、交流和推广城市规划行业在改革与管理等方面的先进经验；总结、交流和推广全行业在科研、设计、新技术应用等方面的成果；向有关部门推荐优秀科技成果和论文，促进行业技术进步；组织开展各类城市规划咨询活动；就城市规划问题开展国际、国内学术活动，推广先进技术，参与论证、咨询与决策。

(4)规划监督。城市规划涉及公共利益的分配，目前由于权力集中，在管理中还存在非规范行为。第三部门的介入将有利于自由裁量权的有效监督，从而保障城市规划管理的公正、公平和效率。

3. 社会资本理论

一般认为，有三种形态的资本，即物质资本(如资金、生产设备、厂房等)、人力资本、社会资本(如社会网络等)。20世纪90年代以来，社会资本已成为一种有关社会发展的新理念。它是指传统观念的物质资本、人力资本以外的，把社会活动参与者组织起来并相互产生影响的、促进社会发展的一切因素。

1980年，法国的社会学家皮埃尔·布迪厄正式从社会学意义上提出了社会资本的概念。以后经济学家格伦·卢里、社会学家詹姆斯·科尔曼又做了进一步的阐述，由此而形成了“经济社会学”理论。使社会资本概念引起人们注意的是哈佛大学社会学教授罗伯特·普特南发表的著作《使民主政治运转起来》，他在这部著作中提到社会资本的概念，引起了人们的广泛关注。

社会资本理论的提出，使人们在注重有形资本研究的同时，开始注重无形资本，尤其是人力资本之外的无形资本的研究。研究表明，影响一个国家或地区的经济和社会发展的，不仅仅是经济的因素，还有社会组织、社会传统、社会制度以及道德、规范等各种文化和制度的因素。例如，造成我国东部与中西部发展的巨大差距的因素，主要不是有形的物质因素，而是各种无形的文化因素，即思想观念、传统习俗以及与此相关的其他社会资本方面的巨大差异。

社会资本在社区的建设和发展中，尤其是在社区的软环境的建设中，发挥着极其重要的作用。社区发展的深层意义在于建立一种社区秩序，培育公民的公共道德意识，增强社区的认同感和信任度，促进社区的和谐发展，而社会资本是社区和谐的动力、策略和资源。社区的社会资本主要表现为关系网络、居民参与和信任度。

在现代社会，社会资本已成为一种有效的社会资源，对社会发展产生着积极的促进作用。第一，社会资本可以为居民提供各种支持。社区居民在日常生活中形成的良好信任关系和各种关系网络发挥着相当重要的作用，包括生活保障、经济支持、劳力支持、决策咨询等方面。第二，社会资本能够规范居民的行为，提高居民的生活质量。社会资本能够使人们的道德观、价值观内在化，规范人们的行为；能够使人们充分考虑其行为结果对他人的影响，尤其是当人们的行为结果影响到其情感和责任对象时，人们就会对自身行为采取谨慎和负责的态度。第三，维持社区良好的社会秩序。社会资本中的公民参与和社会关系网络培养了生机勃勃的普遍化互信互惠惯例。一个依赖普遍性互信互惠的社会比一个没有信任的社会更有效率，普遍信任就是社会生活的润滑剂。第四，增强社区的凝聚力。社会资本代表了居民间的互信互惠关系，这些关系可以提升居民相互间的责任，加强对居民的规范和制裁，影响居民从事互惠互利集体行为的能力。人们在所参与的普遍信任密集或紧密的社会关系网络中能够相互学习和强化互惠，在其中，沟通和集体行为的模式得到了推动，而且人们逐渐形成相同的世界观、价值观和行为规范，推动相互信任与相互合作精神的产生，从而增强整个社区的凝聚力。第五，社会资本有利于社区公共事业的发展。社会资本是将生产资本、自然资本和人力资本结合起来的介质，社会资本的关键特性是促进成员为共同的利益进行协调与合作。在公众参与程度高、社会资本丰富的社区，公益事业就会兴旺发达。

社会资本理论对社区发展规划的意义体现在两个层面。首先，在社区发展规划的制定和实施过程中，应积极动员社区居民参与，发挥社区社会资本对社区发展规划的影响力。在实践中，居民参与社区发展规划，往往仍然停留在规划展览会形式或一般的问卷式民意调查上，而公众参与少有实质性的作用。同时，在实践中公众参与的概念往往被误解为个人的参与(参观展览、民意调查等)，而没有上升到协助建立社区组织、以社区组织为单位的参与，因而公众参与没有发挥其作为一个过程而加强社区能力的作用。真正有成效的公众参与不是个人层次的参与，而是以社区组织为居民代表的参与，只有这样，开发商和主管部门才不得不认真对待公众的意见。其次，在社区发展规划的设计上，应该对社会资本的形成、良性发展等进行针对性的设计。本章已经介绍过的新城市主义设计理念，就已经在这方面对社区社会资本的形成和良性发展进行了有益的探索。

## 第二节 社区发展规划的方法

社区发展规划方法是一个对社区发展构成要素从研究到决策进行规划的完整过程，同时也是一个从理论到实践的转变过程。尽管社区面临的问题不同，但研究设计的基本方法仍具有共性。

### 一、社区发展规划的研究方法

1. 研究框架

社区发展规划研究遵循发现问题、分析问题和解决问题的逻辑，对研究的目标、内容、步骤、方法等进行整理，理清思路，建立了基本的研究框架(图 3-5)。

2. 社区调查研究

社区发展规划的资料来源可分为两类，一类是第一手资料(实地调查资料)，另一类是第二手资料(文献资料)。根据调查方式的不同，社区调查方法可分为四种，即访谈、实地观察、抽样调查和文献检索(表 3-1)。访谈法是指调查者以口头方式与被调查者进行直接交流的方法，它可分为结构式访谈和无结构式访谈。这种方法能深入了解社区的情况，但耗时很多。实地观察法是对社区的各要素的客观存在状况进行准确了解的方法。观察者可到街心公园、游乐场、商店等人们经常聚集的日常活动场所，通过与人们进行自然交流，近距离观察其行为方式，了解真实的社区生活状态。实地观察并不是完全被动的，要求观察者积极地与被观察者交流。抽样调查是社区发展规划中获取数据的最重要途径。它在社区中按照一定抽样方法选定社区居民进行问卷调查。由于问卷是调查者根据调查目标设计的，因此它具有目的性和针对性，且具有时效性。文献检索通常在社区发展规划的初步交流阶段之前就开始进行文献资料收集工作。文献检索获取资料成效显著，且资料覆盖的纵向历时长，可为解释社区发展的因果关系和趋势研究提供依据。

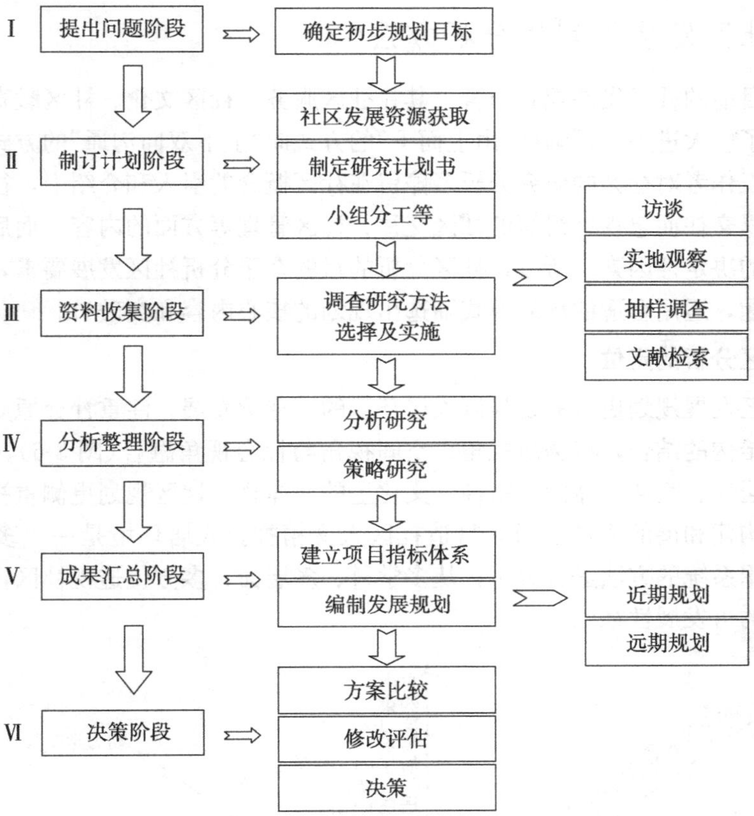


图 3-5　研究框架

注：研究计划书——研究设计的结果一般以研究计划书的形式表达，社区规划研究内容涵盖了上述各阶段的具体安排；研究计划书的内容可包括研究目标、理论综述、研究对象、资料收集、分析及方案制订等九项基本要素

**表 3-1　社区调查方法**

| 类型 | 访谈 | 实地观察 | 抽样调查 | 文献检索 |
|---|---|---|---|---|
| 优点 | (1)回答率很高<br>(2)采集资料质量较高<br>(3)针对的调查对象广泛<br>(4)弹性大、灵活性大 | (1)信息直观性较好、信度强<br>(2)资料新<br>(3)角度和对象灵活<br>(4)收集与使用需要切合 | (1)具有很好的匿名性<br>(2)调查成本低<br>(3)人为因素影响小<br>(4)采集资料便于统计分析 | (1)信息较全<br>(2)时间和费用低<br>(3)收集相对方便 |
| 缺点 | (1)匿名性较差<br>(2)调查成本高<br>(3)调查双方受互动影响较大<br>(4)对调查成员要求较高 | (1)受观察者主观因素影响较大<br>(2)资料整理时间成本高<br>(3)资料即时性过强<br>(4)质量效度较弱 | (1)自填式回收率无法保证<br>(2)采集资料的质量难以保证<br>(3)对受调查者能力有一定的要求 | (1)受资料调用条件限制<br>(2)可能与需要不切合<br>(3)资料不够新 |
| 适用范围 | 小范围人群、客观情况、主观意见 | 社区各要素存在状况 | 大范围人群、客观情况、主观意见 | 历史资料查询<br>相关信息检索 |

资料来源：赵民、赵蔚：《社区发展规划—理论与实践》，中国建筑工业出版社，2006 年，第 38 页

## 二、社区发展规划的分析方法

就中国目前的社区发展规划而言，其在社区服务、社区文化、社区教育、社区治安等方面取得了较大进展，逐渐由“由上而下”的方式向“上下双向沟通”的方式转变。但社区发展规划工作者对社区的研究分析多停留在社区概念的引入和介绍上，往往重视居民自发性的邻里交往而忽视有组织的社区交往、社区管理等方面的内容，而后者恰恰是良好社区形成的决定性因素。所以，社区分析的目的在于分析社区发展要素，探究社区发展的主要问题，运用合适的规划模式筛选出规划的核心内容和突破口。

### (一)社区分析的定位

当前社区发展规划更多的是强调人居环境的可持续发展，注重社会原则、人文关怀与社区空间结构的结合，将物质视角、空间视角与社会视角融合(图 3-6)，打造城市居民在工作、居住、交通、休闲、精神、文化上的一体化。社区规划更侧重社区微观生态环境培育，构建和谐的人居住所，打造社区人文精神。人居环境是一个多层次复杂系统，需要运用系统的方法进行分析，从多学科、多层面、多方位透视社区，才能打造出宜居、乐居的可发展性社区。

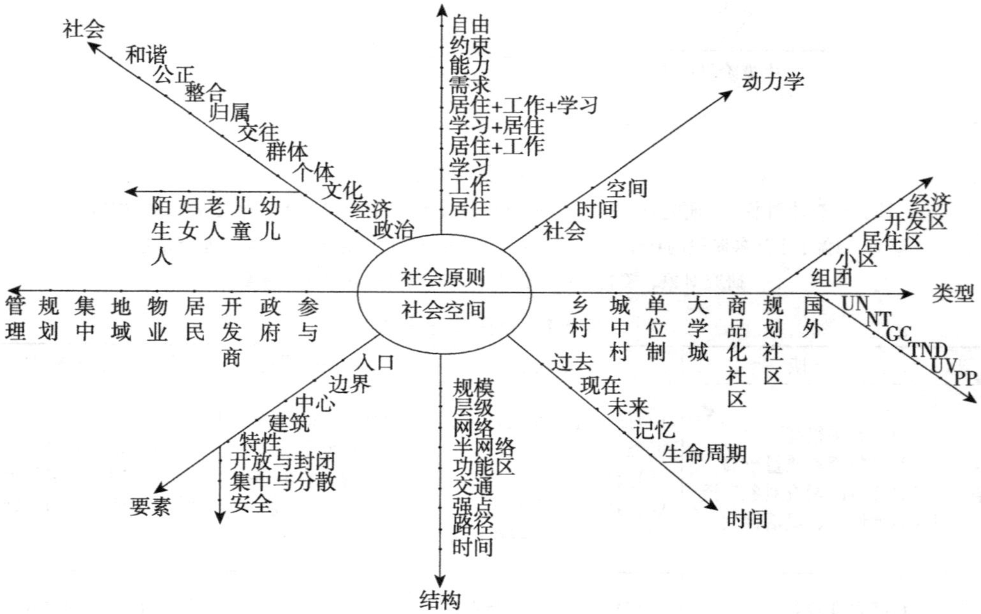


图 3-6 社区空间与社会原则的多维分析信息交互系统

资料来源：于文波：《城市社区规划理论与方法》，国家行政学院出版社，2014 年，第 13 页

### (二)社区分析的层面和参数

有研究者认为社区是指可分为静态系统和动态系统的两维结构。社区分析往往以社区静态结构为研究基准，通过追溯其成因，了解社区各组成部分的相互作用，进而预测社区未来的发展动向。赵民等学者从社区主体、隐体、连体和载体四个方面，对社区中人群自然层面、社会层面和行为方式，以及社区精神凝聚力与人群互动，社区政府组织

的管理和非政府组织的治理，社区空间环境及设施等层面进行分析，并将其指标化，将从 9 个介入层面所反应的社区特征分列为 25 项主要的分析指标(表 3-2)。

**表 3-2　社区分析层面及参数**

| 分类 | 社区组成 | 介入层面 | 分析内容 | | |
|---|---|---|---|---|---|
| | | | 指标 | 基本参数 | 可选参数 |
| A | 主体：社区人群特征 | 自然层面 | 人口规模 | 常住/流动 | 人户分离 |
| | | | 人口分布 | 平均密度 | 密度分布 |
| | | | 人口结构 | 年龄/性别 | |
| | | 社会层面 | 职业状况 | 在职状况/行业/职位 | 职位/单位属性 |
| | | | 收入状况 | 基本收入 | 其他收入 |
| | | | 教育状况 | 最高学历 | 继续教育 |
| | | | 家庭构成 | 婚姻/人数/代际 | 地缘关系 |
| | | | 消费特征 | 食品/衣物/耐用品/医疗保险/交通通讯/教育娱乐/居住/杂项商品 | 信贷消费意愿和潜力/消费地点 |
| | | 行为方式 | 出行特征 | 时间/目的/方式/耗时 | 距离/支出 |
| | | | 休闲特征 | 时间/方式/耗时 | 支出 |
| B | 隐体：社区意识互动 | 精神层面 | 文化特征 | 原生文化/次生文化特征 | 多元特征/排(容)他性 |
| | | | 归属感 | 定居意识/自豪感 | 发展期望 |
| | | | 共同意识 | 约定规范 | 主人意识 |
| | | 互动层面 | 参与特征 | 意识/途径 | 形式 |
| | | | 交往特征 | 频次/方式 | 纠纷化解方式 |
| C | 连体：社区组织管理 | 政府层面 | 行政组织 | 性质/职能/工作内容 | 外部协调 |
| | | 非政府层面 | 经营组织 | 经营内容/规模 | |
| | | | 自治组织 | 服务内容 | 组织方式/针对人群 |
| D | 载体：社区空间设施 | 空间布局 | 功能布局 | 区位边界/用地构成/功能配置 | 使用状况 |
| | | | 空间形态 | 实体形式/空间界定 | 视觉形象 |
| | | 设施层面 | 居住设施 | 住宅外观/户型/建造时间 | |
| | | | 市政设施 | 道路交通/给排水/供电/通信/环卫/综合管线 | |
| | | | 管理设施 | 治安/办公 | |
| | | | 服务设施 | 商业/教育文化娱乐/运动/医护/社区服务 | |
| | | | 环境设施 | 绿化/场地/休憩/照明/标识/市政公用 | |

### (三)社区要素分析

许多学者在社区规划中将社区构成的诸多要素指标化，并划分为不同种类，一一具体化。综合众多学者的观点，我们将社区要素体系进行如下划分。

1. 社区人口要素体系

人口是社区的主体，是社区的第一要素。社区人口是指某一社区内全部个体所组成的具有一定组带联结关系的不断运动的社会群体。社区人口的衡量和评估可从人口规模、人口变迁、人口结构等维度进行。

在社区要素的研究中，还可以对社区居民的教育状况、家庭结构、出行特征、休闲特征等内容进行描述，以便更清楚了解社区居民的整体特征，为社区规划提供引导。以西安环城西苑、丰庆公园、西大新村和西航四个社区为例，抽样统计分析的结果为社区初步规划提供了一定的指导(表 3-3)。

**表 3-3　西安四个社区居民特征分析**

| 分析内容 | 现象描述 | 规划指导 |
| --- | --- | --- |
| 人口规模 | 社区间人口规模相差很大，人口的流动性逐年增加 | 确定社区适度规模，尽量满足各阶层居民的需求 |
| 人口密度 | 呈非均质分布，西安市各区人口密度差距较大 | 对于不同人口密度单元，采用相适应的规划手法，并与西安市相协调 |
| 人口结构 | 男女比例不协调，老龄化程度较高 | 增加适合不同年龄段居民的公共服务设施，注重对老年人、女性、儿童等弱势群体的关怀 |
| 职业状况 | 就业率不高，离退休人员逐渐增多 | 注重社区经济发展，增加就业率，丰富老年人的生活，为其提供便利 |
| 收入状况 | 收入水平不高 | 促进居住经济性的有效发挥 |
| 教育状况 | 受教育程度差异较大 | 丰富社区基础教育和业余教育的内容，扩大教育普及面 |
| 家庭构成 | 户均人口 3.47 人，多为核心家庭 | 户型设计以核心家庭模式为主，配置公共设施应齐全且有较高的适用性 |
| 消费特征 | 以基本生活资料为主，教育、医疗健康次之 | 完善公共服务设施配置，并布置适当的健身、休闲场所 |
| 出行特征 | 以公交车为主，自行车，步行 | 进一步完善社区步行系统 |
| 休闲特征 | 休闲时间较多，以家庭式休闲活动为主 | 丰富社区活动，创造更多的室外交往空间 |

资料来源：李惠栋：《多维度的城市居住社区规划理论探索——基于西安市居住社区的调查与分析》，西北大学硕士学位论文，第 23 页

2. 社区空间要素

社区空间要素是指社区所处的地理空间环境、建筑设施、道路等诸多因素(表 3-4)。

**表 3-4　社区空间要素指标**

| 要素 | 维度 | 指标 | 标准 |
| --- | --- | --- | --- |
| 社区空间 | 地理空间环境 | 地理位置 | |
| | | 用地构成 | |
| | | 空间界定 | |

续表

| 要素 | 维度 | 指标 | 标准 |
|---|---|---|---|
| 社区空间 | 建筑设施 | 建筑物间距 | 合理 |
| | | 建造面积密度 | 适中 |
| | | 建筑物造型 | 美观 |
| | | 建筑物排列 | 有序 |
| | | 乱搭乱建 | 无 |
| | 广场 | 广场面积 | |
| | | 设施种类(灯、凳、亭台、雕塑、人造水景) | >5 种 |
| | | 绿化层次(花、草、灌木、乔木) | ≥3 层 |
| | | 卫生保洁责任落实率 | 100% |
| | 道路 | 路面 | 平整 |
| | | 机动车、自行车、人行道、盲道配备 | 齐全 |
| | | 道路绿化 | 100% |
| | | 道路标识 | 鲜明 |
| | | 道路车流与人流通畅率 | 90% |
| | 车位 | 车户比 | 90% |
| | | 自行车集中停放保证 | 100% |

资料来源：曹随：《社区形象设计》，经济管理出版社，2004 年，第 175 页

对社区空间要素的规划，可从社区建筑、社区活动场所等方面着手。社区规划中，居住区的功能要完善、协调，各项用地的比例须达到协调、平衡，符合居民区用地平衡控制的指标规定(表 3-5)。居住区的人口容纳量与气候、日照有密切关系，同时也受到居住建筑形式的影响。

**表 3-5　居住区用地平衡控制指标**(单位:%)

| 用地构成 | 居住地 | 小区 | 组团 |
|---|---|---|---|
| 住宅用地 | 50～60 | 55～65 | 70～80 |
| 公建用地 | 15～25 | 12～22 | 6～12 |
| 道路用地 | 10～18 | 9～17 | 7～15 |
| 公共绿地 | 7.5～18 | 5～15 | 3～6 |
| 居住区用地 | 100 | 100 | 100 |

资料来源：惠劼、张倩、王芳：《城市住区规划设计概论》，化学工业出版社，2006 年，第 74 页

第一，社区建筑。居住区的建筑应尽量在有限的空间范围内创造环境优美的住宅群体空间。建筑要注意在尺度、色彩、肌理等方面的搭配，同时也要注意点、线、面的形态构成。例如，点形态可以有点式住宅、塔式住宅、树木、独立的建筑小品等；线形态可以有条形住宅、道路、围墙、连廊、绿篱、林荫道等；面形态可以有板式住宅、墙面、地面、树墙、水面等。规划中，要了解社区居民对社区整体建筑风格、类型等的需求。

社区建筑的间距对社区结构影响较大。社区建筑正面间距要求符合日照标准(我国

不同地区、城市住宅建筑日照标准不同)。社区侧面间距一般要求符合无窗户的山墙间最低限要求，多层建筑之间大于 6 米，高层与多种层数住宅建筑间大于 13 米①。通常标准日照间距的计算公式为 $tgh=(H_1-H_2)/D$。令 $a=1/tgh$，$D=a(H_1-H_2)$。其中，$D$ 为标准日照间距，单位为米；$a$ 为日照标准间距系数；$h$ 为标准日照太阳高度角；$H_1$为前排建筑屋檐标高，单位为米；$H_2$为后排建筑底层窗台标高，单位为米(图 3-7)。

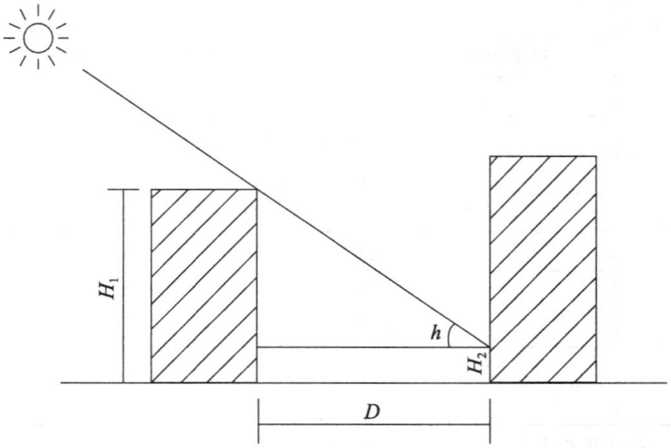


图 3-7　标准日照间距的计算方法

第二，社区活动场所。社区居民的活动场地也至关重要。它直接影响到社区居民的行为和社区意识的形成。据调查分析显示，在社区中，参与户外活动的居民主要集中在少年儿童和老年人的户外活动两个群体。老年人的户外活动没有明显的时间规律，也没有明显的范围和地点，活动内容比较分散，但与健身设施、良好的绿化环境有紧密关系。少年儿童的户外活动主要集中于下午放学后 1～2 小时的时段，范围和地点主要在学校和幼儿园周围，活动形式多样，有骑自行车、滑轮滑、跑、跳、游戏等活动，活动需要广场、草地、沙地及其他软质地面，同时还需要绿化、遮阴。

除此外，社区空间布局还要适当考虑社区道路、车位的面积和形式。社区中，居民以步行为主，休闲性强；交通密集区集中在通向学校和托幼的道路和通往停车场的道路上。一般道路车流与人流通畅率达 90%；车位与社区住户比达 90%。

在研究调查中通过观察、测量、与居民交流的方式或根据社区整体布局规划图(图 3-8)，获得社区空间布局和规划的相关数据，与社区空间要素诸方面的标准和要求进行比较，就可获知该社区空间要素诸方面的情况，并发现社区规划中出现的问题①。

3. 社区生态要素

社区的生态要素包括空气质量、日照时间、绿地、环境保护(水、噪声等)。空气质量、日照时间、环境保护等受社区所在大环境的影响较大，因此在社区规划中，着重对社区绿地进行规划，可根据以下方面选择设计指标(表 3-6)。

---

① 惠劼、张倩、王芳：《城市住宅规划设计概论》，化学工业出版社，2006 年，第 74 页。

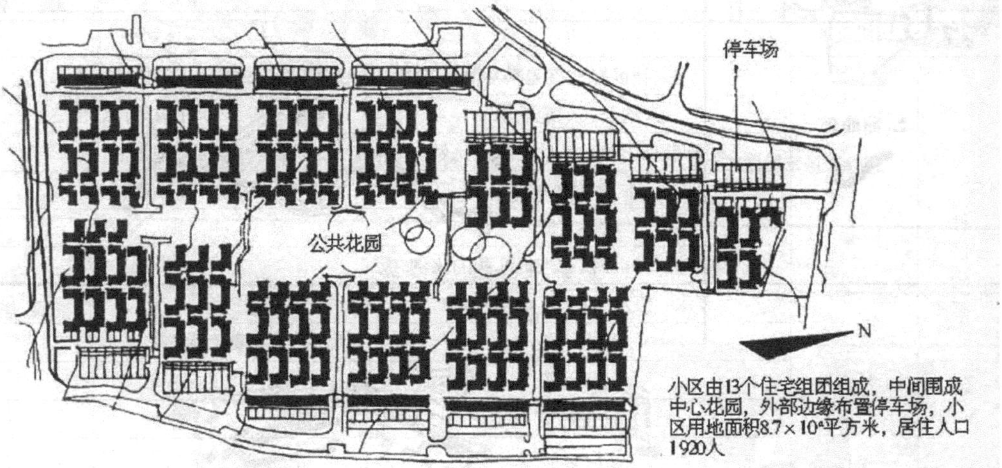


（a）英国伦敦新哈罗（Ha Low）市镇克拉克山小区

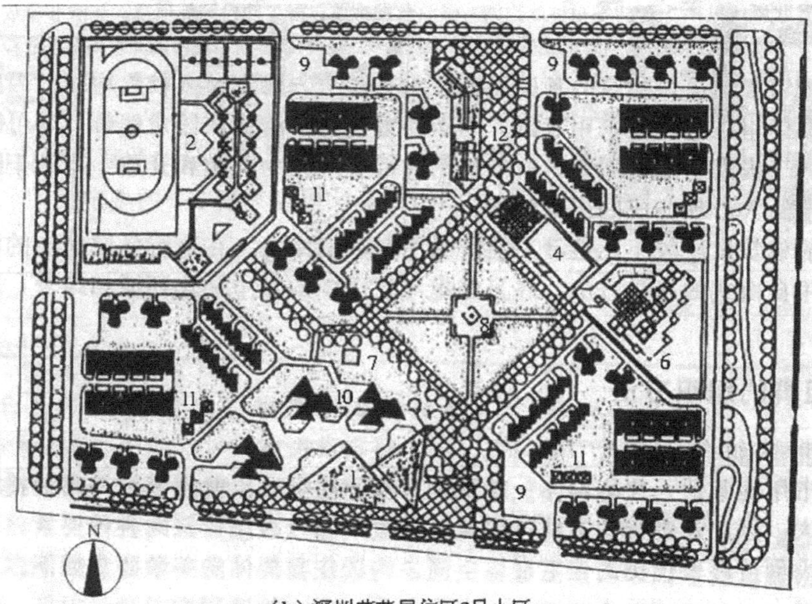


（b）深圳莲花居住区2号小区

注：1—居住区中心、地下停车库；2—中学；3—农贸市场；4—游泳池；5—文化站；6—幼托；7—变电站；8—中心绿地广场；9—机动车停车场；10—18层住宅；11—居委会；12—步行系统

图 3-8　社区整体布局规划图

**表 3-6　社区生态要素指标**

| 要素 | 维度 | 指标 | 标准 |
|---|---|---|---|
| 社区生态 | 空气质量 | 天然气燃料户数 | |
| | | 汽车尾气排放量 | 欧Ⅲ排放标准1) |
| | 日照时间 | 住宅底层窗台面日照时数2) | ≥1 小时 |
| | | 住宅有效日照时间带时数 | 8～16 小时 |

续表

| 要素 | 维度 | 指标 | 标准 |
|---|---|---|---|
| 社区生态 | 绿地 | 社区绿地覆盖率 | 60% |
| | | 人均公共绿地面积 | 2 平方米/人 |
| | | 硬质景观用地占土地面积的比例 | 30% |
| | | 木本植物种类 | 40～60 种 |
| | | 中心花园 | |
| | | 住宅前后绿地面积占土地面积的比例 | 80% |
| | 环保 | 废水、废渣、废气(油烟)污染 | 无 |
| | | 噪声污染 | 无 |
| | | 垃圾污染 | 无 |
| | | 扬尘污染 | 小 |
| | | 水污染 | 无 |

1)欧Ⅲ排放标准是指对轿车尾气排放限制的标准。欧Ⅲ排放标准检测包括新的欧洲驾驶循环(NEDC)标准检测、怠速工况一氧化碳(CO)检测、曲轴箱排放检测、燃油蒸发排放、耐久性检测等项目。与欧Ⅱ排放标准相比，欧Ⅲ排放标准增加了低温碳氢化合物与一氧化碳(HC/CO)排放检测、车载诊断系统检测和在用车排放检测等项目

2)住宅建筑日照标准参考《城市居住区规划设计规范》[GB50180—93(2002 年版)]附录 A 第 A.0.1 条的规定中大寒日为标准的。底层窗台是指距室内地坪 0.9 米高的外墙位置

社区的绿地包括公共中心绿地、组团绿地、邻里生活院落绿地及其他绿化面积大于 400 平方米的绿地。对邻里生活院落绿化面积的统计可参考表 3-7 的规定。

**表 3-7　院落式组团绿地设置规定**

| 封闭型绿地 | | 开敞型绿地 | |
|---|---|---|---|
| $L\geqslant 1.5L_2$<br>$L\geqslant 30$ 米 | $L\geqslant 1.5L_2$<br>$L\geqslant 50$ 米 | $L\geqslant 1.5L_2$<br>$L\geqslant 30$ 米 | $L\geqslant 1.5L_2$<br>$L\geqslant 50$ 米 |
| $S_1\geqslant 800$ 平方米 | $S_1\geqslant 1\,800$ 平方米 | $S_1\geqslant 500$ 平方米 | $S_1\geqslant 1\,200$ 平方米 |
| $S_2\geqslant 1\,000$ 平方米 | $S_2\geqslant 2\,000$ 平方米 | $S_2\geqslant 600$ 平方米 | $S_2\geqslant 1\,400$ 平方米 |

注：$L$ 为南北两楼正面间距，单位为米；$L_2$ 为当地住宅的标准日照间距，单位为米；$S_1$ 为北侧为多层楼的组团绿地面积；$S_2$ 为北侧为高层楼的组团绿地面积

资料来源：惠劼、张倩、王芳：《城市住区规划设计概论》，化学工业出版社，2006 年，第 56 页

4. 社区公共服务设施要素

居民区服务设施的配建以满足居民日常生活需求为基本目标。20 世纪 90 年代的一份针对苏州彩香新村、深圳滨河小区、合肥西园新村、天津子牙里小区、济南燕子山实验小区五个小区的调查结果表明，居民对居住区的基本要求是居住区应具有方便性、舒适性、经济性、安全性、文化性和保健性，具体表现在八个方面。公共服务设施的方便性正是其中的一个方面，包括：菜场、农贸市场、副食品商店、综合基层服务店的位置；托幼、小学等文化教育设施的位置及质量；绿地、户外活动场所、文化活动中心的分布与质量；水、电、煤、暖等供应的可靠性。

由此可见，社区管理服务的公共设施与居民的日常生活密切相关。社区中公共服务设施的配置数量和规模、配置的比例、空间布局，都决定着居民使用的便利程度，影响着居民居住的生活质量。

为分析居民对社区公共管理服务设施便利程度的要求，在便民服务设施、社区安全(community safety)设施、卫生医疗设施和社区信息管理设施中抽取13项与居民日常生活关系密切的指标，以上海宝通社区为例进行分析(表3-8)。

**表3-8　居民对社区公共服务设施便利程度的要求**

| 公共服务设施 | 1 | 2 | 3 | 4 | 5 | 得分/分 | 权重 | 重要度 |
|---|---|---|---|---|---|---|---|---|
| 超市 | 42.6 | 13.9 | 11.4 | 5.4 | 5.0 | 318.6 | 0.2290 | 1 |
| 医院、诊所或药房 | 10.2 | 13.8 | 12.9 | 10.3 | 10.4 | 176.9 | 0.1272 | 2 |
| 邮局 | 9.4 | 17.9 | 9.3 | 7.3 | 5.1 | 166.2 | 0.1195 | 3 |
| 公共汽车站 | 7.7 | 12.3 | 12.1 | 12.9 | 8.5 | 158.3 | 0.1138 | 4 |
| 银行 | 2.6 | 13.6 | 17.2 | 11.2 | 7.0 | 148.4 | 0.1067 | 5 |
| 公园 | 4.1 | 3.8 | 3.3 | 8.2 | 12.1 | 74.1 | 0.0533 | 6 |
| 粮油店 | 6.4 | 1.6 | 2.0 | 2.1 | 2.9 | 51.5 | 0.037 | 7 |
| 百货店 | 1.6 | 2.3 | 3.1 | 3.8 | 4.3 | 38.4 | 0.0276 | 8 |
| 居民活动中心 | 1.8 | 1.4 | 2.5 | 4.3 | 4.2 | 34.9 | 0.0251 | 9 |
| 图书馆 | 1.7 | 1.3 | 2.5 | 3.0 | 2.5 | 29.7 | 0.0214 | 10 |
| 理发店 | 1.0 | 1.2 | 2.1 | 3.6 | 2.2 | 25.5 | 0.0183 | 11 |
| 电影院 | 1.2 | 0.8 | 2.2 | 2.8 | 2.5 | 23.9 | 0.0172 | 12 |
| 社区服务中心 | 0.6 | 1.6 | 1.4 | 2.3 | 5.2 | 23.4 | 0.0168 | 13 |
| 洗衣店 | 0.0 | 0.3 | 6.4 | 0.1 | 0.9 | 21.5 | 0.0155 | 14 |
| 物业管理中心 | 0.8 | 1.0 | 1.3 | 1.4 | 4.6 | 19.3 | 0.0139 | 15 |
| 中学 | 0.3 | 1.0 | 1.9 | 2.4 | 2 | 18.0 | 0.0129 | 16 |
| 文化站 | 0.3 | 1.5 | 0.9 | 1.6 | 2.1 | 15.5 | 0.0112 | 17 |
| 托儿所、幼儿园 | 0.7 | 1.0 | 1.3 | 1.6 | 0.8 | 15.4 | 0.0112 | 18 |
| 饮食店 | 0.2 | 0.8 | 0.8 | 2.1 | 2.1 | 12.9 | 0.0093 | 19 |
| 小学 | 0.3 | 0.4 | 1.4 | 1.6 | 1.0 | 11.5 | 0.0083 | 20 |
| 定点煤气站 | 0.7 | 0.4 | 0.2 | 0.3 | 0.4 | 6.7 | 0.0048 | 21 |
| 总　计 | — | — | — | — | — | 1390.6 | 1.0000 | — |

注：(1)确定设施便利程度主观排序的方法如下：根据1～5序号赋予由高到低的不同分值，即序号1代表希望从家至服务设施的步行距离最近，定为5分；序号5为1分，期间各序号分值呈等差数列，依次为4分、3分和2分。然后将不同序号下各项服务设施的选择频度加权平均，得出各项设施的分值，根据分值高低确定此21项设施重要度的主观排序

(2)序号1～21为社区管理服务公共设施的主观排序

从表3-8可知，居民希望离家最近的前5项社区公共服务设施依次是超市，医院、诊所或药房，邮局，公共汽车站及银行。而上海宝通社区实际状况是，由住地到超市、医院或药房、邮局等步行距离需要30分钟以上者仍占相当比重。对各类设施便利程度实测数据进行加权平均处理，统计分析可得，实际便利程度总分值为5.67分，说明大部分设施的步行距离都在10～30分钟左右(表3-9)，可见，居民的需求与社区公共服务设施实际便利程度存在较大差距。

**表 3-9 社区公共服务设施实际便利程度(步行距离)**

| 设施名称 | 10 分钟内/% | 10～30 分钟/% | 30 分钟以上/% | 未去过/% | 实际便利程度得分/分 | 主观便利程度排序 | 实际便利程度排序 |
|---|---|---|---|---|---|---|---|
| 超市 | 61.6 | 28.3 | 9.2 | 0.8 | 6.05 | 1 | 13 |
| 医院、诊所或药房 | 48.1 | 46.6 | 4.3 | 0.8 | 6.17 | 2 | 12 |
| 邮局 | 30.3 | 52.8 | 15 | 1.8 | 8.75 | 3 | 2 |
| 公共汽车站 | 76.5 | 21.7 | 0.9 | 0.6 | 5.07 | 4 | 14 |
| 银行 | 44.8 | 45.1 | 8.7 | 1.2 | 6.95 | 5 | 10 |
| 公园 | 25.6 | 42.3 | 15.6 | 16.1 | 1.27 | 6 | 20 |
| 粮油店 | 53.8 | 14.7 | 2.2 | 29.0 | 7.81 | 7 | 4 |
| 百货店 | 25.6 | 28.4 | 10.9 | 34.6 | 7.68 | 8 | 5 |
| 居民活动中心 | 30.7 | 13.3 | 2.1 | 53.6 | 8.31 | 9 | 3 |
| 图书馆 | 8.5 | 7.9 | 4.5 | 78.8 | 7.16 | 10 | 8 |
| 理发店 | 85.4 | 9.2 | 0.9 | 4.4 | 9.02 | 11 | 1 |
| 电影院 | 4.6 | 39.2 | 25.8 | 30.0 | 6.98 | 12 | 9 |
| 社区服务中心 | 26.4 | 14.4 | 2.0 | 56.9 | 7.27 | 13 | 6 |
| 洗衣店 | 71.4 | 10.6 | 0.5 | 17.3 | 3.07 | 14 | 18 |
| 物业管理中心 | 61.9 | 18.3 | 2.2 | 17.2 | 0.95 | 15 | 21 |
| 中学 | 48.0 | 31.4 | 2.9 | 17.1 | 1.36 | 16 | 19 |
| 托儿所、幼儿园 | 58.1 | 22.7 | 1.2 | 17.3 | 4.25 | 17 | 15 |
| 文化站 | 6.5 | 9.9 | 4.8 | 78.4 | 6.44 | 18 | 11 |
| 饮食店 | 77.0 | 11.6 | 1.0 | 10.0 | 3.41 | 19 | 17 |
| 小学 | 61.8 | 21.4 | 0.8 | 15.4 | 7.27 | 20 | 16 |
| 定点煤气站 | 5.8 | 5.2 | 4.2 | 84.5 | 0.95 | 21 | 7 |
| 总计 | — | — | — | — | 5.67 | — | — |

注：权重依照步行距离远近而定，即设定可在步行 10 分钟以内到达设施的分值为 10 分，10～30 分钟为 5 分，30 分钟以上为 2.5 分，从未去过的为 0 分

5. 社区管理服务要素

社区管理服务要素既包括诸如便民服务、卫生医疗保健、居民人身和财产方面的安全管理等物业管理，同时也包括社区管理机制、管理模式及管理人员的素质等方面。在社区规划中，由于一些主观的要素操作较困难，在此选择部分社区环境管理要素进行指标化(表 3-10)。

**表 3-10 社区管理服务要素指标**

| 要素 | 维度 | 指标 | 标准 |
|---|---|---|---|
| 社区管理服务 | 便民服务 | 社区副食店和百货商场离最远的居民楼的距离 | <1 000 米 |
| | | 车站离最远的居民楼的距离 | <1 000 米 |
| | | 书店、邮局、银行、美容美发店、成衣店、干洗店、药店、社区服务中心数目 | 各 1 个 |
| | | 快餐店数目 | 2～3 个 |

续表

| 要素 | 维度 | 指标 | 标准 |
| --- | --- | --- | --- |
| 社区管理服务 | 便民服务 | 维修站数目 | 2～3 个 |
| | | 人均托老所面积 | 10～15 平方米/人 |
| | | 商业服务满足需求率 | 90% |
| | | 托老服务满足需求率 | 80% |
| | | 物业服务满意率 | 95% |
| | | 家政服务保证率 | 100% |
| | | 优抚、残障、孤老救助服务率 | 100% |
| | | 居民对社区服务的满意率 | 95% |
| | 社区安全 | 家庭防盗门和报警系统装配率 | 100% |
| | | 楼宇对讲系统安装率 | 80% |
| | | 闭路电视监控系统覆盖率 | 100% |
| | | 保安巡逻系统覆盖率 | 70% |
| | | 封闭停车覆盖率 | 90% |
| | | 封闭管理覆盖率 | 70% |
| | | 社区防范报警系统建立率 | 100% |
| | | 驻区单位安全合格单位率 | 90% |
| | | 警务、城管、法律、社保进驻社区率 | 100% |
| | | 信访、首长热线畅通率 | 100% |
| | | 民事纠纷处理率 | 100% |
| | | 安全隐患整治率 | 100% |
| | | 流动人口登记率 | 90% |
| | | 失业人口登记率 | 100% |
| | | 各类案件年度下降率 | 20% |
| | | 各类安全事故年度下降率 | 30% |
| | | 居民对安全满意率每年上升率 | 10% |
| | 卫生医疗保健 | 卫生站数目 | 1个 |
| | | 卫生医疗保健点面积 | 2 000～3 000 平方米 |
| | | 全科医生人数 | 4 人 |
| | | 护士人数 | 6 人 |
| | | 健康咨询热线 | 3 条 |
| | | 儿童防疫注射率 | 100% |
| | | 居民注射失误率 | 100% |
| | | 药品供应保证率 | 80% |
| | | 防疫措施总类 | 20 项 |
| | | 卫生监督覆盖率 | 100% |
| | | 居民健康档案建立率 | 90% |
| | 社区信息管理机制 | 楼门长信息员健全率 | 100% |
| | | 业主委员会(物业管理公司)信息健全率 | 100% |
| | | 社区居委会(或党委)信息组织健全率 | 100% |
| | | 社区居委会与互联网联网率 | 100% |

续表

| 要素 | 维度 | 指标 | 标准 |
|---|---|---|---|
| 社区管理服务 | 社区信息管理机制 | 社区居委会储存信息种类 | >100 种 |
| | | 程序化动态上报信息的比重 | >95% |
| | | 自动处理信息的比重 | >95% |
| | | 临时性收集信息的比重 | <5% |

资料来源：曹随：《社区形象设计》，经济管理出版社，2004 年，第 196 页(有修改)

6. 社区人文环境要素。

人文环境在社区环境中占有重要地位。它创造了一种以人文关怀为核心的人文信息，以提高社区环境的文化品位。社区的人文环境通常表现为两个方面：一是社区居民的整体文化层次，二是社区经常性的文化娱乐活动(表 3-11)。

**表 3-11　社区人文环境要素指标**

| 要素 | 维度 | 指标 | 标准 |
|---|---|---|---|
| 人文环境 | 社区教育 | 社区学校、幼儿园、小学、中学、社区图书馆、社区阅报橱窗、社区宣传橱窗数目 | 各 1 个 |
| | | 每万人教室数目 | 10 间/万人 |
| | | 民校培训点数目 | >2 个 |
| | | 社区专职教师人数 | 2 人 |
| | | 社区兼职教师人数 | 10 人 |
| | | 社区教育志愿者人数 | 20 人 |
| | | 社区应急处理能力课、卫生保健课、法律知识课、外来人员教育课、家庭教育课、形势教育课、科普知识课、社区再就业课学时数 | 各 24～60 学时 |
| | | 社区学校的教学负荷率 | 90% |
| | | 青少年暑假课外实践性教育活动参与率 | 60% |
| | | 回归社会人员专人结对性教育活动 | 100% |
| | | 社区网站建立率 | 100% |
| | | 网上与社区党委、居委会沟通人员的比例 | 40% |
| | | 阅报橱窗更换频率 | 1 次/日 |
| | | 家庭计算机拥有率每年上升率 | 10% |
| | | 家庭平均藏书每年上升率 | 20% |
| | | 学习性家庭达标率 | 50% |
| | 社区体育文化 | 室内、外运动设施种类 | 各>5 种 |
| | | 室外运动场地面积 | 1 000 平方米 |
| | | 乒乓球队、羽毛球队、篮球队、足球队、长跑队、登山队、太极拳队、玉兰扇队、秧歌队数目 | 各 1～2 个 |

续表

| 要素 | 维度 | 指标 | 标准 |
|---|---|---|---|
| 人文环境 | 社区体育文化 | 体育运动居民参与率 | 90% |
| | | 社区运动型家庭的比重 | 10% |
| | | 获得街道以上体育竞赛奖数目 | >2 项 |
| | | 社区文化广场面积 | 2 000 平方米 |
| | | 社区排演室面积 | 200 平方米 |
| | | 周边剧场或影院、博物馆、展览馆数目 | 1个 |
| | | 曲艺队、乐队、舞蹈队、合唱队、书画队、文学创作社、社区论坛数目 | 各1个 |
| | | 社区文化居民参与率 | 60% |
| | | 社区文化人才参与率 | 90% |
| | | 培养社区品牌文艺队数目 | 1个 |
| | | 群众性文化活动频率 | 1次/周 |
| | | 文艺汇演频率 | 2次/年 |
| | | 黄、毒、赌三害清除率 | 100% |
| | | 获得街道以上文化奖数目 | >5 项 |
| | | 社区文化管理制度健全率 | 100% |

资料来源：曹随：《社区形象设计》，经济管理出版社，2004 年，第 201 页

在上述社区众多要素的统计分析基础上，可对社区总体状况形成大致概念。社区各层面的问题如表 3-12 所示。

**表 3-12 社区各层面的问题**

| 要素 | 社区现象 | 呈现的问题 |
|---|---|---|
| 社区人口要素 | 人口变迁 | 如人口流动量大、人口流动季节性强 |
| | 人口结构 | 如老年化严重、男女性别比失衡 |
| | 职业结构 | 如职业结构单一、失业率高 |
| | 消费结构 | 如以基本生活消费为主、享受性消费很少、教育医疗消费负担重 |
| | …… | …… |
| 社区空间要素 | 建筑特点 | 如社区建筑外观单一、色彩暗淡，房型满意度低，建筑间距较窄，日照时间短，有乱搭建现象 |
| | 社区广场 | 如社区广场面积小、供居民休闲的凳子较少、广场绿化面积小、卫生状况糟糕 |
| | 道路 | 如主干道宽度不够，车流不顺畅；没有道路标识；社区道路路面有损坏，经常下雨积水 |
| | 车位 | 如车位紧张，社区道路两旁停车现象很普遍；没有自行车棚 |
| | …… | …… |
| 社区生态要素 | 空气质量 | 如空气浑浊、汽车尾气排放量大、社区企业废气排放量大 |
| | 绿地 | 如社区绿地总体覆盖率很低，不到 30%；绿化植物类型单一 |
| | 环保 | 如社区靠大路，噪声大；垃圾桶数量少，居民生活垃圾堆放处理不及时，产生恶臭；居民废水排放不顺畅 |
| | …… | …… |

续表

| 要素 | 社区现象 | 呈现的问题 |
|---|---|---|
| 社区管理服务要素 | 便民服务 | 如增建设施问题多、原有服务设施不便利、服务满意率低 |
| | 社区安全 | 如未安装家庭报警系统、闭路电视监控系统；保安人手不足；周界防范报警系统缺失；搭伞电线安全隐患多；偷盗案件很多等 |
| | 卫生医疗保健 | 如社区卫生医疗站面积小，专业医生和护士缺乏；没有建立社区专门的健康档案；社区儿童防疫注射率低 |
| | 社区信息管理 | 如社区网络普及率低；居委会、业主委员会等没有网页；社区临时收集信息的情况很多 |
| | …… | …… |
| 社区人文环境要素 | 社区教育 | 如社区没有小学、图书馆、阅报橱窗等；社区青少年假期实践活动缺乏；学习性家庭所占比率低；家庭计算机拥有率低 |
| | 社区体育文化 | 如社区业余体育锻炼、文化表演的队伍数量少；居民参与社区活动的比率低；社区体育锻炼器材少，活动场所小 |
| | …… | …… |

### (四)分析的技术方法

社区规划的分析方法既有定性方法，也有定量方法。定性方法主要有社会心态分析法、社区发展比较分析法等，定量方法主要有数学模型法、社会指标法等。

社会心态分析法在制定社区规划过程中起着重要作用。所谓社会心态是指在一定社会条件下普遍存在的社会心理特征。社区规划是以人的需要和发展为中心的，所以必须了解反映人的共同心理特征，即社会心态。具体来说，就是要对人们看待社区各种事务时普遍存在的赞成、存疑、反对等态度进行全面调查了解，做出中肯的分析，并把得到的情况作为制定社区规划的依据。社会心态分析是一个相当复杂的过程，必须恰当选择反映共同心理特征的问题，所选问题要有针对性、启发性，又有可能说明主要的、本质的方面，问题选择不当就难以真正把握社会心态。研究社会心态需要有必要的数据，但又不能停留在数据上，要适当进行分析。社会心态分析要客观、求实，防止诱导。

社区发展比较分析法是指对社区发展的各项内容，如社区环境、社区教育、社区体育(community sports)等进行测量，将实际得到的数据同特定的各种标准相比较，确定其与标准的差异，并进行差异分析或趋势分析的一种分析方法。

数学模型法就是建立起社区发展综合评价的数学模型，即在分别将各类评价指标量化的基础上，根据它们的内在结构关系(包括各自的重要程度等级)建立相应的数学表达式。使用数学模型法制定社区规划，可以使社区发展的综合评价比较科学。数学模型法是社区发展和制定社区规划的一种综合性定量分析。它的准确性取决于指标的设置和相应的科学数据的取舍。

社会指标法就是选取一定数量的具有操作性特征的客观指标来衡量社会发展的状态。例如，联合国曾在1966年提出过《社会发展的目标》，其指标有教育、住宅、健康、营养、人口就业、工作条件、社会安全、社会福利、社会保护、社区发展、土地改革、合作化、文化、娱乐、所得分配、都市化与区域发展等。在社区发展规划中，许多研究者都从社区人口、社区环境、社区生活质量、社区教育、社区卫生保健、社区文化体育、社区社会保健、社区公共安全等指标来测量社区发展的状况。

在分析数据时，一般可以运用数据处理的统计分析软件(如 SPSS、SAS)，或是应用于数据空间分异显示及分析软件(如 GIS/Arc View)，此外还有结合两者功能的城市与区域规划模型系统软件(URPMS)。在重视定量分析的同时，更要重视定性分析。规划的指导思想、规划的战略目标、规划的价值判断等，都需要有正确的理论、思想作指导，都需要有定性分析。一个规划目标明确、思路清晰、内容具体、操作性强的社区规划，是采用定量和定性综合分析方法的结果。

## 三、社区发展规划的制定方法

社区发展规划是一个复杂的系统工作，因此在制定的过程中需要遵循一定的原则。M. G. Lloyd 等在制定苏格兰社区规划时，总结了 25 项社区规划的原则，即了解居民的不同动机、避免专业术语、诚实、有远见但要切合实际、依靠当地人的能力、沟通、鼓励合作、灵活性、关注态度、调查、讲究趣味性、适当的人口规模、包括社区各阶层人士、当地人拥有规划过程的所有权、保持动力、因地制宜、过程与结果一样重要、尊重文化背景、尊重当地的知识、经费开支、培训、适当利用专家、可视化、循序渐进和在当地工作①。遵循社区规划的原则不仅有利于社区规划的顺利进行，而且使社区规划方案更具有科学性与操作性。

社区发展规划是社区建设的蓝图，是探索、描述和解释社区存在的各类问题，探求如何利用现有资源，促进社区全方位发展的纲领性文件。为保障社区发展规划制定过程的工作安排和对时间进度的控制，社区规划的制定需要经历以下几个步骤，即成立规划小组、进行社区实地调查、整理分析社区资料、确定规划目标、拟订工作项目计划、制订社区规划方案、实施与监测、方案评估与反馈这几个步骤。这里以上海宝山区吴淞街道社区规划为例②，简要说明社区规划编写的几个步骤。

以宝山区吴淞街道为载体的城市居住社区经历了市政动迁、城市化农转非居住安置，以及因单位福利分房、商品房开发而导入人口等几个发展阶段后，已成为具有较完善的管理网络和物质设施基础的成熟居住社区。该社区位于上海市北部，东临长江，与崇明三岛相望，与浦东新区隔黄浦江相望；西临吴淞工业园区；南至长江路；北达双城路。吴淞地区长久以来都备受关注，这是因为它拥有开埠文化和抗敌历史；是近代高等教育的摇篮、上海最早的大学集聚区；拥有生态湿地和港口产业；拥有吴淞港国际客运中心；其滨水老工业基地正面临转型。它特别受到大容量交通设施建设(轨道交通、快速公交系统等)和大事件(吴淞港国际客运中心)的影响，吴淞街道社区未来的发展将随着城市整体经济和社会的发展而具有跃升的可能。该地区总面积为 7.52 平方千米，现有常住人口 98 134 人。根据上海市国民经济和社会发展计划及宝山区区域总体规划，需要全面推进其社区发展。

---

① 谢守红：《城市社区发展与社区规划》，中国物资出版社，2008 年，第 107 页。

② 林雪艳：《社区发展规划编制方法探讨——以上海宝山区吴淞街道社区为例》，《规划师》，2007 年第 10 期，第 48～51 页。

1. 社区规划的基础工作

社区规划的基础工作主要包括两部分，即成立规划小组和进行社区实地调查。

(1)成立规划小组，培育合作伙伴，共同设计可持续社区的远景，为行动计划的决策和实施奠定一个结构性基础。该组织机构或权益人团体由当地居民、官方机构成员和地方各利益团体组成，他们是市政服务体系的主要受惠人，能表达社区的愿望、价值观和理想①。

(2)进行社区实地调查，掌握社区发展状况和当事人意图，为制订规划方案做准备。规划编制人员在此阶段中扮演专家角色，一方面动员社区居民、社区工作人员及有关政府职能部门积极参与规划，另一方面也以积极主动的态度去接触社区的方方面面，全面掌握社区信息，及时与各方交流、沟通，并收集反馈意见。通常社区实地调研需要收集以下资料。

第一，社区地理概况，包括社区的地理位置，社区所属行政区划及其历史沿革，社区的气象、水文、地质、地貌及自然资源条件，等等。

第二，社区政治概况，主要包括社区组织的发展及建设情况，社区自治及居民参与情况，各阶层的政治态度及利益协调情况，等等。

第三，社区人口状况，主要包括人口的数量和素质，人口的性别结构、年龄结构和文化结构，人口的出生率、死亡率、自然增长率、迁移增长率和计划生育率，以及常住人口、临时居住人口和流动人口之间的比例，等等。

第四，社区经济状况，主要包括社区生产力发展水平、产业结构、行业结构、技术结构和企业结构、生产或经营状况，以及所有制结构、分配水平和结构等。

第五，社区文化状况，包括教育、科学、文化、卫生、体育等事业的发展现状和存在的问题等。

第六，社区基础设施建设情况，包括居民住宅、生产设施、服务设施、基础设施的数量和质量及其分布状况和利用率等。

第七，社区环境状况，包括废气、污水、废渣的数量和处理情况，易燃易爆物的分布及危害，噪声的产生及危害，以及公共卫生、园林绿化的情况，等等。

第八，社区问题和社区需要。对于社区问题，应主要了解存在于社区中，对社区居民生活有不良影响的事件或问题。在社区需要方面，应主要了解社区居民的普遍需要是否得到满足。

在宝山区吴淞街道规划前期调研阶段，开展了一系列的社会工作，包括问卷调查、现场踏勘、组织居委代表座谈会和意见交流会等。对吴淞街道的地理位置、自然条件、历史沿革、社会与经济状况、社区物质空间环境、社区组织与管理这六个方面的环境品质现状进行了实地调研。其中在物质环境层面着重调查了住房质量、公共服务设施质量、绿地及公共活动场所质量、环境景观质量；社会环境层面调查了社会服务网络状况、社区归属感及定居意识等。规划以社区内最大多数居民的公共利益为出发点，兼顾其他各方的利益和要求，把握可操作性和实施性两个重要原则。

---

① 谢守红：《城市社区发展与社区规划》，中国物资出版社，2008年，第110页。

2. 整理分析社区资料

资料的系统条理性对分析和梳理问题是很重要的。它具有两层意义：一是集思广益，动员权益人团体商讨和诊断社情；二是通过技术分析，挖掘深层信息。因此，对于如何利用社区内的各种资源(包括人力资源、自然资源、社会资源、政策资源、技术资源和经济资源，以及这些资源在时间和空间上的分布状态)以使其为实现社区发展目标服务这一问题，需要进行认真的分析。针对不同调查方法收集取得的资料，需进行审查、检验、分类、汇总等初步加工，依据一定的逻辑关系进行定性和定量分析，帮助社区形成行动计划的优先项目，同时形成社区发展的数据库，为未来评判发展绩效的指标体系做好准备。

通过吴淞街道的实地调查研究，将定量与定性调查研究的结果进行梳理，形成四个方面的内容，并凸显出特色和重点问题：①社区现状研究——通过对问卷调查表格的统计分析，关注各种经济、社会与人口问题的分析和解决。②社区资源整合——通过现场踏勘，对街道的土地利用、道路交通和绿地景观形成感性认识，综合考虑复杂现状条件，整合诸多发展因素，形成规划内容和技术框架，在社区功能结构、土地使用、公共设施、公共服务、产业经济发展、综合交通、绿化景观、市政设施等方面做出系统规划。③社区管理整治——梳理政府、商业性开发机构、居委管理部门和社区民众之间的利益关系，对每个居委会管辖范围内的公共设施和基础配套设施、道路停车、住宅改造、环境与开放空间、市政等提出整理意见。④社区特色展现——将历史人文特色和滨江特色融合在规划设计中。

3. 确定规划目标

从规划内容看，规划目标既包括总体目标，又包括社区环境、社区教育、社区组织等具体目标；从规划实施时间看，规划目标包括中长期战略性目标和阶段性短期目标；从研究方法看，社区规划目标包括描述性方法(描述社区要素特征和关系等)、解释性方法(探究社区问题原因等)和对策性方法(提出解决问题的策略和方案)。

在以上背景研究下，规划制定了社区发展的目标：①把握吴淞街道社区居民的共同需要，通过改善社区治理结构和物质、文化生活环境，进一步开发和利用社区人文与土地资源，完善社区服务网络，促进吴淞街道社区健康、稳定和可持续发展。②促进社区与北部的友谊街道行政中心的功能互补，共同提升宝山区的城市功能，打造宝山新城的滨江景观格局，促进上海中心城的功能拓展。③形成环境宜人、功能健全、居民安居乐业的现代化城市文化旅游生活区。

4. 拟订工作项目计划

规划工作的项目计划内容依次由三个部分构成：第一，行动目标(action goals)。面向可持续社区远景的特定目标(群)，将远景目标分解落实至一组指令和资源配置的优先项目，用于指导工作组形成明确的项目(program)和特定的过渡性的可量度的目标，从而逐步改善社区发展条件。第二，阶段性目标。行动总目标确定后，工作组将在特定时间框架内设定具体目标，作为管理部门检测评估工作实绩和计划实施状况的标准。规划目标的形式还可表现为临界指标，即确定行动进程是否改变的阈限。例如，在地方的空气污染问题上，当前人们可能不同意限制汽车的使用，一旦当地私人汽车使用量达到某一特定水平(临界指标)，意味着其必须同意通过建立征收道路通行费来控制私家车用量。第三，行动策略和职责义务(action strategies and commitments)。为实现各阶段性目标，一个项目计划要明确具体的行动策略与组织的职责范围。行动策略和具体职责必须明确、具体，包含特定任务、实施进度表、财力、时间和人力配置的要求①，通常可以借助制定工作项目实施计划表(表 3-13)来明确项目的内容、进展等。

**表 3-13　工作项目实施计划表**

| 阶段 | 任务 | 项目内容 | 负责小组 | 财力 | 完成时间 | 实施进度 | 备注 |
|---|---|---|---|---|---|---|---|
| 第一阶段 | 任务 A | 项目 1 | 小组甲 | ××××元 | ××月 | | |
| | | 项目 2 | 小组乙 | ××××元 | ××月 | | |
| | 任务 B | 项目 1 | 小组丙 | ××××元 | ××月 | | |
| | …… | | | | | | |
| 第二阶段 | | | | | | | |
| …… | | | | | | | |
| | | | | | | | |

制表人：×××　　　时间：×年×月×日

为达到吴淞街道社区发展的总目标，对现状的解析、发展的条件(SWOT 分析)、相关的规划及重点问题四方面的任务需要细化成若干子项目。每个子项目由专人负责，并制定项目落实的负责人、程序、进度等，以便于对社区发展的各项任务有清晰的认识和控制。

5. 制订社区规划方案

在分析社区一手资料以及对社区基本情况掌握的情况下，通过召开会议等方式，首先对规划的指导思想、基本原则和主要内容提出明确的要求；然后由规划机构同时设计出几套方案，便于选择；征询专家、各主管部门和社区居民的意见，选择某种方案或综合几种方案。一般社区规划方案包括规划设计概况、规划设计原则、设计整体框架、公共建筑规划、道路系统规划、绿化环境景观规划、建筑设计及社区广场设计等内容。

在多方资料的整理汇总的基础上，结合专家、主管部门以及社区居民的意见，规划者制定出了吴淞街道社区发展规划的技术框架。

6. 实施与监测

为保证发展规划方案的顺利执行，调动规划中各方的积极参与，在实施过程中需建立一个临时机构以协调行动计划。监测必须与实施同步，对项目本身和项目实施后的效果进行准确和定期记录。特别是在对项目可能出现的问题进行论证时，记录必不可少。

7. 方案评估与反馈

在方案实施的过程中，经常会有突发的情况或条件变动，这时建立评估与反馈系统就非常重要。有效的评估和反馈系统，要为公共服务的供求双方定期提供有关地区发展

① 谢守红：《城市社区发展与社区规划》，中国物资出版社，2008 年，第 105～125 页。

现状和规划实施进展的情况，并依据反馈信息不断调整行动计划，指导规划和资源的再分配，从而使所有的规划行动始终围绕可持续社区远景目标和各阶段的行动目标。如果一个行动计划无法解决问题或优先项目无法完成，反馈系统将自动恢复至进一步重新规划或行动的阶段①。

吴淞街道社区发展规划方案设计在专家、政府管理部门和社区居民的共同参与和多次评估修改下，形成了具有可行性、创新性的特点：①延续街道文脉，充分利用滨江资源，展现街道深厚的历史文化。②创新社区管理与服务机制，以现有街坊(居委会)为单元，在地区级和街坊级公共设施之间增设一个中间层次，将邻里共享单元作为街道办事处和居委社工站之间的工作衔接层。③转变街坊物质形态，包括淞滨路轨道交通站及周边交通组织设计、水产路商业(界面)规划以及吴淞西块(国棉八厂)的开发建设等。

## ➤本章小结

各种社区发展规划理论的探索都是为了建设理想的社区。本章讨论社区理论的分类问题，目的是将诸多社区研究理论梳理成可供社区实践参照的依据。不同的理论其作用也不同，有的专门回答一类问题，有的则较系统地回答几类甚至全部问题。对理论思想的吸收与应用，关键是正确选取与合理搭配理论，并根据社区实际情况作多方尝试。当然也应当看到，并不存在可以说明社区所有问题的一般性理论，理论的多元和复杂正是现实的多样性所造成的。强行将社区问题笼统概括为一个系列层次或维度，会拉大理论与实践的距离；而对于理论的理解和运用，一套理论或一种分析框架或视角是难以满足全面理解社区的需要的，况且现存的理论并非在任何阶段都绝对正确，需要在实践中不断验证。总之，对于社区发展规划这样地域性、实践性很强的课题，既要有理论的指导，又不应当过分依赖既有的理论观点。

社区发展规划常用的研究方法有访谈、实地观察、抽样调查和文献检索。

社区分析方法主要是在资料收集的基础上，对社区构成要素的诸多方面进行描述性统计分析，并概括出社区规划的基本状况。在此基础上，可通过多变量分析，深入了解社区要素之间的关系，为规划策略的制定和实施的时序提供依据。

社区发展规划的编写需要经历成立规划小组、进行社区实地调查、整理分析社区资料、确定规划目标、拟订工作项目计划、制订社区规划方案、实施与监测、方案评估与反馈这几个阶段。在制定规划的过程中，公众参与很重要。国内外学者对公众参与的方法进行了详细的研究，并比较分析了公众参与在各阶段的重要性。

## ➤关键概念

内源式发展理论，对话式规划理论，区位理论，中心地理论，新城市主义，市民社会，第三部门，社会资本，抽样调查，结构式访谈，社会指标法

## ➤复习思考题

1. 请概述新城市主义的主要内涵。
2. 新社会治理理论主要包括哪些理论？简述这些理论对社区发展规划的意义。

---

① 谢守红：《城市社区发展与社区规划》，中国物资出版社，2008年，第105～125页。

3. 社区发展规划的研究框架是什么？
4. 社区调查研究的方法有哪些？它们的优缺点有哪些？
5. 社区发展规划的分析方法有哪些？如何对社区要素进行分析？

## 案例

### 郑州市“21世纪社区”的规划设计详述
### ——人与社区的完美融合

“21世纪社区”认为每个住宅区都必须结合实际情况形成属于社区自己的内容，并坚信人文环境不可替代，生态环境不可复制，社区环境以人为本。其紧紧围绕建设现代化纯居住社区的目标，达到居住与社区建设的完美融合。

1. 清晰完整的道路系统及人车分流系统

“21世纪社区”拥有清晰完整的道路交通系统。采用环形干道、宅间道路及步行道相结合的道路系统：环形干道直接与城市主干道花园路、经三路相通；小区内干道、宅间路、步行道等多级道路系统使业主出行更加便利。采取“人车分流”道路系统：组团平台设有集中大型半地下停车场，机动车只能在环线干道、小区级干道行驶，由小区级干道直接进入地下停车场，而不能进入宅间、步行道路系统。这样既满足了人车高峰时流量的需要，也最大限度地避免了车辆穿梭带来的不安全、污染、噪声等不良影响。考虑了私人轿车的发展，停车位可达总住户的80%，自行车、摩托车存放各得其所。

2. 合理完善的公共设施

公共设施布置符合居民的生活规律，不仅方便居民生活使用，还能为物业管理创造方便而有效的基础条件。“21世纪社区”内部设有中小学、幼儿园、医疗中心、邮局、银行、超市、业主会所、老年公寓、健身场所、儿童娱乐场等，满足业主的各种生活需要。

3. 亲切、和谐的居住环境——公共绿化系统

社区公共绿地与公共活动空间结合会形成社区整体的空间效应，丰富了社区景观，方便和融洽居民的交往和活动。“21世纪社区”总体绿地率高达41%，形成以社区级集中绿化、小区级带状绿化、邻里单元内部组团绿化相结合的三级公共绿化系统，其中包括百亩人工湖景区、小区间十字绿化带、组团楼宇间绿化、顶楼露台花园等。

4. 水景住宅精彩核心——社区百亩人工湖自然景区

水以自己的包容涤浊扬清，使周围的空气自然、清新，有助于人们的健康，生活往往因水而精彩。因此，人们在心灵深处对自然水景有着无比的亲近与眷恋。“21世纪社区”在社区内部建设百亩人工湖自然景区，湖面与景区规模在郑州城市住宅区内都是绝无仅有的。园内视线开阔中又有遮挡，景观层次错落而更加丰富。景区有机分布集中绿地、卵石滩、艺术憩廊、果林、网球场、湖心亭、湖滨健康步道、迷你型高尔夫球道等设施，为居民提供了一个自由放松、健康生活、沟通交流的广阔天地。

5. 规划设计紧密结合安全保障措施

“安全”是每一个住户最关心的问题，“21世纪社区”在规划上结合组团布局的特点，引入六级安全保障系统，即小区入口保安、组团封闭管理、楼栋单元楼宇对讲、门窗磁性感应报警、室内外红外线监控系统、24小时保安巡逻。社区安全实行人防和机防相结合，解除了住户的后顾之忧，为居民提供了安全舒适的生活环境。用户可根据自身需要，在基本保安措施的基础上自由选择无线防盗设施配备。由六级安全保障系统形成的一道道安全防线，构成了社区完善的安全网络系统。

**案例思考**

"21 世纪社区"的规划设计是哪些社区发展规划理论的运用?

## 实训指导一

深圳梅山苑社区位于深圳市福田区下梅林，西、南两面与生态保护山体相邻，北侧、东侧为已建成学校。梅山苑总规划用地面积 25 080.81 平方米，总建筑面积101 884.16平方米，计容积率建筑面积为 80 256 平方米，其中住宅建筑面积75 741.56 平方米。梅山苑一期建筑面积 15.5 万平方米，住户 2 632 户。梅山苑二期为深圳市政府经济适用房和廉租房计划工作的一部分，拟建设建筑面积 10 万平方米，规划住户1 600户。项目配套设施完善，有商业区、幼儿园、老年活动站、警务室、社区居委会等，面积共 6 073.45 平方米。

由于地处福田繁华地段，紧邻福田农批市场，受深圳城区空气污染较重，城区热岛效应明显，住户区污水排放较多。针对这些问题，深圳市拟对此社区进行循环型社区改造试点，采用新工艺、新技术、新材料、新设备进行屋顶绿化、雨水回收、中水处理、太阳能利用、智能化等项目，尝试人工湿地与屋顶经济作物种植相结合等技术，以改善社区的生态问题和可持续发展问题。

资料来源：深圳市发改局与市民政局：《深圳市循环型社区规划与实施方案》(草案)，2010 年，第 18 页

**实训要求**

1. 请查阅相关文献资料，理解循环型社区的内涵，指出循环型社区的评价指标。
2. 根据循环型社区的特点，请针对梅山苑社区进行社区规划，寻找建设循环型社区的途径。
3. 循环型社区建设可能遇到哪些问题，尝试用已有的社区规划理论和方法进行改进。

## 实训指导二

随着城市的变迁和扩张，城市社会空间结构发生了各种类型的变化。在社会空间统一体理论中，社会结构和空间结构之间相互影响，对城市发展起着至关重要的作用。城市居住空间既是一种社会空间，也是一种社会空间，所表达的是不同社会群体的居住区的物质形态及其所反映的社会关系。城市居住空间的分异，借人类生态学的解释，即因居民的职业类型、收入水平及文化背景差异而产生的不同社会阶层相对聚集的居住区，也就是指不同特性的居民随着社会经济的发展各自聚居形成的城市居住空间分化的现象。不断扩大的贫富差距是引起居住空间分异和阶层分化的关键因素，它导致城市特定空间区域内分布着特定的居民，即使是同一社区中，也存在内部分异现象。

杭州主城区的住宅一般有五种类型：①传统单位房；②经济适用房；③中低档商品房；④中高档商品房；⑤高档商品房。杭州主城西城社区(不是行政社区概念，而是空间概念)，以西城广场为公共中心，是文一西路以南、文三西路以北、古墩路以西、紫荆花路以东所围合的城市社区。社区中包含骆家庄西苑、新金都城市花园、桂花城、颐景园、五联西苑、金田花园、金都花园、丹枫新村等小区。该社区住宅类型丰富，有回迁居民的保障房，有城市别墅区，有一般的商品房。西城社区的中心空间是一个商业综合体及其配置的城市公共广场，其周边覆盖的居民阶层分异明显，城市别墅区和城中村安置户并存，在空间上无直接的关联性，社区隔离现象较明显。

资料来源：于文波：《城市社区规划理论与方法》，国家行政学院出版社，2014 年，第 246 页

**实训要求**

1. 请根据社区分析的四大层面(主体、隐体、联体和载体)分析杭州西城区的特点。

2. 查找相关资料，了解西城区各小区之间的边界，谈一谈这种边界分割对社区发展的影响。

3. 请设计一份社区人际交往与空间关系的问卷，前往自己所在城市里类似的社区中调研，通过数据分析，设计一份以交往为导向的社区发展规划方案，以提升社区邻里关系、增强社区归属感和认同感，促进社区居民的社区参与。

# 第四章

# 社区发展规划的指标体系

**本章要点**

本章介绍社会指标思想兴起的背景和概念、社会指标的概念及功能，以及社会指标的基本特征与主要类型，说明社会指标体系的建立和发展过程，分析社会指标的功能，社区发展指标选择的原则，初步构建社区发展指标体系的基本结构和社区发展指标体系分析指标与参数。

## 第一节　社会指标

### 一、社会指标思想兴起的背景

#### (一)西方的社会指标运动

指标是一个多重的概念，牛津词典解释其动词形式是“指示、表示、标记、简短的陈述等”。英尼斯将指标定义为“一种汇聚和组织数据的规则，使得这些数据能够表达明确的意义”①，其后大部分关于指标的研究都延续使用了这个定义。

指标在社会和健康问题中的应用可以追溯到19世纪30年代，其在比利时、法国、英国和美国等国家的社会改革中发挥了作用。指标最早用于了解传染病在工业城市的蔓延，医生和学者运用普查数据来作分析。美国劳工部是最早收集指标数据的官方机构，早期对全国性数据的收集主要包括人口、失业率、犯罪率、消费水平等。1933年胡佛总统就成立了社会趋势调查委员会，发布了社会趋势报告，包括人口、健康、教育等方面的一系列数据。随着公众越来越关注贫困、失业、住房、种族等问题，学界开始将定量的测度和评价视为理解和解决社会问题的方式。

---

① Innes J E. Knowledge and Public Policy：The Search for Meaningful Indicators. New Jersey：Transaction Publishers，1990.

20 世纪 60 年代中期发生的社会指标运动(social indicators movement)在全世界产生了深远的影响，它改变了人们对社会发展的评价模式。社会指标的研究是从美国开始的，它是社会学家族中的“年轻”成员。1966 年，美国社会学家 R. A. 鲍尔编辑出版了名为《社会指标》的论文集，在该论文集中第一次使用了“社会指标”的概念。虽然它出现得较晚，但发展迅速。人们之所以对社会指标有如此浓厚的兴趣，主要基于两个方面的原因：第一，随着现代社会的发展，人们已普遍感到仅仅用经济指标并不能反映社会的真实情况，人们已倾向于突破经济指标的局限性去寻求一种更为全面的社会指标。第二，在现代社会中，社会的政策、发展计划所起的作用越来越大。对这些政策、计划做出评价是人们普遍关心的问题。由于以往的统计并不能满足这一要求，于是人们开始寻求一种衡量、鉴定社会发展状态的新手段来预测某项发展的利弊得失，评定社会后果的是非曲直，由此产生了社会指标。

**(二)社会指标的发展**

在 20 世纪 60 年代中期到 70 年代，美国的一些经济学家，社会学家，统计学家和规划、管理、未来研究等方面的专家学者，在社会领域中掀起了一场规模不大却具有一定影响的社会指标运动。该运动大约经过了三个阶段，即理论研究阶段(60 年代中期至 60 年代末)、应用研究阶段(60 年代末至 70 年代初)、生活质量指标研究阶段(70 年代以后)。这场社会指标运动产生的历史背景主要有以下几方面。

1. 社会结构的变化和新发展战略研究的兴起

第二次世界大战结束以后，经过一二十年，世界科学技术和社会生产得到很大的恢复和发展，但随着资本主义经济的迅速增长，资源浪费、贫富悬殊、环境污染、道德败坏等社会问题突出。在 20 世纪 60 年代后期，几乎所有工业化国家都发生了各种类型的社会危机，经济指标在反映和权衡整个社会基本情况和社会质量信息方面表现出的局限性日益明显，导致人们去寻求一种更全面、更综合的社会指标系统来代替它。同时，60 年代中期是美国经济增长时期，社会发生结构性的变化，服务性行业的增长，以及政府对卫生、教育和福利事业的大规模支持，使人们普遍相信他们的社会正在发展成为“后工业化社会”。社会指标被看做未来社会所需要的技术专家管理体制的一部分。技术的迅速发展在为社会创造出巨大财富的同时，也使社会为此付出一定的代价，并承受由此造成的消极的社会影响和后果。因此，权衡技术发展的代价、效益和利弊以及是否合理，是否符合人类的目的，就成为一种迫切的需要，这些对社会指标运动的形成也起到了积极的推动作用。

第二次世界大战结束后，多数发展中国家在制定国家发展战略时，都以西方发达资本主义国家所走过的道路为楷模，片面追求工业化，片面追求国民生产总值(GNP)，用国民生产总值的高低来衡量一国的发展水平。虽然许多发展中国家国民生产总值增长较快，但社会并没有获得明显的发展。由于片面追求国民生产总值，经济高速增长的同时也带来了同西方发达国家相同的社会问题，如贫富悬殊、两极分化、分配不均，随之而来的是财政赤字、外债剧增、通货膨胀、环境恶化、经济结构不合理，以至失业增加、消费不足等。由于以国民生产总值为目标的发展战略存在明显问题，因此，人们认识到“国民生产总值增长就是社会发展”的论点是错误的，其原因就是混淆了“社会发展”与“经济增长”的不同含义。各国也逐步认识到，“增长”一词含义较狭，仅仅是指国民生产总值的增长，而“发展”一词的含义较广，除了国民生产总值的增加之外，还包括更好的保健、教育、环境和住房等。因此，人们在 20 世纪 70 年代提出了一种新的发展战略——“经济、社会综合发展战略”。新发展战略研究的兴起要求有与之相适应的战略目标，因而在统计上就需要探索新的衡量尺度，并将其具体化为更有效的指标，这便构成了社会指标运动产生的条件。

2. 社会矛盾的加剧与社会学研究领域的扩展

第二次世界大战结束以来，世界政治形势相对稳定，现代科学技术高度发展，为经济发展创造了良好条件，使资本主义经济处于相对繁荣的发展中。同时，也给资本主义经济带来了前所未有的社会矛盾和种种危机，如人口激增、环境污染、交通紧张、失业率增加、传统道德观念受到冲击、犯罪率骤增等。这种经济增长和社会发展相矛盾的状况激起了西方社会学家的研究兴趣，同时也带来了科学研究的巨大发展，相继产生了经济社会学、城市社会学、家庭社会学、生物社会学、文化社会学、教育社会学、法律社会学、宗教社会学、劳动社会学、政治社会学、管理社会学等一系列新兴学科。

由于社会学研究和新发展战略的兴起，世界各国普遍感到，利用传统的社会经济统计方法获取的社会经济信息已不能满足世界各国在制定社会经济发展政策、了解社会经济发展水平、预测社会经济发展前景方面对统计数据的要求，因此，自 20 世纪 60 年代以来，联合国统计处，联合国教育、科学与文化组织，联合国大学，联合国社会发展研究所，经济合作与发展组织等机构和单位，开展了一系列的研究，掀起了一场研究、制定、推行社会指标的运动。

### (三)中国对社会指标的研究和运用

受社会指标运动的启示，中国从第六个五年计划开始，把社会发展与经济发展并提。在制订国民经济计划的同时，也制订包括人口、劳动、教育、科学、文化、卫生、体育、社会保障等内容在内的社会发展计划。1982 年 7 月，国家统计局在湖北召开了“社会统计指标设想方案”讨论会；1982 年 11 月，中国社会科学院技术经济研究所举办了“社会经济指标及其应用”研究班，编印出版了《社会经济指标研究资料》；1986 年国家计划委员会组建了社会发展局，把制定社会指标体系列为一项重要工作。

由于社会经济的发展及制定社会发展规划和决策的需要，国家统计局、国家计划委员会等国家有关职能部门，在 20 世纪 80 年代初先后组建了专司其职的社会统计司、社会发展司等。国家统计局社会司于 1983 年建立了中国第一套《社会统计指标体系》(草案)。当时，这个社会统计指标体系的内容和分类是：①自然环境；②人口与家庭；③劳动；④居民收入与消费；⑤劳动保险与社会福利；⑥住房与生活服务；⑦教育与培训；⑧科学研究；⑨卫生与环境保护；⑩文化与体育；⑪生活时间分配；⑫社会秩序与安全；⑬政治活动与社会参与情况。共 13 个大类，900 多个指标。作为试编草案，先期在北京、上海、四川、湖南、湖北等省市进行试点编制应用，之后稍作调整，推广到全国。经过多年来的实践应用和检验，在总结经验的基础上，于 1989 年进行了新的调整和修订。修订后的新社会统计指标体系包括15个大类、97个中类、387个小类，共1 400多个指标。这15个大类的内容和分类是：①自然环境；②经济条件；③人口家庭；④劳动；⑤居民收入与消费；⑥住房与生活服务；⑦环境保护；⑧社会保障；⑨教育；⑩卫生；⑪文化；⑫体育；⑬社会活动参与；⑭社会秩序与安全；⑮生活时间分配。

## 二、社会指标的概念及功能

### 1. 社会指标的概念

“社会指标”一词，最早是由美国学者雷蒙德·鲍尔(Raymond Bauer)在其1966年出版的《社会指标》一书中提出来的。他在书中指出，社会指标是“统计数据、统计系列和其他任何形式的证据，能够让我们依据我们的价值观和目标来评价所处的阶段和未来的去向，能够评估具体的项目及其影响”[①]，认为社会指标是用来“判断社会在准则、价值和目标等方面的表现”的依据，是“作为具有普遍社会意义的社会状况的指数”，是对经济指标的“补充”和“扩大”，是“在那些通常不易于定量测量或不属于经济学家专业范围的领域内，为我们提供有关社会状况的信息”[②]。

尽管联合国、各国政府和学术界越来越重视社会指标在社会发展进程中的积极作用，但如何去界定社会指标的含义和特征等，至今并无统一的意见，有关的定义多达数十种。例如，有的人认为任何一种社会统计都是社会指标，更多的人则认为具有普遍社会意义的社会状况的指数方可成为社会指标；有的人强调社会指标所具有的数量特征及其可计量性，有的人则强调社会指标是社会现象及其过程的质量与数量特征的综合性反映；有的人突出强调社会指标作为衡量社会发展状况之尺度的功能，有的人则认为社会指标既具有衡量社会发展状况的尺度功能，又具有预测未来发展及社会后果的尺度功能和影响社会政策的功能。

综合各家的观点，根据社会指标在社会生活中的实际功能，徐永祥给社会指标的概念做出这样一个界定，即社会指标是评价与监测社会发展现况、预测未来社会发展及其后果、具有科学量化功能的标准化数据体系，是政府和有关社会组织制定或选择社会政策的重要依据，也是人民大众了解和认识社会现状及其变迁的重要尺度[③]。本书采用了这一定义。

### 2. 社会指标的三大功能

徐永祥关于社会指标的定义，实际上是一个功能主义的定义。那么，应该怎样去认识和把握社会指标的实际功能呢？概而言之，社会指标的功能主要体现在评价功能、监测功能和预测功能三个方面。

第一，社会指标的评价功能是指其具有比较社会发展状况、衡量社会发展水平的尺

---

① 黄燕玲、袁媛、张家睿、骆逸玲：《指标的抉择：概念、方法与应用》，《国际城市规划》，2012年第2期，第5页。

② 朱庆芳、吴寒光：《社会指标体系》，中国社会科学出版社，2001年，第3页。

③ 徐永祥：《社区发展论》，华东理工大学出版社，2000年，第123页。

度作用。通过一定的社会指标体系，人们可以对一个国家、地区、城市和乡村的社会整体状况或部分状况，进行横向或纵向的比较，从而获得对社会发展阶段、状况和水平等的认识及社会政策选择与制定的依据。例如，运用人均订阅图书报刊费用、人均住房面积、人均公共文化设施和公共绿地面积、人口受教育程度、个人健康指数、每百人拥有的职业医生人数、居民闲暇时间的分配等社会指标，将某一地区同另一地区进行横向的比较，就可获得对各自社会发展现况与社会发展水平的评价性认识；而用这些指标对某一地区不同历史时期的发展进行纵向的比较，可认识该地区在特定时期社会变化或社会进步的状况。根据社会指标进行纵向比较或横向比较的结果，是公共社会政策制定或调整的重要依据。

第二，社会指标的监测功能是指其具有对社会运行过程与状态进行描述和监测的作用。社会运行过程和状态既是可描述的，也是可监测的。当然，这些描述和监测需要通过人口、家庭、住房、环境、教育、卫生、健康营养、社会安全、劳动就业、社区服务、休闲活动、社会流动、犯罪率等一系列社会指标来进行。由于社会在变迁和发展过程中，总是会出现这样或那样的社会问题，故将这些社会问题置于可控制的范围内或采取补救措施，是政府和有关社会组织面临的重要课题。这就要求人们根据一定的社会指标，经常性地对社会运行的各个方面进行监测和监控，并及时、有针对性地采取有效的对策。从这个意义上说，社会指标的监测功能实际上同其预警功能是一致的，社会指标其实是人们监控社会运行状态的一种有效的预警器或报警器。

第三，社会指标的预测功能，亦称预计功能，是指运用一定的指标对未来社会发展或某一领域发展结果的测算。这种测算表现在两个方向：一是预测可能发生的社会问题。例如，在20世纪70年代，罗马俱乐部成员根据若干指标及世界各地的表现，预测到不久全球许多国家将遇到能源紧张、水资源短缺、土地沙漠化等问题及其造成的一些后果。二是预测未来的发展，即运用一定的社会指标预测未来社会或某一社会领域可能达到的发展状态或发展目标，并根据有关的预测来制订未来的发展计划。例如，根据一个地方人口的规模、结构及增长等具体指标，可以预测若干年内该地初等与中等教育的未来需求状态，从而可根据这种预测来制订该地未来若干年内的教育发展计划。总之，运用社会指标预测问题，可使人们及早地采取措施，做到防患于未然；运用社会指标预测发展，可使人们更科学地制订未来的发展计划。

## 三、社会指标的基本特征与主要类型

由上可见，社会指标具有反映社会现象、评价社会发展、描述和监测社会运行、预测未来发展等多重功能。为了更深入、更具体地了解社会指标的含义及其功能，有必要进一步认识社会指标的基本特征和主要类型。

### (一)社会指标的基本特征

根据国内外多数学者的观点，社会指标具有具体性、可计量性、可解释性、综合性、关键性等基本特征。

社会指标的具体性特征是指，它不是用一般的、含混不清的名词去反映、概括社会现象，而是用具体明确、可体验、可感觉到的指标去反映和概括社会现象。与理论、方针、政策和发展目标相比，社会指标的最大特点就在于其特有的具体性。例如，现代化理论、现代化任务的实现，必须落实到人均国内生产总值(GDP)、人均住房面积、每万人大学生数、闲暇时间的分配、公共空间与公共设施等一系列具体的社会发展指标上。

社会指标的可计量性特征是指，无论客观的社会现象(如人均收入、住房、医疗健康、教育、文化设施等)还是人们的心理状态、价值认同等主观的精神现象，都可以用数量概念或量化方法来表达。这就是说，社会指标并不存在能否计量、能否用数量表现的问题，而只存在怎样计量、如何表现和表达的问题。正是这一特点使社会指标不同于一般的非数量评价方法。

社会指标的可解释性特征是指，作为一种科学的描述与评价尺度，它具有一种特有的“指示器”作用。这种“指示器”不是对社会现象、社会运行过程的机械式、照相式的反映，而是解释和说明并指引人们了解社会现况的标尺。这就是说，社会指标并不等同于社会现象本身，而只是社会现象的替代或替代性解释、尺度性解释，如就业率与失业率指标可用以解释劳动就业状况及其变化乃至整个经济的景气状况，犯罪率指标可用以解释社会安全水平及其变化，等等。

社会指标的综合性特征是指，作为一种科学的评价、监测和预测尺度，它是对社会运行状态与社会现象内在联系的反映、解释和评价，其赖以运用的是综合性的数据，而非对个别的、细小的与分散的社会现象的反映、解释和评价。正是在这个意义上，社会指标不同于一般的社会统计数据及其变量，尽管社会指标需要以一定的综合性的社会统计数据为基础。也就是说，并不是所有的社会统计数据都是社会指标，只有综合性的、反映内在联系和本质属性的社会统计数据方能成为社会指标。

社会指标的关键性特征是指，只有那些反映社会运行状态和社会现象的关键性的、有着重要意义的事实与数据方能构成社会指标的要素。实际上，所有的社会统计数据都是对社会现象和社会运行状态的反映，但并不是所有的社会统计数据都能成为社会指标。这是因为，许多统计数据仅仅是对某一个别现象的直接反映或简单描述，属于一般现象性的统计数据，而非能够解释和说明社会本质属性与内在联系的重要事实。人们在衡量和评价社会运行状态与社会现象时，不能也无法运用所有的统计数据，而只能运用那些有着重要意义的关键性数据。

### (二)社会指标的主要类型

#### 1. 按研究对象和范围分类

按照所研究的对象和范围，社会指标一般可分为下列类型。

(1)总体性社会指标。这类指标的内容包括社会的各个重要领域，如社会环境条件、社会结构、社会生活、社会关系、社会服务与管理等，目的是通过对一个国家或地区的观察，了解其整体社会状况，进而对其社会发展计划、目标和实现进程进行全面深入的分析和评价，帮助该国家或地区对其社会实行宏观调控，进行有效的社会管理。

(2)部门性社会指标。由于中国的国民经济和社会发展计划主要是根据各部门的管辖范围来执行的，所以就有了部门性的社会指标，如文化、教育、卫生、体育、公安等部门的社会指标。这类社会指标的内容反映了各自部门职能范围内的业务和工作的运行情况。1987年中国公安部门制定的社会指标包括社会治安、公安管理和保障条件三个方面。1988年又在此基础上建立了社会秩序与公共安全指标，这不但满足了该部门各项工作的实际需要，而且其主要指标也是国家社会指标的重要组成部分和信息资料来源。

(3)专题性社会指标。这是为了进行各种专题性研究而建立的社会指标，如为专门研究妇女、儿童、老年等问题而设计的社会指标，就是专题性社会指标。这类指标具有很强的专业性和时效性，一般是为进行一次性调查研究收集必要资料而设计的。

2. 按指标的性质分类

从性质的角度来看，社会指标可分为描述性指标，评价性指标，监测性指标，肯定性、否定性与中性指标，客观指标与主观指标等若干基本类型。

(1)描述性指标。描述性指标是对社会运行状态和社会现象的一种简单的叙述。由于这些指标并没有与一定的目标和价值判断相联系，故仅仅具有简单反映事实本身、监测运行状态的功能，而不具备评价的功能。例如，某一社区新建一块绿地及新建一些公共文化设施的具体数据，就是对该社区绿化事业和公共文化事业发展的简单的客观性描述。如果这些数据并不用做纵向与横向的比较，那么它就无法成为评价发展尺度的数据，而仅仅是对其进行描述而已。

(2)评价性指标。评价性指标是指人们对社会发展水平和社会运行中某些领域、方面的利弊得失进行诊断或分析的指标，故又称诊断性指标或分析性指标。例如，根据人均国民收入、每百人拥有的电话和汽车、每万人拥有的医生、每万人中的大学生比例、每万人中的社会服务人员等一系列综合性的评价指标，可判断出一个国家、地区或城市的现代化程度。犯罪率的高低、青少年犯罪的比例等指标，可分析或诊断出一个地方或城市的社会稳定状况，以及青少年教育工作的状态。当然，评价性指标的运用，必须通过历史发展的纵向比较或者不同区域间的横向比较才能获得正确的评价结果。

(3)监测性指标。监测性指标是指政府和其他社会组织为了一定的目标或任务，对社会、社区或社会组织等体系的运行状态进行监控和测量的指标。当这些指标显示社会、社区或社会组织运行不足或者发生偏差时，政府或社会组织等监测的主体就可根据实际情况，采取相应的措施，进行必要的矫治或改善。例如，环境污染指数、家庭暴力与社区冲突、居民的社区参与度、社会犯罪率、老年人在总人口中的比例等，都可构成监测性指标的要件。

**阅读材料**

### 人口红利与人口抚养比

蔡昉：根据我们的测算，2012年是最后一年，2013年人口红利就将结束。到2013年，中国的劳动年龄人口将不再增长，是零增长，之后就是负增长。2013年将是一个极具标志性的转折点。与此同时，人口抚养比，即劳动力所需要支持的抚养人口，也不再下降，明年降到最低点，之后就会上涨。人口红利是看不见、摸不着的，需要用一个统计指标来监测，人口抚养比就是一个很好的指标。

预测结果是这样，但我们也不希望人口红利消失在明年。做出这样的结论，是希望能引起足够的重视，去努力挖掘，或者延长这次人口红利。

资料来源：《蔡昉：2013 年是人口红利消失转折点》，21 世纪经济报道，2012 年 4 月 3 日

(4)肯定性、否定性与中性指标。这三个指标是既相互区别又相互关联的价值判断型指标系列。其中，肯定性指标亦称社会进步指标或社会发展指标，如人均收入增长率、教育经费增长率、人均绿地占有率、人均文化消费增长率等。否定性指标亦称问题性指标，其上升显示社会负面因素的增长，其下降则显示负面因素的降低和社会发展成绩的提高，包括犯罪率的高低、失业率的高低、自杀率的高低以及社区人际冲突率的高低等。中性指标是一种介于肯定性指标和否定性指标之间的、很难简单做出价值判断的，或者很难达成共识性价值取向的指标，如一国或一地人口的民族构成、人口的性别比例、离婚率的高低等。不过，在实际应用过程中，中性指标数目是很少的，大多数指标都可归类于肯定性指标或否定性指标。

(5)客观指标。客观指标是指用来反映所研究的社会现象中客观存在的事物及其状况的指标，其依据研究对象的自然属性和社会属性表明客观现象是什么。客观指标是对社会现象的客观反映，一般通过统计指标表现出来，其中客观性指标、非感觉指标是指表达和表述客观的社会运行状态和社会现象的指标，如有关生态环境、社会福利与社会保障、社会治安、社区公共设施、社区服务、社区自治等方面的指标都是客观指标。在研究社会结构、社会关系和社会生活等方面的内容时，人们大多使用客观指标。

(6)主观指标。主观指标是指通过数量表现人们对客观事物的感受、愿望、评价和态度等的社会指标，如居民对消费品的质量和价格、社会服务的质量等的感受和评价等。这类指标一般通过问卷用满意或不满意的程度或用评分的方法来测定人们的感受、评价或态度。在社会研究中，人们的态度和行为是应当研究的一个重要方面。例如，要全面评价一个国家或地区的社会治安状况，一方面需要用犯罪率、破案率等客观指标来反映之，另一方面还需要用人们的公共安全感等主观指标来予以测度。因此，主观指标在社会研究中有具特殊的重要作用。

长期以来，人们一直比较重视客观指标的应用。但 20 世纪 60 年代以后，主观指标的研究和应用日益兴盛，其对于经济发展、社会进步、政治民主及政策选择等实践的重要意义也越来越明显。这些实践包括国民关心的社会热点调查、职业社会声望的调查、大学教育收费的社会心理评价、医疗保险制度改革的社会心理反应、青年择业倾向变化的调查、居民社区认同度与归属感的调查等。需要指出的是，社会指标体系的分层、某一领域内指标及模型的设计、社会指标的具体运用(如有关的评价、测量、预测和预警等)，在理论和实践上都有着非常丰富的内容与科学的原则要求。本书对此不可能逐一细述。但具有重要意义的是，探索如何借助社会指标来推进社区发展和社区建设工作，是我们下面要重点讨论的问题。

## 第二节　社区指标

### 一、社区指标运动兴起的背景

社会指标运动在20世纪60年代进入全盛时期，它引导我们关注经济以外的事物。当时，研究人员强调的指标如下：健康与疾病、收入与贫穷、物质环境、公共秩序和安全、社会流动性、学习、科学和艺术、参与和异化。学者们把这些度量当做社会的客观指标。由于经济衰退、预算被削减、缺少联邦关注、缺少可察觉的效用，其对于公共政策制定的影响也越来越小，社会指标运动在20世纪80年代发展艰难，“自上而下”的国家型方法被一种更为“自下而上”的社区型方法所代替。这种社区型方法主要集中于研究健康社区、生活质量和可持续性。20世纪80年代末，城市研究者开始越来越多地反思工业时代的发展所带来的社会和生态代价，开始关注居民的生活质量。同时，知识密集型产业带动了经济转型，导致知识管理的兴起，其中就包括社区指标监测(monitoring of community indicators)。信息科技迅猛发展，使得政府快速全面地获取当地信息。地理信息系统(geographic information system，GIS)和自动信息收集处理等软件的普及，使规划师拥有越来越多的工具去处理纷繁复杂的监控数据。新的发展背景、社会期望和信息技术的普及，共同推动了指标研究和监控体系的发展。因此，在20年之内，更广泛层面的社会监测及其所取得的进步，开始逐渐向社区层面转移。

于是，在20世纪90年代，承接上述社会指标研究，学术界兴起了新一轮的指标运动——社区指标运动。很多社区指标项目是在80年代末至90年代初开始的。不同于自上而下发起的社会指标项目，社区指标项目的发起是自下而上的，一般由基层的商业领导、选举产生的官员、非营利组织、教育者、教堂领导和相关市民发起。社区指标不仅用于制定政策，还让民众参与规划社区的未来。由于社区指标扎根于民众，所以它反映了集体价值观和集体决定。

社区指标运动和社会指标运动都包含共同的核心思想——用数据来反映和引导人类社会的发展。但在某些方面，社区指标对社会指标做了补充和扩展。在空间上，社区指标项目针对有着共同的文化传统、居住环境等的小片区域；社会指标运动立足于整个社会，希望通过指标揭示整个社会的发展脉络。可以说，社会指标运动通过社区指标运动的方式复兴，也代表当前一种新的研究思路，从小区域发现问题，再尝试将结论运用到更大范围。在政治上，社区指标运动强调公众参与，社区公众参与促进了20世纪80年代末各个层级的决策质量改善。

因此，西方学界的社区指标研究经历了社会指标运动和社区指标运动两个发展阶段，经过近二十年来的逐步发展完善，社区指标业已成为反映社区现状、预测未来发展趋势的工具，并对规划的监督和评估起到重要作用。社区指标体系的核心是代表各领域的指标，它是有一定含义的数据的集合。数据的收集和分析是社区指标体系的基础；而在规划运用中，指标的用途、指标的选择、公众参与和数据管理是关键问题。通过社区指标的分析可以监测社区进程或者促进社区价值的实现，表4-1 按时间顺序回顾了不同类型的指标项目。

**表 4-1 1960 年至今的社区指标项目**

| 项目类型 | 历史时期 | 突出特点 | 标准或概念框架 |
|---|---|---|---|
| 经济指标 | 20 世纪 | 集中关注 GDP、GNP、物质生活水平等经济福利的客观指标（自上而下的方法） | 根据个人选择实现自我利益最大化 |
| 社会指标 | 20 世纪 60～70 年代，到 80 年代开始衰退，尽管目前在欧洲和全世界很流行 | 以国家/社会的状况和社会福利为主要内容的客观指标。指标统计关注诸如健康和疾病、贫穷、环境、公共秩序和安全、社会流动率和参与度等规范性的领域（自上而下的方法） | 通常着眼于财富、住房、就业等方面分配不均的社会公平框架 |
| 健康社区和健康城市 | 20 世纪 80～90 年代 | 社会指标运动衰退后，伴随着医疗保健分配不均的加剧，采取综合的基于社区的方法来创造和衡量健康社区（自下而上的方法） | 基于对决定健康的物质、环境、社会、经济和行为因素的理解，发展关于健康社区的一种普遍愿景 |
| 生活质量 | 20 世纪 80～90 年代 | 集中关注社区、区域、国家的繁荣程度，包括客观和主观的指标。个人的福利包括生活中的很多方面（自下而上的方法） | 几乎是理论性的，对许多生活领域（的指标）都从主、客观两方面进行了探讨。市民参与包括让公众参与到指标发展和实施的过程中 |
| 基准管理和绩效评估 | 20 世纪 90 年代 | 将指标与社会政策、经济政策直接联系起来考虑。指标被纳入与政策广泛相关联的公共统计系统中。以关注输出与结果变量为特征，这些变量可以随公共政策和项目的改变而改变（自上而下或自下而上的方法） | 变化性很大，取决于社区或国家的价值、社区需要改变的方面、政策制定者和其他精英想要监测的领域 |

资料来源：米兰·德鲁西、尼古拉斯·斯沃兹、许松辉、李珊、袁媛：《理论知识与政策的衔接：美国社区指标的前景》，《国际城市规划》，2012 年第 2 期，第 29 页

## 二、社区指标的分类与构成

社区指标构成的确定遵循两个重要原则：①指标构成必须建立在民众和专家共同参与的基础上；②指标必须尽量多地包含能够影响市民行为和公共政策制定的因素，以衡量经济、社会和健康水平，甚至于设定未来目标。仅美国就有超过二百个社区拥有自己的指标项目，其中最出名的要数创立于 1985 年的杰克逊维尔社区委员会的生活质量指标体系。1998 年，一项对一百多个社区指标项目的调查表明：①在指标用途上，衡量生活质量和可持续发展状况是社区指标最主要的两大用途，其他用途还表现在业绩评估和衡量社区健康两个方面；②在项目发起者中，非政府组织和政府是社区指标项目的主要发起人；③在地理尺度上，社区指标主要应用在具有城市特征的大城市和中小城镇，而在乡村目前应用比较少。

指标分类方法多样，还可以根据概念框架、代表功能等来分类。表 4-2 是根据概念框架来对指标进行的分类，主要有如下分类。

表 4-2　概念框架下的指标分类

| 类型 | 类别 |
|---|---|
| 基于领域 | 环境、经济、社会 |
| 基于部门 | 住房、福利、娱乐、交通、环境、经济发展 |
| 基于目标 | 承载能力、基本人类需求、社会福利、经济繁荣、政府参与 |
| 基于问题 | 城市蔓延、固体废弃物管理、犯罪率和安全、创造就业、工业污染 |
| 基于因果关系 | 状态、压力、责任 |

根据测量方法和代表功能的不同，指标又分为常规型指标、综合型指标和绩效型指标，其所涉及的指标种类、衡量重点和主要监督内容各有侧重(表 4-3)。

表 4-3　常规型、综合型和绩效型指标

| 指标类型 | 特点 | 指标种类 | 衡量重点 | 主要监督内容 |
|---|---|---|---|---|
| 常规型 | 离散的单独部分 | 经济 | 经济 | 市场经济活动的变化 |
| | | 社会 | 社会福利 | 社会福利和相关概念 |
| | | 环境 | 生态系统 | 生态系统的结构和功能特点 |
| 综合型 | 全盘的多部分的交叉门类 | 可持续 | 可持续性 | 整体量化的环境、经济、社会发展因素中的可持续性 |
| | | 健康城市 | 健康 | 全面健康模型中的健康城市 |
| | | 生活质量 | 生活质量 | 从社会、健康、环境和经济方面考虑生活质量 |
| 绩效型 | 表现成果 | 绩效考核 | 机构和部门的表现 | 朝向目标的过程基准；与最好的组织比较的组织实践 |

## 三、社区指标的度量

根据区分收集数据的分析地理单元和报告数据的尺度，可以将指标分为社会指标、城市指标和社区指标三个层面，它们分别指出了各自的关注点，即国家(社会)、大都市区(城市)、一个城市或大都市区的某些小区域(社区)。

以前的研究很少尝试建立社区层面的指标。研究者往往更关注像城市、县、州和国家这些更大的分析单元。然而，最近有两个因素共同为提高社区指标的应用创造了条件。第一个是 GIS 软件的发展，其具有地址匹配功能，可将任意数据定位在地图上，继而将它们聚集到任一地理空间层面——自治市、县、城市街区、社区等。第二个因素是社会与经济福利责任由联邦政府向州和地方政府的移交，以及对于公私合作关系和社区赋权的强调。

社区指标的倡导者认为，地理场所在改变指标水平和社区居民生活方面起着积极的作用，由此改变着社区中人们的生活。社区并不仅仅被看做一个便于分析的单元，社区层面的指标还能够成为改变人们生活的工具。从某种意义上而言，社区指标是地方领导者对城市指标保持强烈兴趣的自然产物。

社区指标有两种主要的度量方法：第一种方法关注能够精确计量的数据，属于结构性、客观型的指标，如就业率，创业，疾病的发病率，各种物质在空气、水和工作场所中的浓度，所有权价值，废弃建筑物，收入水平，犯罪统计资料，学生成绩及参与度，等等。第二种方法关注社区建设中居民的主观感受等可变的过程性因素，包括社区愿景(community vision)和自豪感、社区领导、团体之间的关系、公众参与或社区信息共享及其使社区恢复生机的重要性等内容。

以上两种方法各有优缺点。第一种方法侧重客观数据，采用能够精确测量的指标，提供更具体的定量结果；但是结构性方法通常无法捕捉不稳定因素和相关变化因素，尤其难以判断居民是否和如何影响邻里变化。第二种方法侧重人的主观感受和过程评价，但不容易精确测量，通常不能提供用于比较和决策的客观和可预见的结果。

可见，两种方法都提供了构建理论和实际应用的必要信息，全面地了解邻里变化既需要对结构性指标和主观指标进行评估，也需要对两者之间的相互作用进行分析。通过与GIS的结合，社区指标可以克服可视性不足的缺点，能够在更大的尺度上，更直观地运用于土地利用、空间管制和规划优先等方面的评估和决策①。

还有学者对机构绩效指标和社会绩效指标做了非常有用的区分。前者是关于对市民的(公共)管理责任的衡量。以一个学校系统为例，人们可以制定用以衡量学校系统及其员工品性的(机构)指标，也可以建立有关学生学习情况的(社会)指标，这些指标有利于使单个学生和群体的福利在将来得到改善。公共服务提供者和消费者及福利的多样化，是任何社区指标体系的核心。

要建立反应敏捷、有效的机构和社会绩效社区指标，必须首先明确指标所针对的客户对象，即谁要用这些指标以及用这些指标的目的是什么。有很多可能的目的存在，具体如下。

(1)使社区关注的问题凸显于国家层面。

(2)形成测量社区变化的统计数据。

(3)具备系统地收集和传播能够为地方行动提供信息和支持当地采取行动的指标的能力。

(4)开发社区变化的动态模型。

(5)评估当前的或计划实施的政策对社区和/或其居民可能产生的影响。

(6) 测量区域内部和不同区域之间在时空上的不均衡。

(7)为社区和居民生活的改善设定目标。

(8) 在两次人口普查之间开发类似人口普查的替代指标。

(9)弄清楚居民地理上的迁移对他们自身的福利及(原来和现在的)社区的福利产生的影响。

可能使用这些社区指标的人或机构包括当地和全国的研究者、各级政府官员、私人和非营利的社区团体、社区组织及社区居民。

有无一个单独的社区指标体系能够实现上述所有目的，以及满足所有可能对其感兴趣的用户的需求？很显然，答案是否定的。一个更有成效的方法应该是鼓励地方采用标

---

① 袁媛、邓宇：《社区指标研究及规划运用综述》，《国际城市规划》，2012年第2期，第37～38页。

准大小的区域单元和收集各独立区域单元的统计指标①。

**阅读材料**

### 美国卫生、教育和福利部的社会指标报告

1969 年美国卫生、教育和福利部(U. S. Department of Health，Education and Welfare)关于若干领域的社会指标报告如表 4-4 所示。这份报告为评估全国的状况推荐了一组领域(即主题或主题范围)和领域所包含的指标。在有些情况下，所有指标被汇总成特定类型的总指数。最著名的地理场所横向交叉，比较分析指数被应用到一系列的大城市排名著作中，包括《场所排名年鉴》(Places Rated Almanac)②。该书作者收集了大约十大领域的指标，建立了一套综合的全美大都市区生活质量综合指数。全国社区指标项目(the national neighborhood indicators project，NNIP)将避免建立任何一个简单的指数，取而代之的是一系列在某个特定领域实践中被证明有价值的、独立的指标体系。使用有效的标准为要评估的领域划定城市次区，收集城市次区层面的指标。

**表 4-4　关于若干领域的社会指标报告**

| 领域 | 指标 |
|---|---|
| 健康与疾病 | 疾病的发病率，发挥功能的能力，提供的服务 |
| 社会流动性 | 向上和项下的流动性程度，净向上流动性，其他群体的流动性 |
| 物质环境 | 空气、水和工作场所中物质的浓度，住房，娱乐设施 |
| 收入与贫困 | 经济状况，获得机会的平等性，再分配 |
| 公共秩序与安全 | 犯罪和受害程度，防护服务支出，监狱状况 |
| 学习、科学与艺术 | 学生成就，种族隔离废除，研究范围，文化设施 |
| 参与与隔离 | 参与，隔离 |

## 第三节　社区发展指标建构

### 一、社区发展指标建构的基本原则

社区发展、社区建设作为整个社会发展的重要组成部分，需要适合自身的指标体系。可以这么说，社区指标或社区发展指标是社会指标在社区领域中的应用，是根据社区发展实际和内在要求而总结与建立起来的科学手段。从实践的角度来看，社区发展指标应当贯穿于社区发展规划、社区发展实践和社区发展评估等社区发展的全过程。从功能的角度来看，社区发展指标可以帮助人们科学准确地描述社区发展的现状和水平，从

① 大卫·萨维茨基、帕特里斯·弗兰、单习章、袁媛、孙瑜康：《社区指标——文献综述，概念和方法问题评述》，《国际城市规划》，2012 年第 2 期，第 19～20 页。

② Savageau D，Boyer R. Places Rated Almanac. New York：Prentice Hall Travel，1993.

而为科学决策提供客观依据；可以帮助政府和有关社会组织科学分析和预测社区发展实践的趋势及具体走向，从而为管理与服务提供科学依据；可以帮助政府和有关社会组织及时准确地监测社区发展实践中的一些易变因素，采取及时有效的对策和措施，从而维护社区的稳定和有序发展；可以帮助人们科学地评价、评估社区发展的过程和结果，包括社区的总体发展和各个部分的发展过程及结果，从而更好地总结经验，全面认识发展的现状、成绩和不足，以促进社区更健康的发展。

第一，坚持中国特色、本地特色和社区发展的一般规律有机结合的原则。这里的中国特色既包括中国社会主义制度的特色，如中国共产党领导下的多党合作制、社会主义民主与法制等在社区生活中的体现，也包括中国文化发展的特色。这里的本地特色主要包括本社区的文化传统、人口结构、人文地理条件等一系列因素。这里的社区发展的一般规律是指当今世界各国、各地区在社区发展中的某些共同的规律性特征和客观性趋势，如社区人口的老龄化趋势、社区服务的职业化与专业化要求、社区生活的自治性和民主化等。

第二，坚持社区发展的社会属性的原则。社区是居民社会生活的共同体，而非追逐利润的市场。因此，社区的性质在于其社会性，而非经济性、逐利性。在一般条件下，不能将经济指标作为社区发展的指标来加以使用。诚然，在现时代条件下的社区，几乎都存在数量不等、规模不一的工商企业，且这些企业在不同程度上总会这样或那样地同社区的居民及社会组织等产生特定的互动关系。这种互动关系可以纳入社区社会发展的考察与评价指标体系及整个社区的发展进程(如企业排出的废水、废气或释放的噪声等形成的环境污染，人际关系的紧张等不良后果，或者环境污染的治理、企业与社区居民社会冲突的化解等良性后果)来考察。也就是说，上述互动关系的性质在于其社会性而非其经济性。

第三，积极推动和促进社区社会发育与发展的原则。这一原则同前述“坚持社区发展的社会属性”的原则的要求是根本一致的。众所周知，我国由于过去长期实行一套高度集中、集权的计划经济体制和社会管理体制，行政全能主义无所不在，各种社会组织的职能分化与发育进程受到明显的遏制。改革开放为我国社会的转型注入了强大的动力，社会的发育和社会组织的职能分化及专门化成了客观的必然要求。这种客观的必然要求在社区发展实践中的表现是多方面的，如政府职能与社会中介组织职能的分开、社区自组织的发育和成长、居民社区意识和社区参与能力的增长或增强等。因此，社区发展指标的选取和建构必须有利于促进社区社会的发育和发展。根据这一思路，像社区自身组织的发育程度(包括数量、职能专门化程度、居民对其的依赖度和满意度等)、居民社区参与程度(包括对社区的认同度，每千人参与社区公益活动、文化活动、政治活动的百分比，等等)，都可设定为专门的评价性指标。

第四，社区发展指标的可比性原则。在社区规划和社区发展的实践中，社区发展指标体系的建构及具体指标的选取，必须遵循可比性原则，即社区之间横向的可比性及本社区历时性的纵向比较。这是因为，社区发展是一个有规律的过程，这些规律对于每个社区来说均具有内在的客观制约性和普遍的共同性。自觉地遵循客观规律的要求，就能避免走弯路或少走弯路，减少不必要的代价，更好地发展社区、建设社区。社区发展的这种客观规律性，决定了各个社区在选取发展指标、建构指标体系的时候，必须选择普遍具有的发展要素来设计和建构社区指标体系，使这些指标具有普遍的共同性和区际的可比较性。显然，这种客观的规律性和普遍的共同性，就是社区发展的某种客观的共同性标准。只有建立在这种客观的共同性标准基础之上的社区指标体系，方能进行社区发展的可比较研究和评价，方能科学准确地在区际的横向比较中和历时性的纵向比较中定位不同社区的不同发展阶段、发展水平，更好地实现社区发展规划的既定目标。

第五，指标的数量化和计量化原则。作为社会发展的一个部分，作为社区规划、发展和建设的应用性工具，社区发展指标必须尽可能准确地反映、记录和衡量社区的发展变化过程及其基本特征。这就决定了社区发展指标是一种可以且必须用数量来描述、计量和统计的指标体系。换句话说，缺乏数量和统计数据支持的社区发展指标，无法用数量来表示和说明的社区发展指标，就是一种无法应用的指标。因此，在建构社区发展指标体系时，应尽可能地使所选取的指标数量化和可计量化。

此外，像社区发展和建设的整体性与专门性、社区的功能开发与完善、以人为本的社区价值观等，都应成为社区发展指标选取和建构过程中的重要原则或重要依据。

## 二、社区发展指标体系的基本结构和分析指标与参数

### (一)社区发展指标体系的基本结构

根据以上几项基本原则和我国社会发展的实际要求，可以选取以下八类指标来建构社区发展的指标体系。这八类指标大体上体现了社区发展指标体系的基本结构。

(1)社区人口指标，包括人口的自然变动和机械增长情况、人口分布的疏密度、人口结构、老年人口比重、人口规模、人口分布、家庭结构、职业状况、收入状况、教育状况、消费特征、出行特征、休闲特征等。

(2)社区生态环境指标，包括人均绿地面积、绿化覆盖率、垃圾的文明化处理、空气质量指数、水污染及其治理程度、噪声污染及其控制程度；空间布局、设施布局、功能布局、空间形态、基础设施、管理设施、服务设施、公用设施等。

(3)社区生活质量指标，包括人均住房面积、人均年收入、恩格尔系数、户均手机拥有量、户均电脑拥有量、户均汽车拥有量、家庭生活燃气化程度、可饮用自来水普及化程度、每万人口商业服务网点数、公共空间与公共建筑配套设施满足程度、物业管理服务的满意度、公益性社会服务的满足程度等。

(4)社区社会保障(community social security)指标，包括居民最低生活保障线救助率、享有或参加社会医疗保障的人口比重、特困与孤老家庭的救助和保护情况、残疾人和老年人等弱势群体的权益保障度、每千人拥有的医务人员数和医疗床位数、军烈属优抚及其满意度等。

(5)社区社会服务指标，包括每万人拥有的各种社会福利设施床位数、每万人拥有

的社区服务专业人员数、每万人中的志愿服务人员数、社区社会服务机构的数量及其专门化和专业化程度、居民对社区专业化社会服务的依赖度和满意度等。

(6)社区文化指标，包括人均公共图书馆藏书拥有量、公共文化活动场所数量、人均年文化消费支出额、户均电视机拥有量、居民对互联网的利用度和依赖度、居民对社区文化体育活动的参与率、居民对社区文化及体育的满意度等。

(7)社区公共安全指标，包括刑事案件发案率和破案率、居民纠纷及冲突调解制度化情况、防火措施落实率、家庭防盗设施拥有率、青少年不良与越轨行为的社会矫治情况、刑释解教人员的再社会化情况、居民对社区安全的满意度等。

(8)社区自治与社区参与指标，包括社会服务机构在内的各种社区自治组织的数量、居委会成员的直选率、各类社区自治组织管理的民主化和自主化程度、各类社区自治组织在社区增权和维权方面的活动情况、居民对社区自治事务的参与率、政府和居民对社区自治组织及其活动的满意度等。

当然，上述八类指标及其子指标均可采用一定的单位数值来计量和统计。同时，这八类指标的应用还可通过社区自身的历时性比较，以及区际的比较乃至国际的比较，来获得更详细、更全面的数据资料，从而为社区评价和社区发展的实践提供科学、全面的借鉴和参考。

### (二)社区发展指标体系的分析指标与参数

制定社区发展指标体系时，要从研究社区的基本信息入手，以确定分析研究的基本参数。表 4-5 反映了因为研究目的的不同而导致的分析参数的差异，表中所列社区发展指标体系包含八类基本指标，一级指标说明社区介入层面，二级指标反映社会属性，三级指标说明社区微观特征分析指标。

**表 4-5 社区发展指标体系的分析指标及参数**

| 基本组成 | 一级指标 | 二级指标 | | 三级指标 | |
|---|---|---|---|---|---|
| | | 社会指标 | 参数 | 社区指标 | 参数 |
| 社区人口 | 自然层面 | 人口规模 | 数量 | 常住<br>流动<br>人户分离 | 数量、比例 |
| | | 人口分布 | 平均密度 | 住房、<br>公共活动空间<br>社会服务空间 | 数量、人均占有 |
| | | 人口结构 | 性别、年龄数量、比例 | 儿童<br>青少年<br>老年(老、中、高)<br>妇女<br>残疾人<br>矫正对象<br>优抚对象<br>救助对象 | 数量、比例 |

续表

| 基本组成 | 一级指标 | 二级指标 | | 三级指标 | |
|---|---|---|---|---|---|
| | | 社会指标 | 参数 | 社区指标 | 参数 |
| 社区人口 | 社会层面 | 家庭构成 | 户数 | 联合家庭<br>核心家庭<br>单亲家庭<br>空巢家庭 | 数量、比例 |
| | | 职业构成 | 在职、退休、失业、无业人员的数量、比例 | 在职人员职业分布<br>失业人员构成<br>无业人员构成 | 数量、比例、特点 |
| | | 收入状况 | 数量 | 产业收入<br>工资收入<br>其他收入 | 数量、比例、特点 |
| | | 教育状况 | 学历构成 | 儿童<br>青少年<br>老年(老、中、高)<br>妇女<br>残疾人<br>救助对象 | 课余教育数量、比例；继续教育数量、比例；职业教育数量、比例 |
| | | 消费特征 | 消费方式 | 理性消费<br>基本生活消费<br>奢侈品消费 | 数量、比例、特点 |
| | | 出行特征 | 时间、半径、方式 | 汽车<br>自行车<br>步行<br>其他 | 数量、比例、特点 |
| | | 休闲特征 | 时间、方式、耗时 | 旅游<br>健身<br>娱乐<br>交往 | 数量、比例、特点 |
| 社区生态环境指标 | 自然生态 | 环境条件 | 满意率 | 自然通风<br>自然采光<br>自然调温<br>安全通道 | 实际状况 |
| | | 环境设施 | 满意率 | 绿地<br>环境卫生<br>垃圾清运 | 数量、比例、特点 |
| | 人工生态 | 空间布局 | 满意率 | 居住空间<br>互动空间<br>公共空间 | 实际状况 |
| | | 设施布局 | 满意率 | 居住设施<br>公共设施<br>服务设施 | 实际状况 |
| | | 功能布局 | 满意率 | 区位边界<br>用地构成<br>功能配置 | 实际状况 |

续表

<table>
<tr><th rowspan="2">基本组成</th><th rowspan="2">一级指标</th><th colspan="2">二级指标</th><th colspan="2">三级指标</th></tr>
<tr><th>社会指标</th><th>参数</th><th>社区指标</th><th>参数</th></tr>
<tr><td rowspan="5">社区生态环境指标</td><td rowspan="5">人工生态</td><td>空间形态</td><td>满意率</td><td>实体形式<br>视觉形象</td><td>住宅外观、户型、建造时间</td></tr>
<tr><td>基础设施</td><td>满意率</td><td>道路<br>给排水<br>供电<br>通信<br>综合管线</td><td>实际状况</td></tr>
<tr><td>管理设施</td><td>满意率</td><td>办公用房<br>治安管理用房</td><td>实际状况</td></tr>
<tr><td>服务设施</td><td>满意率</td><td>商业<br>教育<br>文化娱乐<br>运动<br>医护<br>社区服务</td><td>实际状况</td></tr>
<tr><td>公用设施</td><td>满意率</td><td>休憩<br>照明<br>标识</td><td>实际状况</td></tr>
<tr><td rowspan="5">社区生活质量指标</td><td>客观状态</td><td>居民实际生活状况</td><td>满意率</td><td>人均实际收入<br>人均可支配收入<br>人均消费性支出<br>恩格尔系数<br>文化消费支出<br>教育费用支出<br>学龄儿童入学率<br>文化程度<br>出生率<br>死亡率<br>人口平均预期寿命<br>城镇居民家庭就业人口<br>环境保护投资指数<br>绿化覆盖率</td><td></td></tr>
<tr><td rowspan="4">主观满意度</td><td>居民生活满意程度</td><td>满意率</td><td>富裕的物质生活<br>美满的婚姻家庭<br>健康的身体<br>良好的心理状态<br>理想的职业<br>丰富的娱乐生活</td><td>数量、比例、特点</td></tr>
<tr><td>社区文化层面</td><td>强、一般、弱</td><td>归属感<br>定居意识<br>自豪感</td><td></td></tr>
<tr><td>社区组织层面</td><td>满意率</td><td>社区居委会<br>社区服务中心<br>社区中介组织<br>社区志愿服务机构</td><td>数量、比例、特点</td></tr>
<tr><td>社区环境层面</td><td>满意率</td><td>自然环境<br>人工环境<br>社区设施<br>社区服务设施</td><td>数量、比例、特点</td></tr>
</table>

续表

| 基本组成 | 一级指标 | 二级指标 | | 三级指标 | |
|---|---|---|---|---|---|
| | | 社会指标 | 参数 | 社区指标 | 参数 |
| 社区社会保障指标 | 基本保障 | 社会保险水平 | 满意率 | 养老保险<br>医疗保险<br>失业保险<br>工伤保险<br>生育保险 | 数量、比例、特点 |
| | | 社会救助 | 满意率 | 最低生活保障<br>灾害救助<br>流浪儿童救助 | 数量、比例、特点 |
| | | 社会福利 | 满意率 | 公共福利<br>住房福利<br>教育福利<br>文体、卫生福利<br>职业福利<br>妇女福利<br>儿童福利<br>老年人福利<br>残疾人福利 | 数量、比例、特点 |
| | | 社会优抚 | 满意率 | 拥军优属<br>优抚<br>安置 | 数量、比例、特点 |
| | | 慈善事业 | 满意率 | 基金会<br>专门学会 | 数量、比例、特点 |
| | | 志愿服务 | 数量、方式 | 志愿服务活动 | 数量、比例、特点 |
| 社区社会服务指标 | 服务机构 | 政府组织 | | 党组织<br>群团组织<br>政府机构<br>民政部门 | 数量、比例、特点 |
| | | 社会机构 | | 慈善机构<br>社会服务机构 | 数量、比例、特点 |
| | | 居委会 | | 社区服务中心<br>社区社团 | 数量、比例、特点 |
| | 服务设施 | 行政服务 | | 社区公共事务服务场所<br>社区卫生服务<br>社区保障服务 | 数量、比例、特点 |
| | | 文化服务 | | 宣传设施<br>文化活动设施<br>体育活动设施 | 数量、比例、特点 |
| | | 单位设施 | | 文化活动设施<br>体育活动设施 | 数量、开放率 |

续表

| 基本组成 | 一级指标 | 二级指标 | | 三级指标 | |
|---|---|---|---|---|---|
| | | 社会指标 | 参数 | 社区指标 | 参数 |
| 社区社会服务指标 | 服务内容 | 社会沟通服务 | | 社区信息服务<br>社会行政事务服务<br>公益服务 | 数量、比例、特点 |
| | | 基本生活服务 | | 社区家政服务<br>便民、利民服务 | 数量、比例、特点 |
| | | 生活保障服务 | | 最低生活保障<br>社区再就业服务 | 数量、比例、特点 |
| | | 弱势群体服务 | | 老年人服务<br>残疾人服务<br>儿童、青少年服务<br>婚姻家庭服务<br>妇女服务 | 数量、比例、特点 |
| | | 特殊群体服务 | | 优抚对象服务<br>流动人口服务<br>社区矫治服务 | 数量、比例、特点 |
| | | 协调服务 | | 人民调解 | 数量、比例、特点 |
| | | 活动服务 | | 文化活动<br>体育活动<br>文艺活动<br>科普活动<br>教育活动<br>娱乐活动 | 数量、比例、特点 |
| | 服务方式 | 服务性质 | | 公共服务<br>有偿服务<br>低偿服务<br>自愿服务<br>自治服务 | 数量、比例、特点 |
| 社区文化指标 | 制度文化 | 行政组织 | 性质、职能、工作内容 | 社区管理文化<br>社区亚文化<br>社区居民 | 数量、比例、特点 |
| | | 自治组织 | | 自治文化 | 数量、比例、特点 |
| | | 经营性组织 | | 物业管理文化 | 数量、比例、特点 |
| | 物质文化 | 文化设施 | | 博物馆<br>图书馆<br>体育馆<br>活动中心 | 数量、比例、特点 |
| | 精神文化 | 文化特征 | | 主流文化<br>民俗文化<br>家园文化 | 数量、比例、特点 |
| | | 归属感 | | 社区满意度 | 数量、比例、特点 |
| | | 共同意识 | | 社区价值认同 | 数量、比例、特点 |
| | | 参与特征 | 意识、途径 | 参与群体 | 数量、比例、特点 |
| | | 交往特征 | 频次、方式 | 参与交流群体 | 数量、比例、特点 |
| | 娱乐文化 | 娱乐文化活动 | | 健康活动<br>健身活动<br>自娱自乐活动<br>大型演出活动 | 数量、比例、特点 |

续表

| 基本组成 | 一级指标 | 二级指标 | | 三级指标 | |
|---|---|---|---|---|---|
| | | 社会指标 | 参数 | 社区指标 | 参数 |
| 社区公共安全指标 | 社区公共安全 | 社区公共安全组织 | | 专兼职安全管理人员<br>专项安全工作<br>宣传法律法规<br>基本情况调查<br>调解邻里纠纷<br>教育转化失足人员<br>组织和参与社区活动 | 数量、比例、特点 |
| | | 社区公共安全档案 | | 社区安全状况<br>伤害情况<br>危险源分布情况<br>安全活动记录 | 数量、比例、特点 |
| | | 社区公共安全办公场所 | | 配置必要的电话<br>办公设备 | 数量、比例、特点 |
| | | 社区公共安全宣传 | | 宣传栏<br>公益广告牌<br>安全图书阅览室<br>安全服务中心 | 数量、比例、特点 |
| | | 公众参与 | | 公众沟通渠道<br>公众参与意识 | 数量、比例、特点 |
| | | 伤害预防 | | 家居安全<br>交通安全<br>消防安全<br>社区治安 | 数量、比例、特点 |
| 社区自治与社区参与指标 | 社区自治与社区参与指标 | 自治组织 | | 居委会<br>业主委员会<br>社会团体 | 数量、比例、特点 |
| | | 民主选举 | | 社区居委会换届<br>罢免和补选 | 数量、比例、特点 |
| | | 民主决策 | | 工作报告<br>财务情况<br>重大事务<br>社区听证会<br>协调会 | 数量、比例、特点 |
| | | 民主管理 | | 社区成员参与<br>联系群众制度<br>居民反映意见畅通<br>作用发挥良好 | 数量、比例、特点 |
| | | 民主监督 | | 定期报告<br>接受评议和监督<br>公示和听证制度<br>民主理财<br>居务定期公示<br>事务定期公示<br>财务定期公示<br>意见收集 | 数量、比例、特点 |
| | | 社区单位参与共建 | | 参与社区活动<br>支持社区活动<br>共建活动制度化 | 数量、比例、特点 |

下面对上述指标体系中的分析指标与参数进行具体阐释。

1. 社区人口指标

基于人群集聚是社区最本质的属性之一，理清特定社区中人群构成的特征(规模、阶层、业缘等)是社区规划中首要的分析内容，目的是根据社区人群特征及其相应的发展空间，为社区发展确定适当的目标和对策。社区成员特征分析是社区分析的基础，与其他部分的分析都有因果关联。分析以量化为基础，同时有必要与空间相联系。从发展趋势来看，受体制、政策等大环境的影响，社区成员的特征变动有越来越快的趋势。因此，从动态变迁的角度分析社区人群特征比较具有说服力。

(1)人口规模。人口规模是了解和确定社区规模的最基本的依据，主要是指社区范围内的各类居住人口(常住/流动)的数量，据此可确定社区内人力资源的总量及其发展的趋势。人口数量相异的社区，在社会系统复杂的结构程度、主体间的互动、支持体系的结构、服务机构及物质设施的种类等方面都各有不同。社区人口规模影响因素主要有自然变动因素和机械变动因素，因此在社区人口规模的分析中，往往从社区人口的自然增长和机械增长两方面进行统计描述。对城市居住社区而言，人口自然增长的波动幅度相对较小，引起社区人口大幅度变动的往往是人口的迁移。

(2)人口分布。通常社区人口分布主要是指社区范围内人群地理分布特征。根据规划研究需要的不同，对社区人口分布的描述应有总体分布和单元细分两种。总体人口分布密度用来对社区整体进行评估和定位；已有的非统一开发形成的居住区，由于开发时期、强度及内部结构等原因，居民往往以非均质的状态分布于各小区中。根据社区开发建设单元统计，对社区内部人口分布细分，可以较准确地描述和了解社区人口的具体分布状况，进而对不同人口密度的社区单元服务需求有更确切的把握。

(3)人口结构。人口结构主要体现为年龄结构和性别结构。年龄结构是指各年龄组人数在人口总量中所占的比重。人口发展的类型、速度和趋势、劳动适龄人口和被抚养人口的比例等，都取决于人口的年龄构成。同时人口的年龄结构决定了社区的消费水平和消费种类，以及各类服务及设施的内容及比例。划分人口年龄结构类型的标准有老年人口系数、少年儿童系数、老少比、年龄中位数等。社区人口年龄结构的划分和分析，一般可依据国际通用的划分标准。性别结构是指男性和女性在总人口中所占的比重，研究社区人口性别结构，最主要的是明确总人口性别比。它是指某一时间断面的总人口中男性和女性人口之比，用于反映男女人口在数量上的对比关系。社区的人口性别比对社区中婚姻、家庭状况的影响较大，间接影响整个社区的结构变迁。

(4)家庭构成。家庭是以婚姻和血缘关系为纽带的社会生活组织形式，是社会的细胞。家庭规模和结构对居民本人和社区共同生活都具有重要的影响，婚姻是家庭的基础。家庭规模主要通过家庭成员的数量来体现，家庭结构通过代际分布和家庭成员的家庭身份来体现。婚姻状况受上述多种因素的综合影响，并在社区社会生活中占非常重要的地位。整体婚姻状况的稳定与否在很大程度上会影响到社区居民的生活质量和信心、社区的精神文化生活及社区治安的稳定等方面。通过分段年龄的婚姻率的统计分析，可以较全面地获取社区各年龄段人群的婚姻状况。

(5)职业构成。社区人口职业结构影响社区居民的收入水平和消费水平等，同时它也是影响阶层构成的重要因素，而社区中的阶层构成在一定程度上反映了社区构成。因此在社区发展规划中，居民的职业构成是社区未来发展定位和规划目标设定的直接依据之一。职业构成可以通过职业状况、职业分工种类等进行分析。职业状况通常反映其在职、失业或离退休情况；职业分工种类可以通过产业结构、单位性质、职业种类等的不同来加以划分。

(6)收入状况。就业状况(在职、失业)在相当程度上决定了经济收入，而经济收入状况直接影响着居民的消费水平、生活质量和社区安定。收入状况的描述可根据调查对象的不同，界定个人收入和家庭总收入水平，通常对于收入水平的分析可以通过与类似人群或区域总体的收入水平进行对比获得。

(7)教育状况。社区成员的教育状况受整个社会教育状况的影响，但也与社区自身的教育条件和形式有关。居民受教育程度对社区自身文化氛围的形成有一定程度的影响，是定位一个社区未来文化发展方向的重要依据之一。一般教育状况主要通过对社区成员的受教育水平情况的分析获知。

(8)消费特征。社区的消费性是客观判断社区居民生活水平的依据，同时社区各项商业服务内容和设施的配置均需参考此依据进行。消费特征的研究主要通过分析社区居民用于基本生活、维持生活质量及提升生活质量各项支出的比例分布，进行消费类型的判断和特征总结。

(9)出行特征。社区的可达性对社区整体居住质量和吸引力有很大影响。社区出行特征，可通过居民主观评判和观察社区客运交通方式的可选择性、便捷程度来进行分析。

(10)休闲特征。从现代生活发展趋势来看，在现代城市生活中，人们对休闲的期望越来越高。因此，城市社区可提供的休闲设施和空间，对居民的日常生活质量而言就显得十分重要。从对居民空闲时间、休闲内容和休闲支出的调查分析，可以大致了解社区及居民的日常休闲习惯和休闲特征，从而为这种休闲习惯提供相应的支持，或对其加以适当的引导。

2. 社区生态指标

随着小康社会建设进程的快速发展、人民生活水平的不断提高和环境意识的增强，建设高品质的人居环境——生态社区已成为可能。

生态社区是按生态学原理规划、设计、建设和管理的，具有较完整的生态代谢过程和生态服务功能，人与自然协调发展的人类社会生活新的空间组织形式是社区发展的高级阶段、高级形式。

生态社区是一个由自然、经济和社会三部分组成的复合系统，各子系统既相互制约，又互为补充。它是由自然基础设施(土地、气候、水、自然能、生物)、人工设施(建筑物、构筑物、设施、道路)、生态代谢设施(水、电、气、热、废弃物)和人类生态服务体系(教育、医疗、保健、休闲、劳作、交流、物业管理)等组成的一类结构合理、功能完善的人居生态系统。

2001 年，国家住宅和居住工程中心从居住空间、空气环境质量、热环境质量、声环境质量、光环境质量、水环境质量等方面编写了《健康住宅建设技术要点》(2001 年试行版)。有关专家将健康住宅定义为：在符合住宅基本要求的基础上，突出健康要素，以人类居住健康的可持续发展理念满足居住者生理、心理和社会多层次的需求，为居住者营造一处健康、安全、舒适和环保的高品质住宅和社区。具体来说，健康住宅的评估标准大体涉及四个因素：一是“人居环境的健康性”；二是“自然环境的亲和性”；三是“住区的环境保护”；四是“健康环境的保障”。

社区发展规划主要针对已有的城市居住区展开，社区分析相应也是基于对已建成社区物质空间的观察研究。分析内容较注重人群的需求与社区物质空间供给之间的矛盾。环境决定论从空间载体的角度出发，认为环境可以促成人们意识的转化，良好的环境对人们具有积极意义；此外，只有让人们意识到环境适宜群体活动，人们才有可能参与其中。

对社区物质空间的分析，应在建筑与规划学科的空间形态结构分析的基础上，更注重空间供给和人群特征的量化关系。

第一，社区自然环境空间设计。

保证社区内无环境污染(空气、噪声、光污染，电磁辐射等)、无生态破坏行为，为社区居民提供一个整洁健康的环境。实行社区内环境监测制度，让居民随时了解社区环境的质量状况。

(1)自然通风。社区总体设计的空间组合，首先要考虑是否有利于自然通风。室内通风良好是清除一切辐射物质的最简单有效的方法。所以，在设计的宏观定位中，应从创造生态环境的空间规划布局出发，分析社区朝向和风向，开辟组织社区风道与生态走廊，保证建筑物室内自然通风，力求每户都有通向住区之外的通风廊道。

(2)自然采光。对建造建筑物的基本要求如下：一是限高建造，住宅之间必须达到规定的卫生距离，即南北两座建筑物之间的距离不应小于南面建筑物高度的1.4倍，以满足环境对光线的基本要求。二是达标照射，研究表明，室内每天照射两小时是维持人体健康和发育的最低要求，因而建造的房屋室内中午前后连续照射必须能够达到两小时以上，从而确保住户有一个最基本的光线环境。在设计中要考虑建筑单体与群体、园林绿化对阳光与阴影的影响，规划阳光区和阴影区。

(3)自然调温。住宅外窗采用平开窗并设置活动外遮阳装置，围护结构的外镶采用浅色饰面材料，平顶绿化等隔热措施。通过特有的建筑设计，来达到日间抑制风压实现自然通风、夜间促进热压实现自然通风，从而迅速降温的目的。

(4)安全通道。社区内有对水、火、风、地震、流行病、爆炸和危险化学品的大面积泄漏等突发性自然及人为灾害的疏散通道，并保证其通畅。

第二，社区人工环境空间设计。

(1)功能布局。社区所处的区位(即与周边区域的关系)和社区的边界，是社区作为物质空间载体的首要条件。据此，可以从区域角度判断社区发展的周边条件支持、与区域的互动关系即与外界的联系可达性。社区功能分析在社区物质空间层面可直接由社区土地使用构成来反映，并可通过用地构成空间分布图与用地构成表及居住用地技术经济指标来表示。

(2)空间形态。社区形象往往通过社区空间形态来引起人们对社区的向往。因此，社区规划分析中对社区空间形态的分析描述，可以为社区物质空间整治提供直接依据。

对社区空间形态的分析主要通过实体和空间限定两种形式来进行。

(3)居住设施。居住空间和设施要满足气候、安全、舒适、卫生要求。在消防、防雷、抗震等方面满足规范要求，建筑密度、容积率满足当地城市规划相关标准，居住空间和设施成套率达到100%。

(4)市政设施。社区道路系统可分为四级，即城市干道、居住区级道路、居住小区级道路、居住组团级道路。

(5)管理设施。社区内管理设施主要包括办公用房和治安管理用房。

(6)环境设施。一是绿地，由于社区是依据规划进行建设形成的，因此，社区绿地基本以组团为单位进行布局，分为宅间绿地和组团绿地。二是场地，社区内可供居民活动的场地较分散，多设置在组团中心绿地中，从实际使用情况看，除少量缺乏设施支持或北向的绿地使用频率很低外，其余场地的利用率都非常高。休憩、照明、标示、市政公用这类设施在社区中与居民的日常生活细节密切相关，也是影响社区环境质量和生活品质的因素。

(7)社区环境。社区环境是指社区内的环境卫生、市容管理、环境保护及绿化美化，它涉及社区内单位、居民生产和生活的诸多方面。社区环境是社区居民赖以生存的重要条件。随着人们生活水平的提高，社区居民对社区的环境卫生、市容管理、环境保护及绿化美化提出了较高要求。因此，安全社区内的社区环境必须满足下列条件：社区内外环境整洁、卫生，质量良好；社区内烟尘、废水、废气、废渣和噪声治理达到国家卫生城市验收标准；居民住宅区无“七乱”(乱搭建、乱堆放、乱占道经营、乱张贴刻画、乱丢果皮杂物、乱吐痰、乱停放车辆)现象。

(8)环境卫生管理制度健全。社区建立并落实“门前三包”(“包卫生”“包绿化”“包秩序”)责任制、群众监督、举报制度、环境卫生检查制度、卫生达标制度、考评制度等。社区环卫设施齐全、完好。垃圾箱房密闭，生活垃圾基本袋装化，日产日清。通过多种形式广泛开展爱国卫生月宣传活动，以及市容和城市绿化的环境卫生宣传活动，发动居民自觉参加环境保护、卫生清扫活动。积极开展绿化建设和绿地管理养护工作。社区内一切可绿化用地基本实现绿化。社区内无污染事故发生，居民有良好的环境保护意识和卫生习惯。

以上仅是对生态社区的初级评定指标，随着社会文明的进步，生态社区的评价指标将进一步精细科学，内涵也将不断扩大。我们目前所认为的生态社区的理想状态应该是：可持续消费模式；倡导生态文明；人们在生理上、心理上保持健康，人性得到充分的发展；法律、法规体系完善，社会管理效率高；社会保障体系和服务体系健全，综合服务能力强。

第三，社区人工生态优化表现。

(1)体现自然与人的和谐。建筑物与周边环境形成协同共生的人居生态系统，按自然、社会规律办事，展现自然及人文生态服务的多功能，使各种资源在利用与消耗过程中达到长期、持续、稳定、广泛的内在平衡，实现社区生态系统的整体、协调、自生和良性循环。

(2)物种、景观、建筑、文化及生态系统多样化。

(3)随自然和社会环境的变化以及人的需求及社会经济地位变化的进化适应能力强。生态效率高，共生活力大，自净化、自组织、自调节能力强。

(4)物流、能流和人的交流畅通，防止生态停滞或衰竭。

(5)强调通过景观生态规划与建设来优化景观格局及过程，减轻热岛效应、水资源耗竭及水环境恶化、温室效应、土地沙化、噪声等环境影响。

(6)体现出地理、水文、生物、工程及人文系统的时空连续性、完整性。重视景观整合性、代谢循环性、反馈灵敏性、技术交叉性、体制综合性和时空连续性，实现生态、形态、情态的整合与和谐。

3. 社区生活质量指标

生活质量的研究目前主要有两种倾向，一种是评定生活的客观状态，一种是注重研究对生活的主观满意度。

第一，客观状态指标。

(1)人均实际收入，是指被调查的城镇居民家庭的实际现金收入，按家庭全部人口计算的平均值包括经常或因故得到的收入和一次性收入，不包括周转性收入，如提取银行存款、向亲友借款、收回借出款及其他各种暂收款。

(2)人均可支配收入，是指被调查居民在支付个人所得税后余下的实际收入，即用实际收入(包括职工从单位得到的所有收入、个体劳动者收入、离退休后再就业收入、其他劳动收入、其他就业者收入、财产性收入、转移性收入)减去个人所得税和家庭副业生产支出，再减去记账补贴。人均可支配收入是按家庭全部人口计算的平均每人可支配收入。

(3)人均消费性支出，是指被调查的城镇居民用于日常生活的全部支出，包括购买商品支出和文化生活服务等非商品性支出，不包括罚没款、丢失款和缴纳的各种税款(如个人所得税、牌照税、房产税等)，也不包括个体劳动者经营过程中发生的各项费用。具体分为八类，即食品、衣着、家庭设备用品及服务、医疗保健、交通和通讯、娱乐教育文化服务、居住、杂项商品的服务。人均消费性支出是按家庭全部人口计算的平均每人消费性支出。

(4)恩格尔系数，即食品支出金额占个人消费支出总额的比重。联合国常用恩格尔系数来划分一个国家的经济状况，系数小于 20 为绝对富裕；20～39 属于比较富裕；40～49为小康水平；50～59 为温饱水平；大于 60 则属贫困。

(5)文化消费支出，是指用于文化娱乐体育方面的支出，包括书报杂志费和文娱费等。

(6)教育费用支出，是指用于教育的费用，包括教材及参考书的费用、学杂费、托幼费、成人教育费及其他教育费等。

(7)学龄儿童入学率，是指调查范围内已入小学学习的儿童占校内外学龄儿童总数的比重。

(8)文化程度，是指截止到报告期末本人接受国内外教育所取得的最高学历或现有文化水平所相当的学历。受教育年限是指截止到报告期末本人在国家批准的全日制学校学习，并取得毕业学历证书的学习年限，不包括短训班、培训班和各类非脱产学习的成人教育。人均受教育年限是指 15 岁以上居民受教育的平均年数。

(9)出生率、死亡率，是指在一定时期内(通常为一年)平均每千人中出生、死亡人数的比率，一般用千分率来表示。

(10)人口平均预期寿命，表示在某一死亡水平下，已经活到×岁年龄的人们平均还有可能继续生存的年岁数。它能摆脱人口年龄结构的影响，综合反映全体人口的死亡水平。

(11)城镇居民家庭就业人口，是指城镇居民从事社会劳动并取得劳动报酬或经营收入的人口。就业人口包括通过国家统筹规划和指导由劳动部门介绍就业、自愿组织起来和自谋职业等。在国有、集体所有制、中外合资、中外合作、外资在华独资的企事业单位和私营企业单位工作或从事个体劳动的固定性职业或临时性职业的人口。被聘用和留用的离退休人员也计入就业人口。本指标可以反映城镇居民的就业情况，是计算就业面、负担系数的重要资料。

(12)环境保护投资指数，是指环境保护投资额占 GDP 的百分比。

(13)绿化覆盖率，是指一定区域范围内绿化覆盖面积占区域总面积的比重。

第二，主观满意度指标。

主观满意度要从生活质量的多维角度来分别研究个体的需求重点，评价参照标准、性格、应付方式，以及从人口统计学特征来分析不同群体的生活质量的不同层次需求和满足方式。

生活的主观满意度主要受个体期望、理想目标的影响；老年人对物质生活质量的评价标准大多为自己过去的生活状况，青年人的评价标准大多为当前的高水平状况，所以即使二者处于同一客观物质生活状态，前者的主观满意度却高于后者。

生活质量影响因素评定表包括个体特征(一般人口统计学特征、个性及应付方式)、个体对生活的需求重点、个体主观生活满意度的评价参照标准三类指标。

人们对生活的评价参照标准有“与外界比”“与自己过去比”“与自己的期望比”。女性认为“物质生活”与“健康”更为重要，多将“外界”作为评价标准。而男性将“婚姻家庭”“工作与事业”“娱乐”作为需求重点的比例高于女性。

青年人注重“物质生活”“娱乐”的比老、中年多，前者多将“外界”作为评价标准；中年人注重“工作与事业”的比青、老年人多，也多与“外界”比。老年人最注重“健康”与“婚姻家庭”，采用“与自己过去比较”的评价方法的比中青年多。

4. 社区社会保障指标

社区按要求建有能满足社区老年人需求的日间照料、居家养老等服务设施。社区建有少年儿童服务活动设施。

在社区设有残疾人康复站点，无障碍设施符合国家标准，设有流浪儿童救助点等。普遍设立劳动和社会保障服务站，并做到“机构、场地、制度、人员、经费、工作”六到位。

社区成立为老、为幼、治安等志愿者服务队伍至少三支以上，普遍建立社区志愿者注册制度，社区志愿者注册率达到社区人口总数 8%以上，建立健全志愿服务考核激励机制；经常开展社区志愿服务工作，年活动不少于四次，党员志愿者发挥带头作用。

重视弱势人群(妇女、儿童、老年人、慢性病人、残疾人、精神病人等)的监测和医疗救助工作，针对社区居民的多发病，如高发的慢性病、阶段性流行疾病、常见传染病尤其是艾滋病等主要疾病采取相应的预防措施。

5. 社区社会服务指标

第一，服务机构。

建立社区公共服务机构。承接政府在社区的相关公共服务工作，协助社区居委会做好社区公共事务和公益性工作，完成机关、部门、街道交办的其他工作；参与社区卫生、计生、为老、助残等服务的组织和机构。社区建有文化、教育、体育、卫生、计生等相关服务设施。每个社区的专职社区工作者不得少于规定人数。社区工作者实行社区工作者持证上岗制度；社区建有健全的社区服务队伍，各类服务队伍建设专业化和规范化。社区设有卫生、计生、劳动、文化、教育、体育、法律等专、兼职工作人员；居家养老护理员经过培训持证上岗。

具体采取“权随责走，费随事转”的原则，通过政府购买服务、项目管理等形式，促进公共服务社会化。

大力发展和培育社区民间组织，依靠社会力量整合社会资源，充分发挥它们在社区管理和服务中的作用。大力推进社区服务的社会化和标准化。

第二，服务到位。

社区服务管理制度健全。社区应建立并落实社区服务登记制度、社区服务检查制度、考评制度等。社区各种服务设施配套齐全，如托儿所、幼儿园、便民食堂、便民商店、综合服务中心、文体活动中心、公共厕所、停车棚、公用电话、行路方向平面图和楼院幢号标志等一应俱全。项目齐全、内容丰富，社区应积极开办教育、文化、法律、心理、就业、家政等多方面服务项目，让群众安居乐业。加强对各类弱势人群(孤寡老人、残疾人、优抚对象、少年儿童、失业者等)的服务，对居民急需的水、电、煤气、房屋修缮和疾病救护等医疗服务做到随叫随到。

第三，社区卫生服务。

社区卫生服务是指由社区卫生机构及相关部门向社区居民提供范围广泛的促进健康、预防疾病、医疗和康复服务、健康教育、维护和计划生育等综合性卫生保健活动的总称。社区卫生服务是社区建设的重要组成部分。随着社会经济发展和人民生活水平的不断提高，健康已成为人民群众的第一需要。大力开展健康教育和健康促进工作，不仅是保障群众健康需要的最经济、最有效、最直接的措施，也是文明程度和发达程度的重要指标，因此，社区卫生必须满足下列条件。

(1)社区卫生服务体系健全。社区应形成以社区卫生服务中心、社区卫生服务站为主体，其他医疗卫生机构为补充的社区卫生服务网络。

(2)社区卫生管理制度健全。社区应建立并落实社区预防、保健、医疗、康复、健康教育、计划生育等各项技术服务工作的规范、档案、信息、资料管理制度，以及社区卫生服务质量管理与考核评价制度等。

(3)社区卫生服务设施完善。具备开展社区预防、保健、医疗、康复、健康教育、计划生育技术服务等工作的基本设备和必要的通讯、信息、交通设备及常用和急救药品。

(4)经常性开展多层次、多领域、多元化的健康教育和健康促进工作，促进居民更新观念，引导居民健康生活、文明休闲、积极预防、自我保健。

(5)居民健康知识知晓率和健康行为形成率得到有效提升。

第四，服务内容。

有完善的社区公共服务；开展社区就业和社会保障服务，社区卫生和计划生育服务，社区文化、教育、体育服务，流动人口管理服务，以及社区稳定和安全等服务。社区应大力开展经常性居民自助、互助和慈善救助活动，定期组织社区单位和居民开展邻里互助服务。为老年人、妇女、儿童、残疾人、优抚对象、贫困家庭等特殊群体及时提供法律援助、心理疏导和就业服务等。实现应保尽保和应救尽救、困难群众帮扶率100%，驻社区单位社会捐赠参与率100%，社区无“零就业”家庭，登记失业率控制在4%以内。社区特殊群体基本生活得到保障。社区商业网点布局合理，业态、业种齐全，服务功能完善，管理规范有序。

第五，社区服务。

社区服务是指在政府的倡导和扶持下，为满足社区居民多种需要而以街道和居委会的社区组织为依托的，具有社会福利性的社会保障方式。随着我国经济体制的日益完善和社会的发展，社区服务已成为社区建设的一项重要内容，也是安全社区建设的主要组成部分。完善的社区服务，不仅能为社区居民提供各种服务，满足社区居民日益增长的物质和精神文化方面的需求，提高社区居民的生活质量，而且能促进居民群众培养良好的社区参与意识，因此，社区内的社区服务必须满足下列条件：社区服务网络健全，服务网点布局合理，工作人员挂牌服务，培训上岗，服务功能完善，居民生活方便。

6. 社区文化指标

第一，制度文化。

(1)开展以爱国主义为核心的民族精神和以改革创新为核心的时代精神教育，保持昂扬向上、开拓进取的精神状态，知荣明耻，做文明人。

(2)创建文明社区，积极开展文明楼幢、文明家庭等多种形式的群众性精神文明创建活动。

(3)社区内有固定的精神文明建设宣传栏或宣传橱窗，能及时宣传党和国家的路线、方针、政策，宣传法律法规和科普知识，展示社区居民的良好精神风貌和社区创建活动成果等。

(4)社区综合性多功能的室内文化活动场所面积平均每2 000人不小于100平方米；有社区图书室等文化项目，社区有各类图书1 000册以上，各类报刊6种以上。培育和发展群众组织，经常开展丰富多彩、主题鲜明、健康向上的文化活动，开展社区居民体质测定工作，定期举办社区居民体育健身知识讲座，等等。

第二，精神文化。

(1)统筹各类教育资源，培育各类社区教育民间组织，有符合要求的社区教育师资队伍，拥有一批社区教育志愿者。建有各类社区教育基地，根据社区居民的需求，开展多层次、多形式的教育培训活动，使社区不同群体的文化需求能得到满足。

(2)倡导终身学习理念，根据社区居民需求，着眼于社区居民的全面发展，建立健全覆盖各类人群的多渠道、全方位学习型社区网络，形成社区终身教育服务体系，不断提高社区全体成员的整体素质。

(3)能积极开展法制宣传教育活动，引导、教育居民依法维护权利、履行义务。

(4)结合社区实际，积极开展创建学习型社区、学习型家庭活动。

(5)有科普教育阵地，面向社区居民经常开展多种形式的科学知识宣传教育和科普活动，使社区内形成学科学、讲科学、用科学的良好风尚。

(6)社区居民能够依法办事，依法律己，以理性合法的形式表达利益要求，依法维护自身的合法权益，善于运用法律武器同违法犯罪行为作斗争，形成扶正祛邪、惩恶扬善的社会风气。

第三，家庭文化。

(1)社区老年人、妇女、儿童和未成年人等群体的合法权益得到有效维护；关心青少年的思想道德教育，不断优化青少年成长环境；九年制义务教育入学率达100%。

(2)家庭和睦，邻里之间友爱诚信、相互尊重、守望相助、和谐相处，邻里纠纷得到妥善解决。积极开展邻里互助合作，促进人际关系和谐。

(3)社区居民参与社区各类公益活动全年不少于社区总人口的5%。

(4)建立平等、民主、和睦、友爱的家庭关系，尊老爱幼，家庭暴力投诉率小于1.5起/万户；虐待、不赡养老人案件发生率小于1.5起/万户。子女能得到良好的家庭教育，健康成长。

(5)夫妻之间互敬互爱，互信互勉，互谅互让，互帮互慰，能共同承担家庭和社会责任。

7. 社区公共安全指标

社区公共安全的最终目的就是为社区居民提供一个安全、健康、舒适的生活环境和工作环境，因此，在选择评价指标时，应把人的安全需要摆在第一位，充分体现对人的关爱。

第一，社区公共安全组织。社区公共安全的建设是一项系统工程，首先要加强领导，建立健全组织机构。健全的社区公共安全创建领导机构，是社区公共安全建设持久开展的有力保障，同时也反映了社区对创建社区公共安全的重视程度和协调力度。社区公共安全的实现需要民政、消防、交通、居委会、社区服务、医疗救助、学校、公安、环卫、绿化、企业、志愿者组织、物业管理、交通等政府部门，以及企业、志愿者组织等共同参与。

社区公共安全工作涉及社区建设的方方面面，各部门应设专、兼职安全管理人员。此外，社区要有一批热心于公益事业、有奉献精神的志愿者队伍。志愿者队伍是社会文明进步的表现，是社区公共安全创建的先锋队和主力军。其任务主要是参与安全社区建设的具体工作，包括开展各专项工作、宣传法律法规、调查基本情况、调解邻里纠纷、教育和转化失足人员、组织和参与社区活动等。

第二，社区公共安全档案。社区应建立较完整的社区公共安全档案。社区活动簿册齐全规范、记录清楚。要有社区安全状况、伤害情况、危险源分布情况、活动介绍和工作计划、总结，以及有关会议记录、工作检查情况记录和各项相关成果的记录等。形式上应包括文字、图片和音像资料等。

第三，社区公共安全办公场所。安全社区的建设需要有固定的办公场所，并配置必要的电话、计算机等办公设备，为持续开展社区公共安全工作提供有力的保障。

第四，社区公共安全宣传。公众安全意识的提高有赖于多种形式的宣传教育，而在社区内建造安全宣传教育的基本设施是开展安全宣传教育的需要，因此在社区内应设置必需的安全宣传教育设施，如宣传栏、公益广告牌、安全图书阅览室、社区服务中心等，让广大居民有接受安全知识，提高安全意识的固定场所。宣传栏、公益广告牌等的内容应根据形势和活动的需要及时更换，并且任何单位或个人不可侵占或挪用。

第五，公众参与。公众参与是社区公共安全得以运行和发展的动力，也是实现社区公共安全的根本保证。只有激发社区居民群众参与社区公共安全建设的积极性，为社区公共安全建设提供源源不断的发展动力，才能保证社区公共安全创建活动的生命力和持续性。因此，社区必须充分调动全体成员的广泛参与。采取多种形式，建立与公众沟通的渠道，提高公众的参与意识，充分调动全体成员参与到安全社区的创建工作中来。一方面，社区内的各职能部门、企事业单位、学校、社会团体和中介组织等机构，应积极参与社区公共安全建设，实现社区资源共享；另一方面，来自各方面的专业人士和志愿者及包括离退休人员在内的全体社区居民，应积极参与社区公共安全的创建活动。

第六，伤害预防。主要包含指标有家居安全、交通安全、消防安全、社区治安。

(1)家居安全。家是人们最重要的生活环境，同时也是人们在社区内的主要生活场所。但是现代家居生活中存在很多不安全因素，如火灾、触电、食物中毒、煤气中毒、烧烫伤、动物咬伤等，它们都会对生命和健康造成严重危害。此外，随着社会的发展，过去一些不太明显的伤害类型也日益严重起来，如室内空气污染、家庭暴力等。安全社区作为社区居民安全、健康、舒适的生活环境，其家居安全必须满足下列条件：①室内室外干净整洁，空气清新，厨具、电器、家具等物品摆放整齐，无安全隐患。②防火、防盗等安全设施齐全有效。新建住宅安装有楼宇对讲电控防盗装置，设有符合标准的消防设施、疏散通道和安全出口。老式住宅安装有简易防火、防盗装置。③经常开展形式多样、生动活泼的教育活动，大力宣传居家安全，如家庭用电和用气安全、家庭防跌伤、用药安全、食品卫生、心理咨询、家庭急救知识和防盗等。④针对弱势群体(儿童、老年人、残疾人和妇女等)以及危险环境用电、用火、用气等采取相应的安全措施。例如，针对妇女家庭暴力建立“反家庭暴力妇女庇护中心”。

(2)交通安全。社区交通秩序良好，无交通堵塞现象。停放场站分布合理，方便、高效，无占道停放情况。

(3)消防安全。消防设施齐全有效，消防通道畅通。社区应有专门的公共消防器材室，内设消防报警电话、消防器材。重要部位设立消防器材箱，并定期对消防设施、灭火器材和消防安全标志进行维护保养，确保其完好有效。针对液化煤气调压房、锅炉房、配电室等重点消防部位和人群聚集场所(群众餐饮、购物、娱乐、旅游场所等)采取相应的安全措施。影剧院、俱乐部、文化馆、舞厅、音乐茶座、网吧、酒吧，以及广场、公园、商场、集贸市场、游泳场、体育馆、图书馆、展览馆等公共场所，有专人负责安全管理，明确责任，落实到人。公共安全管理制度健全。各项安全设施完善，出入口及通道畅通。消防设备齐全，电器安装符合标准，并设置应急通道指示标志和应急照明器具。

经常开展多层次、多领域、多元化的公共安全知识宣传教育，促进居民增强公共安全意识。通过寓教于乐等多种形式对社区居民进行灭火、逃生、自救等消防知识、技能的宣传教育和培训，定期组织单位、居民参加灭火和应急疏散预案的实施和演练。

(4)社区治安。社区治安是指社区在政府及公安、司法等职能部门指导下动用自身力量开展的以群众自治为主的治安保卫和民间纠纷调解工作。良好的社区治安和秩序状况，是社区居民和辖区内单位正常活动的必备条件，是社会主义文明的重要标志，是改革开放和现代化建设的重要保证。因此，社区治安必须满足下列条件：①社区治安综合治理网络健全，专、兼职治安联防队伍人员落实，值班、巡逻人员到位。②社会治安综合治理规章制度健全。社区应建立并落实社区民警值班制度，居住小区门卫值班、安全巡逻制度等。③治安防范设施完善。有条件的住宅区基本实行封闭式和半封闭式管理，有足以控制社区治安及满足社区居民需求的治安值班室、报警亭、停车棚和监控系统。④积极开展法律咨询、普法宣传、法律援助等形式多样的法制教育和宣传活动，引导居民树立良好的道德观和价值观，提高居民依法办事和遵纪守法的自觉性，增强治安防范能力。

8. 社区自治与社区参与指标

(1)自治组织。社区中自治组织包括各类社会团体和志愿组织。从我国城市居住社区的发展传统来看，自治组织的概念与街道的原群众组织概念相当。街道中除具有法定地位的居委会以外，较制度化的自治组织还包括业主委员会、老龄协会等。社区居委会干部开始由本区居民直选产生，居委会下设社区服务工作委员会、民政老龄工作委员会、公共卫生工作委员会、文化教育工作委员会、计生工作委员会、治安调节工作委员会六个专项委员会。目前居委会工作的内容多为具体操作性事务，以完成街道布置的各类工作及评比考核项目为主，居民自治性事务反而较少。

社会团体在功能和内容上与经营性服务组织有部分交叉，因为一部分社会团体是针对某些经营性组织不愿提供的公益服务而设立的。除这部分社会团体外，还有因共同爱好和兴趣而组建的社团组织，有的以会员制形式吸纳社区成员。

(2)民主选举。社区成员代表大会的代表由社区居民和社区单位推选产生。社区居委会按期换届，成员通过户代表或全体选民选举的方式依法选举产生，罢免和补选依法履行程序。

(3)民主决策。社区成员代表大会每年至少召开两次全体会议，听取并审议社区居委会的工作报告和财务情况；讨论、决定涉及全体社区成员利益的重大事务。社区听证会、协调会等民主决策议事机制完善。

(4)民主管理。社区成员能参与制定并遵守《社区自治章程》《社区居民公约》，积极参与社区管理和服务。建有社区居委会联系群众制度，居民反映意见畅通、及时。社区民间组织在居委会的指导、协调和监督下积极参与社区建设，作用发挥良好。

(5)民主监督。社区居委会定期向社区成员代表大会报告工作，接受社区成员代表大会评议和监督。建立与居民利益相关的社区重大事项的公示和听证制度，建有社区民主理财小组，社区居务、事务和财务定期公开，制度完善，并设有固定的公示栏和意见收集箱。

(6)社区单位参与共建。社区单位参与社区共建是指社区单位参加社区成员代表会议，派代表参加社区开展的活动。社区民间组织踊跃参加社区管理和服务，积极协助社区居委会完成服务工作。

## ➢本章小结

本章主要阐述社会指标和社区指标的兴起、概念、类型与度量，分析社区发展指标体系的结构。

(1)社会指标是评价与监测社会发展现况、预测未来社会发展及其后果、具有科学量化功能的标准化数据体系，是政府和有关社会组织制定或选择社会政策的重要依据，也是人民大众了解和认识社会现状及其变迁的重要尺度。

(2)社区指标或社区发展指标是社会指标在社区领域中的应用，是根据社区发展实际和内在发展要求而总结与建立起来的科学手段。

(3)社区发展指标体系的基本结构包括八类指标，即社区人口指标、社区生态指标、社区生活质量指标、社区社会保障指标、社区社会服务指标、社区文化指标、社区公共安全指标、社区自治与社区参与指标。

## ➢关键概念

社会指标，社区发展，社区发展指标，社区人口指标，社区生态指标，社区生活质量指标，社区社会保障指标，社区社会服务指标，社区文化指标，社区公共安全指标，社区自治与社区参与指标

## ➢复习思考题

1. 什么是社会指标?
2. 社会指标的产生有哪些背景?
3. 请说明社会指标对我国社会发展的启示。
4. 社会指标的功能有哪些?
5. 社区发展指标选择的原则是什么?
6. 社区发展指标体系的基本结构包括几部分?

## 案例

### 温州市城乡“幸福社区”建设指标体系

市委办公室市 政府办公室关于开展“幸福社区”创建活动的意见

作者：中共温州市委办公室 来源：温委办发〔2012〕152号

印发日期：2012年11月18日

各县(市、区)委、人民政府，市直属各单位：

为进一步深化以全国文明城市创建为龙头的“六城联创”活动，加强和创新社会管理，充分发挥社区在“三生融合·幸福温州”建设中的基础性作用，切实提升老百姓幸福指数，市委、市政府决定，在

全市深入开展“幸福社区”创建活动。现提出如下意见。

一、重要意义

社区是群众生活最基础的平台，是和谐幸福社会的基石，是老百姓满意度和幸福感的源泉。近年来，随着我市“六城联创”和城市转型发展破难攻坚大行动的深入开展，尤其是“两拆两绿”、“两无三化”等工作的扎实推进，城市环境得到明显改善，城市公共空间得到了进一步拓展和优化，群众对过上高品质的幸福生活有了更高期待。对此，市委、市政府审时度势，坚持以人为本、重心下移，突出群众主体作用，作出了开展“幸福社区”创建的重要部署，这是构建和谐宜居环境、提升市民生活品质的有效途径，是满足群众新需求、回应群众新期待的实际行动，对于提升城市美誉度，推动我市政府、社会和经济转型，都具有十分重要的意义。全市各级党委、政府和有关部门要充分认识开展“幸福社区”创建的重要意义，切实增强责任感和使命感，把这项工作作为一项基础工程和民生工程，切实抓紧抓好，抓出成效。

二、指导思想、总体目标和基本原则

(一)指导思想。以科学发展观为指导，认真贯彻落实省委“两富”战略，围绕建设“三生融合·幸福温州”的战略目标，以提高群众的幸福感、满意度为宗旨，以“幸福社区”星级创建为载体，以“五型五感”为创建内容，坚持“让社区更美好，让居民更幸福”的建设理念，积极探索符合温州实际、富有温州特色的“幸福社区”建设工作模式，努力把温州建设成为让温州人自豪、让世人向往的幸福城市。

(二)总体目标。通过“幸福社区”创建，进一步整合社会资源，创新社区管理服务模式、增强和改善社区服务功能，建设一批“生态宜居、生活便捷、管理高效、文明和谐、亲坊友邻、守望相助”的社会生活共同体，使社区居民的生活质量切实提升，社区居民的认同感、归属感、幸福感明显增强。通过努力力争在十二五期间使全市城乡社区均达到“幸福社区”星级标准，其中，15%左右社区达到幸福社区五星级以上标准，30%左右社区达到四星级以上标准，50%左右社区达到三星级以上标准。

(三)基本原则。根据上述指导思想和总体目标，在创建“幸福社区”过程中，要把握好以下原则：

——以人为本，群众主体原则。要始终坚持“创建为民、创建惠民、创建便民、创建靠民”的理念，着力于促进人的全面发展，发挥群众主体作用，创新搭建有利于广大市民参与的载体和平台，使创建过程成为提升市民综合素质、发动群众参与、为民办好事、群众得到更多福祉的过程。

——城乡统筹，分步推进原则。实行城乡联动、统筹安排，促进城乡社区创建均衡协调发展。同时坚持分步实施、由点及面，有计划、有步骤地推进创建工作取得实效。2012—2013 年为试点推行阶段，2013—2014 年为完善推进阶段，2014—2015 年为巩固提升阶段，逐步实现“幸福社区”创建目标。

——分类指导，突出特色原则。要充分结合社区实际，分类指导，既要抓工作基础好的城市社区，又要抓基础薄弱的农村社区。要充分彰显社区个性魅力，突出特色，形成既有体现都市繁华景象的现代化社区、又有保留历史文化痕迹的古韵味社区，切实做到每个社区都有鲜明的创建特色和亮点，推动“幸福社区”创建工作整体上水平。

——注重整合，资源共享原则。要注重对各类社区单项创建既统又分、统分结合，做到同部署、同考核、同落实、同推进，做到社区创建共检共推。要注重对社区现有基础配套设施、公共服务设施、辖区内单位文体设施以及其他社会资源的整合，做到社区资源共驻共享。要大力发挥社区群团组织、志愿者组织和社会各类组织的作用，做到社区组织共驻共管。

三、主要内容

(一)创建自治型社区，提升居民民主公平感。坚持以民主自治为主线，建立社区高效协调的运行机制，打造“规范化”的组织家园。积极推进社区扁平化管理，健全社区党组织领导的、充满活力的居民自治机制，落实社区居委会民主选举、民主决策、民主管理和民主监督制度。深化社区民主管理与居务公开工作，积极开展民主评议、居民(代表)会议、社区听证、社区论坛等活动，引导更多居民参与社区事务管理，切实保障社区居民的知情权、参与权、决策权和监督权，不断提高社区居民自我教育、自我管理、自我服务的能力和水平。进一步理顺社区内各种组织之间的关系，建立社区党组织、社区居委会、社区议监会与社区社会组织、业主委员会、物业服务企业之间的协调机制。探索建立驻社区单位社区建设责任评价体系，推动共驻共建、资源共享。(牵头单位：市委组织部，责任单位：市纪委、市民政局、市司法局、市住建委)

(二)创建生态型社区，提升居民环境舒适感。以“洁化、绿化、美化”为目标，以社区内小街、小巷、小园为重点，着力改善社区环境，打造“健康化”的宜居家园。强化清脏保洁，生活垃圾日产日清，加强“乱搭建、乱张贴、乱设摊点、乱停车、乱堆放”现象整治，保持社区环境整洁有序。组织开展爱国卫生运动，增强社区卫生计生服务功能建设，倡导健康文明的生活方式。依据“合理利用地形造景、科学搭配园林植物、发挥绿化生态效益”的原则，结合社区的地形位置、整体风格和历史文化特色，做好社区道路及住宅区周围绿化建设和养护。充分利用社区边角地带、闲置空地，建设一批具有文化特色的园林小品。广泛发动社区居民参与社区绿化美化，积极主动开展门前屋后、屋顶墙体的全方位绿化。推行社区绿化认养、认种活动，大力倡导社区居民认种、认养社区绿地，形成人人爱种绿、家家有绿化、处处皆景色的社区绿化环境。(牵头单位：市城管与执法局，责任单位：市住建委、市规划局、市卫生局、市环保局、市食品药品监管局)

(三)创建服务型社区，提升居民生活愉悦感。按照“五个凡是”的要求，坚持“知民帮民、便民惠民”，强化社区服务功能，努力实现社区“零距离”服务，打造“便捷化”的生活家园。积极构建以公共服务机构为依托、社区社会组织为基础、其他社会力量为补充、公益性服务和经营性服务相结合、专项服务和综合服务相协调的新型社区服务体系，满足群众多样化服务需求。按照“服务设施最大化、办公用房最小化”的要求对社区公共服务设施、项目、人员、资金及扶持政策进行整合，形成社区便民服务、计卫食药服务、文教体活动、社会管理服务、居家养老服务照料等“五位一体”多功能服务网络。发挥社区社会组织在社区服务中的主导作用，不断拓展社区服务领域，积极推进就业保障、社会治安、社会救助、计划生育、维权援助、居家养老、卫生保健等社区服务，切实提高社区服务能力和水平。(牵头单位：市民政局〈社工办〉，责任单位：市纪委、市委组织部、市教育局、市司法局、市人力社保局、市商务局、市审管办、市新居民服务管理局、团市委、市妇联、市残联)

(四)创建文化型社区，提升居民精神富有感。发挥先进文化的引领作用，精心培育社区共同价值观，增强社区凝聚力和向心力，打造“人文化”的精神家园。开设社区“道德讲坛”，深化文明家庭、文明楼栋等创建活动，提升居民文明素养，培育社会文明新风。坚持“以文化人”，加强社区文体设施建设，精心设计社区文体活动载体，开展社区邻居节、社区文化节、社区趣味运动会、社区主题日、“我们的节日”等特色文体活动，引导社区居民自觉参与社区文化活动，满足不同层次社区居民的文化需求。加强未成年思想道德建设，深入实施“春泥计划六大行动”，组织未成年人开展道德教育实践活动。深化学习型社区创建，依托城市大学的社区教学点、老年大学等社区教学资源，发挥社区网站、市民学校、宣传栏等学习阵地的作用，充分利用“文明大学堂”、“百姓大讲坛”、“全民学习月”等形式，组织开展全民阅读活动，使读书学习成为一种生活方式，营造文明健康、积极向上的良好氛围。(牵头单位：市委宣传部，责任单位：市文明办、市教育局、市科技局、市司法局、市文广新局、市体育局)

(五)创建和谐型社区，提升居民家园归属感。按照“亲坊友邻、守望相助、网格管理、组团服务”的要求，依托高效管理服务体系，促进邻里和谐互助，打造“温馨化”的亲情家园。建立健全“多网合一、一格多员、一员多责”的社区网格化服务管理体制和机制，构建社区党建、社区自治、议事监督“三位一体”工作格局。健全社区治安防范体系，认真落实社区群防群治工作，开展“普法”和“四防”教育，做好社区矛盾纠纷排查调处、营造和谐稳定的社区治安环境。弘扬“奉献、友爱、互助、进步”的志愿精神，推行“邻里一家亲”志愿服务。加强志愿者队伍建设，构建志愿者协会、志愿者指导中心、志愿者服务站、志愿者服务队四级网络。创新社区志愿服务机制，构建社区志愿服务平台，积极开展扶贫帮困、养老助老、种绿护绿等"关爱他人、关爱社会、关爱自然"三关爱志愿服务，真正形成家庭成员互敬互爱、邻里之间守望相助、人际关系和谐融洽的良好社会氛围。(牵头单位：市委政法委，责任单位：市委组织部、市委农办〈农业局〉、市文明办、市公安局、市民政局、市司法局、市住建委、市安监局、市新居民服务管理局、团市委、市妇联、市公安消防局)

四、申报评选和表彰奖励

(一)申报条件。申报的社区在班子建设、综治、计划生育等方面没有被一票否决事项。

(二)测评标准。"幸福社区"测评标准由客观测评指标和主观测评指标两部分构成，总分值为100 0分。客观评价指标为700分(详见附表《温州市社区幸福指数测评体系》)，主观评价指标为300分(社区居民幸福感调查)。

(三)测评方法。主要采取听取汇报、材料审核、实地考察、问卷(电话)调查、整体观察五种方法进行。

(四)星级评定。"幸福社区"设一至五个星级。根据测评结果，总分达到650分以上，为一星级"幸福社区"；总分达到700分以上，为二星级"幸福社区"；总分达到750分以上，为三星级"幸福社区"；总分达到800分以上，为四星级"幸福社区"；总分达到900分以上，为五星级"幸福社区"。

(五)评选程序。"幸福社区"评选活动每年开展一次，同时对已获得"幸福社区"荣誉称号的社区，每年复评一次，符合标准的给予保留称号，不符合标准的，给予降星或撤销其荣誉称号。一至三星级"幸福社区"由所在地县(市、区)文明委组织开展评选和复评活动。四星级、五星级"幸福社区"由各县(市、区)文明委推荐上报温州市文明委，由温州市文明委在每年的第三季度，组织各责任单位及第三方对申报社区进行综合测评。

(六)表彰奖励。一至三星级"幸福社区"的命名表彰及奖励由所在地党委政府负责，奖励办法由各地自行制定。四星和五星级"幸福社区"由市委、市政府命名表彰及奖励，四星级"幸福社区"奖励30万元；五星级"幸福社区"奖励50万元，从四星级晋升到五星级再奖励20万元。四星和五星级"幸福社区"奖励经费市区的由市、区两级财政各担50%，县(市)的由市财政各奖10万元、20万元，其余部分由县(市)财政承担。

五、保障措施

(一)强化组织领导。"幸福社区"创建活动由市文明委牵头，负责对开展"幸福社区"创建活动的组织领导和检查指导工作。各县(市、区)、功能区、街道(乡镇)要建立健全相应的组织机构，结合实际，制定相应实施方案，扎实推进"幸福社区"创建工作。

(二)强化工作责任。各级党委、政府和各有关部门都要把"幸福社区"创建工作摆上重要位置，强化领导，强力推进。牵头单位要主动有为，做好创建活动的综合协调和组织实施工作。责任单位要发挥好各自的职能作用，主动参与、积极配合，对涉及本部门的业务工作要加强检查指导。各县(市、区)、功能区、街道(乡镇)要以创建活动为契机，加快解决社区建设中的突出问题，扎实推进各项社区工作的开展，全面提升社区建设水平。

(三)强化舆论引导。全市各级宣传部门、新闻单位要加大对"幸福社区"创建活动的宣传力度。要加强宣传创新，在报纸、广播、电视等媒体分别开设专栏，采取群众喜闻乐见的形式和方法，大力宣传开展"幸福社区"创建活动的重大意义和主要任务，宣传报道创建工作中出现的好经验、好典型，激发广大干部群众的参与热情。创建社区要广泛发动、引导社区居民和驻社区单位积极参与"幸福社区"创建，形成上下联动、横向互动、全民行动的工作格局。

(四)强化经费保障。建立财政资金专项投入、部门项目资金整合集聚、社会资金共建互动的经费保障机制。市、县(市、区)财政每年要安排"幸福社区"创建专项资金，并纳入本级财政预算。各有关部门要整合相关配套资金，整体推进"幸福社区"创建。同时，要研究制定激励政策，引导社会各界积极参与“幸福社区”创建活动，促进“幸福社区”共建共享。

附件：1. 温州市(城市)社区幸福指数测评体系(2012 版)(略)
2. 温州市(农村)社区幸福指数测评体系(2012 版)(略)
3. 温州市(城郊)社区幸福指数测评体系(2012 版)(略)
4. 温州市社区分类名单

中共温州市委办公室
温州市人民政府办公室
2012 年 11 月 16 日

：苍南文明网，http://www.cnwmw.gov.cn/Article_show.asp?ArticleID=2227

**案例思考**

1. 为什么温州市幸福社区测评体系要区分为城市、农村、城郊三种类型?
2. 从指标与参数的角度分析三个测评体系的共性与区别。

## 实训指导

目前“幸福社区”创建活动正在全国各地大力推广。2010 年，长春市朝阳区区委、区政府将“幸福社区”建设列为全区十项重点工作任务之一，纳入民生工作计划，联合吉林大学成立“幸福社区”建设专题理论研讨小组，研究制定《朝阳区幸福社区建设实施方案》《朝阳区幸福社区建设标准》等一系列指导性文件，确立以十个基本要素和六大系列活动版块为主要内容的“10 加 6”总体创建思路。建立起由年度考核、居民满意度测评、专家组评估三方面组成的星级社区等级社会化评定体系。通过探索性的实践活动，在“幸福社区”建设上初步形成了组织机构完善、制度体系完备、理论指导到位、创建思路独特、测评体系专业、目标方向明晰的运行体系。2010 年年初，朝阳区首次评选出十个幸福社区，并得到社区广大居民的认可，为“幸福社区”规范化管理和健康、有序、稳步发展，提供了典型示范。

在广州市，2012 年 9 月 3 日下午市政府常务会议还审议并原则通过了《广州市创建城市“幸福社区”试点工作方案》。该工作方案提出，从 2012 年 10 月起至 2013 年 3 月，用半年时间在全市五种类型社区(地缘型、单位型、单元型、综合型、转制型社区)开展试点创建工作。通过推进社区设施配套化、社区服务多元化等“七化”共十个方面工作，建成一批具有示范作用的“管理民主、服务完善、环境优美、文明祥和、守望相助”的“幸福社区”，推动幸福广州建设。

资料来源：杨洪伦：《幸福社区 朝阳先行》，《长春日报》，2012 年 9 月 17 日；杨洪伦、徐建：《广州推进幸福社区试点》，《南方日报》，2012 年 10 月 23 日

**实训要求**

1. 通过文献法收集、了解、比较全国各地“幸福社区”指标体系的共性与区别。
2. 以所在市某区、街道或社区为例，制订“幸福社区”创建活动方案。

# 第五章

# 社区发展规划的制定与实施

**本章要点**

社区发展规划的制定与实施是社区发展规划的两大环节。本章主要介绍社区发展规划制定与实施的含义和特点、社区发展规划制定与实施的地位和作用，社区发展规划制定与实施的原则及社区发展规划制定与实施的一般过程。

社区是社会整合的主要载体和基础工程，社区的建设与发展离不开社区发展规划。社区发展的实践证明，真正有效的社区发展必须有一个长远、系统的规划来指导。在我国的社区建设中，虽然社区发展规划起步较晚，但已经引起了各界的广泛关注。社区发展规划制定是否科学，实施是否到位，关系到社区建设的成败。为提高社区发展规划的效能，必须掌握社区发展规划制定与实施的基本原则，遵循科学合理的程序，实现社区发展规划制定与实施的民主化和科学化。

## 第一节　社区发展规划制定

### 一、社区发展规划制定的含义与特点

所谓社区发展规划制定，是指社区管理主体为履行社区管理职能，为实现既定的社区发展目标，针对所要解决的问题，在充分认识社区发展的客观规律的基础上，制订和选择最优行动方案的活动。它是社区发展规划的具体内容与具体规定逐步成文和出台的过程，社区发展规划制定作为社区发展规划工作中的中心环节，决定着社区建设与发展的目标和方向，是影响社区建设效率的主要因素，其结果涉及社区居民的根本利益。

为了对社区发展规划制定工作的性质有比较确切的了解，必须进一步认识其特点。

第一，社区发展规划制定是一项综合性的工作。社区建设涉及整个社区范围内的一切公共事务。大到政治、经济和文化等各个领域的建设发展，小到方方面面的社区公共事务的日常管理，都要通过制定社区发展规划来进行筹划和管理。社区的社会、经济、环境等各项要素，既互为依存，又相互制约。因此，制定社区发展规划时需要对社区的

各项要素进行统筹安排，使之各得其所，协调发展。综合性是社区发展规划制定工作的重要特点，它涉及许多方面的问题，如当考虑到社区的建设条件时，就涉及气象、水文、工程地质等范畴的问题；当考虑到社区性质、规模时，又涉及大量的技术经济工作，当具体布置各项建设项目，研究各种建设方案时，又涉及大量工程技术方面的工作；至于社区空间的组合、建筑的布局形式、社区的风貌、园林绿化的安排等，则又是从建筑艺术的角度来处理的。而这些问题都是密切相关的，不能孤立对待。制定社区发展规划不仅要反映单项工程设计要求和发展计划，而且还要综合各项工程设计相互之间的关系。

第二，社区发展规划制定是一项政策性很强的工作。社区发展规划既是社区各种建设的战略部署，又是组织合理的生产、生活环境的手段，几乎涉及与国家经济、社会、文化有关的各个部门，特别是社区发展规划制定中涉及的一些重大问题的解决都必须以国家有关方针政策为依据。例如，社区的性质与规模、工业配置、居住面积的规划指标等项建设的用地指标等，都不是单纯的技术和经济问题，而是关系到社区生产力发展水平、居民生活水平、消费与积累比例等的重大问题。因此，社区发展规划制定者必须加强政策观念，努力学习各项方针政策，在制定工作中认真贯彻执行这些方针政策。

第三，社区发展规划制定具有地方性。社区建设是一项地方性的事业，社区的规划、建设和管理，是社区的主要职能之一，其目的是促进社区经济、社会、环境的协调发展。社区发展规划要根据地方特点因地制宜地制定。同时，规划的实施要依靠当地政府的筹划和广大社区居民的共同努力，在社区发展规划制定过程中，既要遵循社区发展规划的科学规律，又要遵循当地社区居民的意愿，把规划的编制过程变成宣传社区发展规划合理性的动员过程，使社区发展规划真正成为当地政府手中组织社区建设的有力武器。

第四，社区发展规划制定是一项长期性和经常性的工作。社区发展规划既要解决当前社区建设问题，又要预计今后一定时期社区的发展和充分估计长远的发展要求；它既要有现实性，又要有超前性。但是，社区是不断发展变化的，影响社区发展的因素也在变化，在社区建设过程中，会不断产生新情况，提出新的问题和要求，因此，作为指导社区建设的社区发展规划也不可能是一成不变的，应当根据实践的发展和外界环境的变化，适时地加以调整或补充，不断地适应社区发展需要，使社区发展规划逐步趋近于全面、正确地反映社区发展的客观实际。所以说，社区发展规划制定是一个动态规划，它是一项长期性和经常性的工作。

第五，社区发展规划制定具有实践性。社区发展规划的实践性，首先在于它的基本目的是为社区建设实践服务，规划方案要充分反映建设实践中的问题和要求，有很强的现实性。其次，按规划进行建设是实现规划的唯一途径，规划管理在社区规划工作中占有重要地位，“三分规划，七分管理”就是对规划实践重要意义的形象性表达。规划实践的难度不仅在于要对各项建设在时空方面做出符合规划的安排，而且要积极地协调各项建设的要求和矛盾，组织协同建设，使之既符合社区发展规划的总体意图，又能满足各项建设的合理要求。因此，规划制定者不仅要具备深厚的专业理论和政策修养，掌握丰富的人文、社会、经济、心理、公共关系及法学等方面的知识，还必须拥有较好的心理素质、社会实践经验和积极主动的工作态度。当然，任何一个规划方案对实施过程中问题的预测和解决，不可能十分周全，也不可能一成不变，这就需要在实践中对其进行丰富、补充和完善。

另外，由于工作理念和目的的不同，社区（发展）规划还具有其自身的特点：①在规划类型上，社区规划不是刚性的控制和引导，而是相对柔性的规划；②在组织方式上，真正意义上的社区规划应该以自下而上的方式开展，尊重民意，而非以带有强烈行政色彩的自上而下的方式开展；③在工作方法上，社区规划倾向于从城市问题的社会本质去理解城市建设与空间布局，强调对非物质层面内容的研究分析；④在规划效用上，社区规划在关注规划成果的同时，十分重视公众参与和利益协调，关注规划制定的过程；⑤在价值判断上，社区规划成果的最终评判指标是公众满意度①。

## 二、社区发展规划制定的地位和作用

制定社区发展规划是人们为了在社区发展中维持公共生活的空间秩序而做的社区未来空间安排的计划。这种对社区未来空间发展的安排意图，大范围可以是整个社区区域范围内的规划，小范围可以是建筑群体之间的空间设计。社区发展规划一旦审批通过之后，就作为建设社区和管理社区的基本依据，是保证社区合理建设、土地合理开发利用的基础。

近年来，随着改革的深化，我国城市社区的社会生活和管理体制整体上正在发生深刻变化，社区的地位和作用也日益重要。而制定科学和高效的社区发展规划，是实现社区发展目标的重要前提。因此，在新时期加强社区发展规划制定工作是我国社区化进程和社会发展到一定阶段的必然要求。

第一，加强社区发展规划制定工作是促进社区建设发展的重要途径。社区发展规划是社区建设的龙头，也是影响社区建设成败的关键因素。社区管理者和社区成员通过加强社区发展规划制定工作，在社区建设中综合考虑和协调整体与局部、近期与远期、发展与保护等各个方面的关系，充分利用社区的各种资源，实现社区建设的可持续发展。

第二，加强社区发展规划制定工作是促进社区健康发展的根本保障。经过我国多年的社区发展规划实践，我们发现社区秩序和面貌的改观，无不以制定规范、科学的社区发展规划为前提。因此，在新时期加强社区发展规划制定工作，是社会经济发展的必然要求，是全面建设和谐社区、保障社区居民安居乐业的具体体现。

第三，加强社区发展规划制定工作是实现以人为本社区规划的有效途径。以人为本是制定社区发展规划的本质属性。制定社区发展规划的根本目的是改善“人”的物质环境，充实“人”的精神生活，为社区居民创造一个良好的社区环境。通过加强社区发展规划制定工作，建设一个物质文明与精神文明紧密结合的、充满阳光和希望的社区，既能

---

① 林雪艳：《社区发展规划编制方法探讨——以上海宝山区吴淞街道社区为例》，《规划师》，2007年第10期，第48～51页。

促进社区发展，使社区居民生活状态得到有效改善，同时又能使社区居民的自尊和自由得以充分实现。

## 三、社区发展规划制定的原则

社区发展规划制定的原则是正确处理社区与国家、所在社区与其他社区的关系，处理社区建设各项内容之间关系的指导思想。在社区发展规划制定过程中，应该遵循和坚持以下原则。

第一，信息原则。信息是决策的前提和基础。要科学地制定社区发展规划，就必须掌握准确、可靠、全面、系统的信息。古人云：知己知彼，方能百战不殆。从信息论的观点来看，社区发展规划制定的过程，也就是搜集信息、处理信息、传递信息、运用信息的过程。信息构成了社区发展规划制定的基础。离开了信息，社区发展规划制定就失去了依据。只有在掌握充分可靠的信息的基础上，社区发展规划人员才能做到胸有成竹。因此，社区发展规划制定要高度重视信息，要用大量时间进行调查研究，搜集、整理和应用准确、可靠、全面的信息，并对信息进行准确的分析判断。国内外社区建设实践也充分证明：凡是成功的社区发展规划制定，都是与对信息掌握的全面准确和研究的深透相关的。

第二，预测原则。预测是一种根据现有情报资料，分析和把握事物发展趋势的思维活动过程。“凡事预则立，不预则废”，任何规划都必须以科学预测为基础，没有预测，规划就不可能成功。社区发展规划作为面向未来的行为，其正确与否，同样取决于对社区未来情况、变化、后果所作判断的正确程度。因此，在社区发展规划过程中，必须运用未来学或科学的预测理论和技术方法进行科学的预测，为制定社区发展规划提供科学的依据。否则社区发展规划就是一种盲目的规划，在实践中往往会铸成大错或失败。预测的主要依据是事物发展的内在规律性。要根据社区发展的多种可能性预见社区的未来；要根据社区发展的连续性预见社区的未来；要根据社区发展的现实征兆性预见社区的未来；要根据准确、全面、及时的信息来科学地预测社区的未来。

第三，可行性原则。任何规划都是通过付诸行动逐步变为现实的，因而规划必须是切实可行的。社区发展规划问题的解决方案，要考虑经济、技术、政治、行政和社会心理等各方面的因素。既要考虑有利因素，又要考虑不利因素。社区发展规划方案实施后，既可能产生积极的结果，又可能产生消极的效果，与预期目标相去甚远。可行性原则要求社区发展规划方案制订时要留有余地，准备必要的应变措施，以便在出现难以克服的情况而使社区发展规划目标难以实现时，能及时修改社区发展规划目标，使用备用方案，尽量减少损失。在制定社区发展规划时，只考虑需要，不考虑可行性，只讲良好愿望，不讲必要条件，是主观唯心论的表现，在社区实践中必然导致失败。可以说，可行性是科学制定社区发展规划的关键。

第四，系统原则。系统原则即规划者运用系统原理和系统方法进行社区发展规划的原则。系统原理具体包括：①整体性要求。整体性是系统最基本的属性，因而这一原理是系统论最基本的原理，也是系统论的核心。②结构性原理。系统的结构性是系统保持整体性及具有一定功能的内在根据。③相关性原理。系统、要素、环境都是相互联系、相互作用、相互依存和相互制约的统一体。④层次性原理。系统由一定的要素构成，每一要素又是由更小一层次要素组成的子系统；系统本身又是更大系统的组成要素。⑤动态性原理。现实系统都是开放系统，都在与外界进行着物质、能量和信息的交换过程，而且每一个系统都经历着生成、发展、成熟、衰退和消亡的变化过程，因而系统体现出显著的动态性。在社区发展过程中，运用系统原理和系统方法制定规划，是社区发展规划科学化的重要保证。它要求在制定规划时，把规划对象(即社区)看做一个系统整体，以该系统(即社区)发展的整体目标为核心，以社区发展整体目标的最优化为准绳；所有关于社区发展各项内容的规划，都要放到社区发展这一系统整体当中去权衡，评价其综合效果；要注重社区发展中各个侧面、各个层次之间的相互关系，从而达到社区发展系统的平衡和整体的优化。

第五，择优原则。择优原则即从多种社区发展规划制订方案中，选择最佳方案。在社区发展规划制定过程中，必须在对所需要解决的问题进行系统分析和综合的基础上，提出多种甚至内容是完全相悖的规划方案，通过系统分析和客观评估，对各种规划方案进行认真比较，比较各种方案所需要的条件、所带来的影响和后果，从中选择最佳规划方案。制定社区发展规划不能搞先入为主，应当允许和提倡不同意见、不同方案的争论。不同的社区发展规划方案不能大同小异，应当允许所提的社区发展规划方案之间有大的差异，甚至是截然对立的。各种规划方案之间有较大的认识差距，有利于暴露各种规划方案中的弱点，可以使社区发展规划者在制定规划时考虑得更周全。不同规划方案的出台，需要较为宽松的民主气氛，鼓励大家发表意见和看法，形成百家争鸣的局势，切忌独断专行，个人说了算，而要广泛听取意见，制订多种规划方案，并对这些方案进行利弊分析、全面评估、总体权衡，从中选择或综合出一个最佳社区发展规划方案。只有这样，才能保证社区发展规划制定的最优化，才能实现社区发展的高效率和高效益。

第六，民主原则。民主原则的基本精神就是要发扬民主，尊重社区发展规划制定各方参与人员的主体地位，充分发挥他们在社区发展规划制定中的主体作用，以民主精神、民主作风和民主方法开展社区发展规划制定活动。在社区发展规划制定过程中营造自由、平等的民主气氛，调动社区发展规划参与者的积极性和创造性，使其共同参与社区发展规划活动。现代社区发展规划制定要求运用多学科的知识和技术，而不是仅靠少数人的智慧和经验。因此，社区发展规划的主导者要善于集中和发挥集体的智慧和力量进行规划，要广泛听取专家、学者和有社区发展规划实际经验者的意见，走群众路线，集思广益，避免个人认识上的片面性。同时，整个社区发展规划制定活动应该有一个宽松的环境。规划的主导者应该充分调动全体人员的积极因素，充分听取各方规划参与人员的意见。为确保社区发展规划体现国家和社区居民的利益，应该建立监督机制，便于其他社会组织和公民对社区发展规划发表意见，发挥积极的作用。

**阅读材料**

## 决策者与社会科学家

决策者参与指标研究和制定很重要。让决策者参与指标研究的目的有两个：一是提高对政策执行环境的理解，并在研究中了解决策者的价值取向与利益；二是为最后的政策选择做决定。前者有助于对政策背景和价值取向获得更好的理解。这会使研究更有针对性，从而使决策者更清楚所衡量的概念，也能为研究报告所制定的政策建议提供一个参考框架。对于后者，政策的选择与判断更多的是价值判断问题，不能通过统计数据做出科学决策。这个问题无可避免地涉及社会科学家在指标研究中的角色以及研究结果中所渗透的政策取向与政治利益。

社会科学家在任何技术性或政策性的实务项目中都扮演着“双重角色”，理论和实践的割裂最终将会损害科学的公正性。坚持科学中立原则是保证收集数据和分析工作有效性的关键。但是，一个分析员难以避免将其个人的价值观、认识和技术带入分析过程。这是每一个政策分析者的天性，必须要做到的是其分析所依赖的假设与逻辑支撑是明确的，并详细记录所有相关技术和方法的信息，以便接受公开的监督。在研究过程中将纯知识性输入和政策选择区分开来，才能更好地实现学术公正性。虽然精心设计的指标有可能被决策者忽视或不被接纳，但谨慎合理的研究不会扼杀或歪曲各种不同的意见，而设计不当的指标很有可能对公众合理需求与正当利益造成巨大损害。

因此，决策者或使用者对指标研究和制定过程的参与非常重要，其主要目的不在于说服对方或达成共识，而是为了让使用者能够有机会了解指标的缺陷与用途，以改变对指标使用和数据收集过于随意的态度。

资料来源：黄燕玲、袁媛、张家睿、骆逸玲：《指标的抉择：概念、方法与应用》，《国际城市规划》，2012 年第 2 期，第 10～12 页

第七，公平原则。制定社区发展规划必须确保各种社区成员在生活享受上的公平性，必须兼顾效益与公平，创造良好和谐的生存环境。由于社区发展规划制定是以社区的名义代表社区管理主体进行的决策活动，任何社区发展规划都是处理社区公共事务的，都必须反映社区居民的意志，代表广大人民的利益。社区发展规划是一个综合考虑各方利益，对各方利益进行协调、平衡和整合的过程。它关注的是社区居民的生活质量是否得到了真正的改善，如是否有住房、有工作，是否在社区得到了满意的服务，精神生活是否健康充实。这就要求社区发展规划制定时时刻刻考虑到全体社区居民的利益，体现为社区居民服务的宗旨。因而，社区发展规划制定除了要保障社区公共资源的分配效率外，还要保证社区发展规划编制的公共利益取向，保持社区发展规划的公正性、保证公众的权利和权益不受侵害。

第八，人性化原则。人性化原则即在制定社区发展规划过程中要以广大老百姓的根本利益为出发点，把促进人民群众的全面发展作为最终目的，为社区居民提供方便、快捷、人性化的服务；社区的规划建设是人类生活空间的重要载体，是生活品质的重要体现。因此，社区发展规划的基本目标应该是营造以家庭为基本单元的社区生活环境。而社区成员构成是复杂的，年龄、职业、受教育程度及习俗、爱好的不同，导致社区成员相应的需求也是不同的，要满足所有群体的不同需求是有难度的，但其在促进交往、增强睦邻

意识，并满足老年人、妇女、儿童和残疾人等弱势群体的活动需求上却是一致的。应切实做到以人为本，为社区居民提供足够的工作岗位和消费设施，使居民可以愉快地生活、工作和交流。

## 四、社区发展规划制定的程序

科学地制定社区发展规划，必须遵循科学的制定程序。所谓社区发展规划制定的程序，就是在总结以往社区发展规划制定经验的基础上，把社区发展规划的必经过程、工作顺序、活动步骤、制定方法等排出程序，立为制度，使其程序化、制度化、法律化，并具有不可违背的权威性和约束力。一般认为，社区发展规划制定的程序包括以下几个相互联系的环节。

第一，发现问题，确定目标。发现问题，确定目标是制定社区发展规划的起点，是正确制定社区发展规划的首要环节。制定社区发展规划首先得明确对象和目标，即要知道社区发展的需要和社区迫切需要解决的问题，而所有这些都直接来源于社区居民在社区中的利益满足状况与利益要求。因此，社区居民的利益表达与利益确认，可以看做社区发展规划制定的逻辑起点和程序上的首要环节，是社区发展规划制定整个系统行为过程的开端。

然而，在社区发展规划过程中，要发现问题却不是一件容易的事情。虽然大量的问题是客观存在的，但是仍然有相当一部分并没有明显地表现出来，而是处于潜伏状态，存在于复杂的社区客观现实环境之中。要发现问题，除了要进行深入细致的调查研究之外，有的时候还必须排除一些干扰特别是社会政治因素或其他消极因素。否则，问题特别是深层次的问题是很难被发现的。对于现实业已存在的社会问题，社区发展规划制定主体有责任分析和解决它；对于潜在的问题，社区发展规划制定主体也有责任未雨绸缪，及早提出对策，确定准备采取的行动，以保证社区持续健康发展。

问题发现后，就要围绕问题的解决确定解决问题所要达到的标准、指标或结果，这就是确定社区发展规划目标。确定社区发展规划目标是制定社区发展规划的重要环节。全部社区发展规划方案的制订都是围绕预定的目标而设计的，规划目标或方向错误，不具备明确性、合理性和科学性，必然导致社区发展规划制定的失误，从而无法实现社区管理的预期效果。因此，社区发展规划目标的确定必须采取审慎、科学的态度。在确立社区发展规划目标时，首先必须坚持以党的基本路线、方针和政策为指导。从社区管理实际情况出发，以社区管理过程内在规律为依据。其次，社区发展规划目标的含义要明确，内容要具体，并且尽可能做到量化和提供明确的量化标准。如果目标含义模糊不清，模棱两可，可以作多种理解，这样的目标就无法作为行动的准绳。最后，社区发展规划目标要有合理的目标结构。社区发展规划属于微观社会决策，是综合性的多目标决策，因此，要运用系统方法确定合理的目标结构，确定并且区分目标的主次关系、层次关系和制约关系，把握哪些目标是必须要达到的，哪些目标是希望达到的，从而使实现社区发展规划目标的严肃性和灵活性有机地结合在一起。

第二，拟订备选的社区发展规划方案。社区发展规划目标明确后，就要拟订解决问题、达到目标的各种可行方案，以供选择。拟订各种可能方案，是科学制定社区发展规划的基础。国外有一句名言："如果看来似乎只有一条路可走，那么这条路可能是错的。"因此，准备的可供选择的各种方案的好坏，在很大程度上影响到最后制定的社区发展规划的质量。一般来说，制定社区发展规划至少要有两个以上的备选方案。每个规划方案都必须与之前建立的社区发展规划目标一致，但在如何实现这些社区发展规划目标上必须有所不同。拟订的社区发展规划方案要符合三个基本要求：一是拟订方案必须围绕社区发展规划目标，要针对社区发展规划目标所规定的明确要求而展开。二是各社区发展规划方案之间应有较明显的区别，以利于比较和选择。提出的各种备选方案所采取的途径、措施必须互不相同，不能大同小异。三是社区发展规划方案拟订者要充分发挥主观能动性，进行创造性思维，从不同的角度和途径，大胆设想出各种各样的可能性方案，以保证备选规划方案的全面性和多样性。要避免和防止循规蹈矩，以及照搬别人的或以往的模式、经验。

拟订社区发展规划备选方案后，还需要依据预定的目标及达到这一目标的评价准则，分析各种规划方案的利弊得失，对其进行严格筛选、反复比较和全面权衡，进行可行性分析和论证，从而为选出最优规划方案提供科学依据。在规划方案评估中，必须紧紧围绕所确定的社区发展规划目标进行，应着重做好各种方案的可靠性分析。分析主要包括：规划方案制订是否有充分的根据和切实可行；规划方案实施能否达到预期的效果；规划方案实施后可能会出现哪些问题和困难，以及有无相应的预防和补救措施等。评估规划方案的优劣好坏，要有公认的依据和标准。越是接近规划目标、符合规划目标要求的方案，就越有可能是比较优良的方案。如果社区发展规划方案远离社区发展规划目标，那么不管方案本身如何完善，都不能选用。对社区发展规划方案的评估，最好要看其是否能做到统筹兼顾。社区发展规划方案的好坏，取决于整体或全局效益如何。切忌只看树木，不见森林；只顾局部，忽略全局。对社区发展规划方案的评估还要看效益情况，尽量争取以最小的损耗获取最大的效益。

第三，优化选择规划方案。选择最优社区发展规划方案是社区发展规划制定过程中的关键，是社区发展规划制定主体的重要行动。规划方案的优化与选择是在对各个预选规划方案进行分析评估和可行性论证的基础上，从众多社区发展规划方案中优选方案的过程。规划方案的优选阶段是整个社区发展规划制定的核心。社区发展规划制定主体要拍好板、定好方案，必须注意：首先，要掌握好社区发展规划方案优选的价值标准，即最有利于达到既定的社区发展目标，体现最大的社区效益，易于实行，等等。如果没有明确的价值标准，那么社区发展规划方案的优选就是盲目的。当然，最优社区发展规划方案只是在一定条件下，相对于各种备选的社区发展规划方案而言的，并不是绝对的。同时，各种备选的社区发展规划方案往往各有所长，也各有所短。因此，对选出的最优社区发展规划方案，也应参照其他社区发展规划方案加以适当补充、修改和完善。必要时，还可以综合各种社区发展规划方案的优点，形成一个更符合实现社区发展特定目标的理想方案。其次，要善于处理与咨询者的关系。社区发展规划制定主体要尊重咨询者的意见，善于吸纳咨询者意见中的合理内容，但不能为咨询者所左右。社区发展规划制定主体始终处于规划的核心地位。因此，不依靠咨询者和专家的“智囊”的社区发展规划制定主体，不可能成为好的决策者；为专家和咨询者所左右、缺乏决断魄力和能力的领导者，也不是一个好的决策者。再次，要根据社区发展规划对象的性质及其要求，选用合适的规划制定方式。最后，在优选规划方案时，规划主体要有两手准备，防患于未然。要对备选规划方案进行科学预测，制订防范措施和应变方案，准备追踪决策，以免陷入被动。

第四，实施社区发展规划和修正完善。这是社区发展规划制定过程的最终阶段。社区发展规划方案选定之后，必须将其付诸实施。由于制定社区规划涉及众多复杂因素，因而除非特殊情况，一般应在全面实施社区发展规划方案之前进行局部试验，以验证方案运行的可靠性，这就是我们通常所说的试点。试点的目的在于检验最终选择的方案的可靠性和可行性。因此，应严格按照所制订的社区发展规划方案实施，不能有随意性。方案如果试点成功，在总结经验后即可进入普遍实施阶段。而规划目标的实现不是在短期内就能轻易实现的，需要在实践中不断跟踪调查，收集反馈信息，及时修正和完善社区发展规划，以不断接近预定的规划目标，对规划实施后的情况随时进行检查和验证，及时收集反馈信息以便修正和完善社区发展规划，以保证社区管理目标的顺利实现。

下面以上海市吴淞街道社区发展规划实践为例，呈现社区发展规划内容和制定过程①。吴淞街道社区此次发展规划是在汲取了相关规划优点的基础上进行的一次有益探索。以宝山区吴淞街道为载体的城市居住社区经历了市政动迁、城市化农转非居住安置，以及因单位福利分房、商品房开发而导入人口等几个发展阶段后，已成为具有较完善的管理网络和物质设施基础的成熟居住社区。

这次规划的重点是利用理论研究对规划实践进行具体指导，尝试从社会学与城市规划专业的角度，突破纯空间组织与物质设施环境规划的传统框架，力求突出对作为社区主体的“人”的关注和对社会问题的研究。规划特制定了社区发展的目标，即把握吴淞社区居民的共同需要，通过改善社区治理结构和物质、文化生活环境，进一步开发和利用社区人文与土地资源，完善社区服务网络，促进吴淞街道社区健康、稳定和可持续发展；促成社区与北部的友谊街道行政中心的功能互补，共同提升宝山区的城市功能，打造宝山新城的滨江景观格局，促进上海中心城的功能拓展；形成环境宜人、功能健全、居民安居乐业的现代化城市文化旅游生活区。

该规划包括四个板块的内容，即社区现状研究板块、社区资源整合板块、社区管理整治板块、社区特点挖掘板块，形成了一个完整的技术框架（图 5-1）。可见，社区规划编制是一项庞大复杂、多学科、跨专业的社会工程，所以在编制过程中必须保持组织体系的开放性，鼓励专家学者、市民等多方参与、多学科介入，倡导多元主体共同关注和助力于社区发展与建设。

① 林雪艳：《社区发展规划编制方法探讨——以上海宝山区吴淞街道社区为例》，《规划师》，2007 年第 10 期，第 48～51 页。

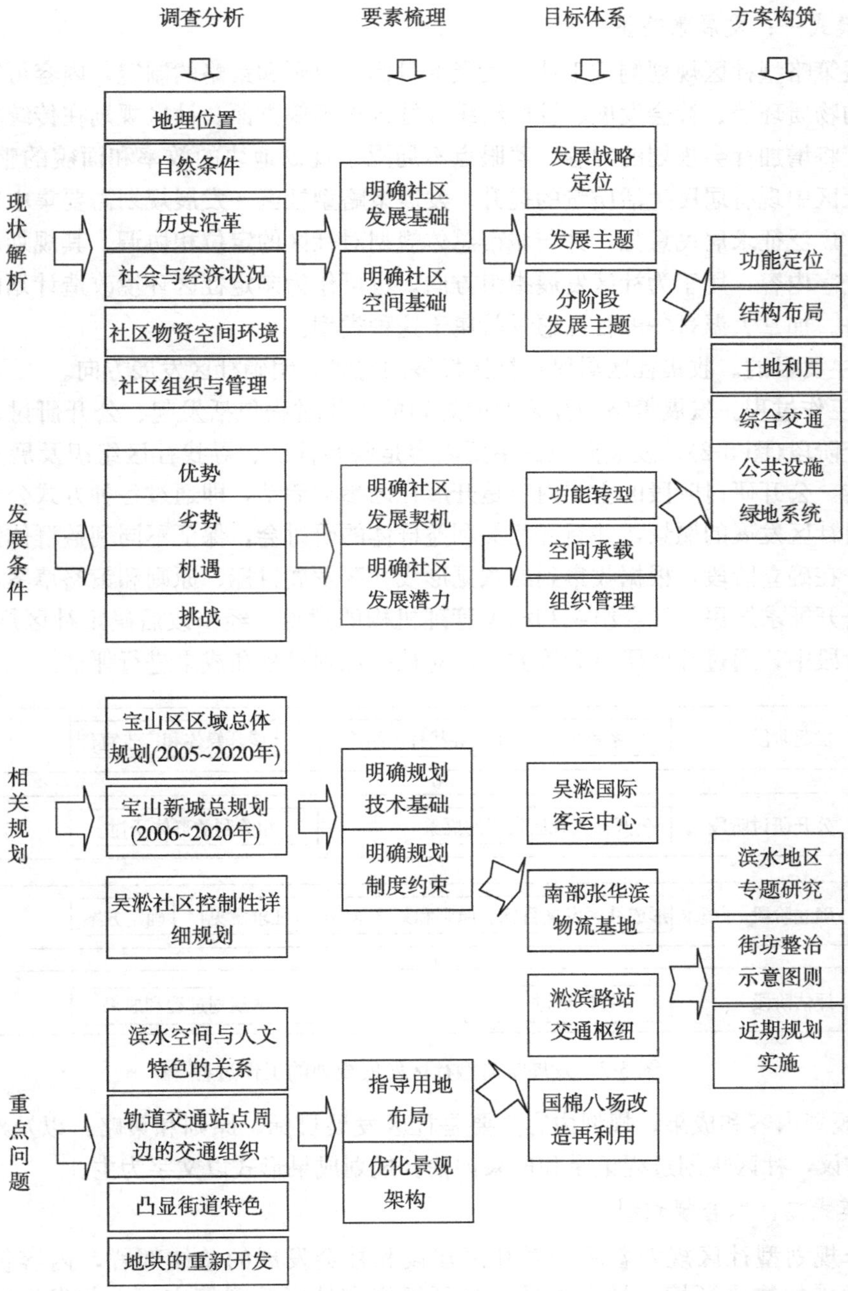


图 5-1　吴淞街道社区发展规划的技术框架

## 五、社区发展规划制定的模式

经学者归纳总结，当前我国社区发展规划的制定模式主要有以下三种①。

1. 模式一：发展策略型

发展策略型社区规划侧重于社区发展的目标、原则和策略的制定，内容可能涉及社区发展的物质环境、社会发展、社区组织和社区管理等方面。社区规划在传统城市规划的基础上将增加社会规划的内容，着眼点不局限于规划地块的效率和面貌的整体提升，更关注社区中现有居民生活质量的提升。发展策略型社区一发展规划需要集中社区居民的愿望，广泛征求居民意见，并与城市总体规划对社区的定位相协调。其规划成果主要体现为文字内容，用于为社区发展指引方向，也可作为制定社区环境改造计划的前期铺垫和准备。加拿大温哥华的社区愿景就属于这种类型。

(1)主要目的。收集社区居民对社区发展的愿景，明确社区发展方向。

(2)工作过程。发展策略型社区发展规划的工作过程包括发起、公开研讨、确立和评估四个阶段(图 5-2)。发起阶段的主要内容是联系社区、寻找社区组织及展开媒体和广告宣传。公开研讨阶段的主要内容是开展社区参与活动，即通过各种方式公开征集社区居民对社区发展的愿景，并召开相关利益群体的研讨会，保证不同利益群体意愿的充分表达。在确立阶段，根据收集到的意见形成社区发展目标、原则和策略草案，并就草案内容公开征求居民、社会组织和相关管理机构的意见，经修改后确定社区规划方案。在评估阶段中，通过社区研讨会等方式，对社区规划过程和成果进行评估。

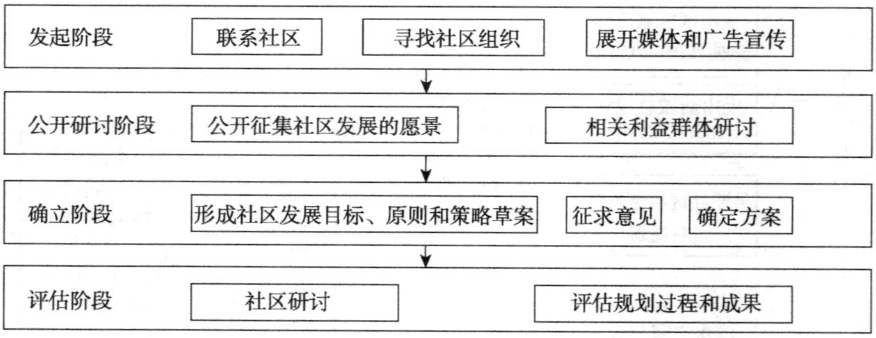


图 5-2　发展策略型社区发展规划的工作过程

(3)规划内容和成果。规划内容主要是社区发展目标、原则和策略，以及对下一步工作的建议，社区规划过程记录和成果评估。规划成果形式以文字为主。

2. 模式二：综合规划型

综合规划型社区规划着眼于对社区建设和社会发展的总体部署，内容仍可能涉及社区发展的物质环境、社会发展、社区组织和社区管理等方面。与发展策略型社区规划相比，综合规划型社区规划加强了物质环境建设和社区行动计划的内容。上

① 刘艳丽、张金荃、张美亮：《我国城市社区规划的编制模式和实施方式》，《规划师》，2014 年第 1 期，第 90～92 页。

海编制的街道社区发展规划和加拿大温哥华的社区规划(community plan)就属于这种类型。

(1)主要目的。对社区建设和社会发展进行总体部署。

(2)工作过程。综合规划型社区发展规划的工作过程也包括发起、公开研讨、确立和评估四个阶段，但具体内容与发展策略型社区发展规划不同(图 5-3)。第一，发起阶段的主要内容是联系社区、寻找社区组织和展开媒体和广告宣传。第二，公开研讨阶段的内容包括组织倡导社区进行自我研究、形成社区需求和资源的全面评估，并组织由居民和其他相关利益者共同参与的社区研讨会，讨论社区存在的主要问题和可能的解决方案。简单而言，这是一个发动居民、组织社区自我研究、达成共识的过程。这一阶段的主要参与者是街道、社区居委会、业主委员会、居民、地方企业代表和其他社区组织等，社区规划工作者通过融入社区、信息收集和调查、发动居民和宣传、发起居民集会和讨论等方式，在其中发挥倡导、组织和协调的作用。公开研讨阶段通过一系列的社区公共活动和研讨会，使社区居民的发展意愿逐渐明确和集中。第三，确立阶段的内容包括：在前期研讨成果的基础上，在社区规划师的帮助下，形成社区规划草案；进一步确立改造项目，并根据需求和解决的可能性确定项目的优先次序，将改造项目分为立即解决、稍缓解决和长期解决三类，区分哪些改造项目是社区自己可以解决的，哪些改造项目是社区自己可以解决但需要资金支持的，哪些改造项目是需要外来机构和资金来帮助解决的等，为今后的社区行动提供依据和参考。这些内容需要经过公开征求意见和进一步修改后，才能确立为正式的社区规划方案。第四，在评估阶段中，通过研讨会等方式，对社区规划过程和成果进行评估。

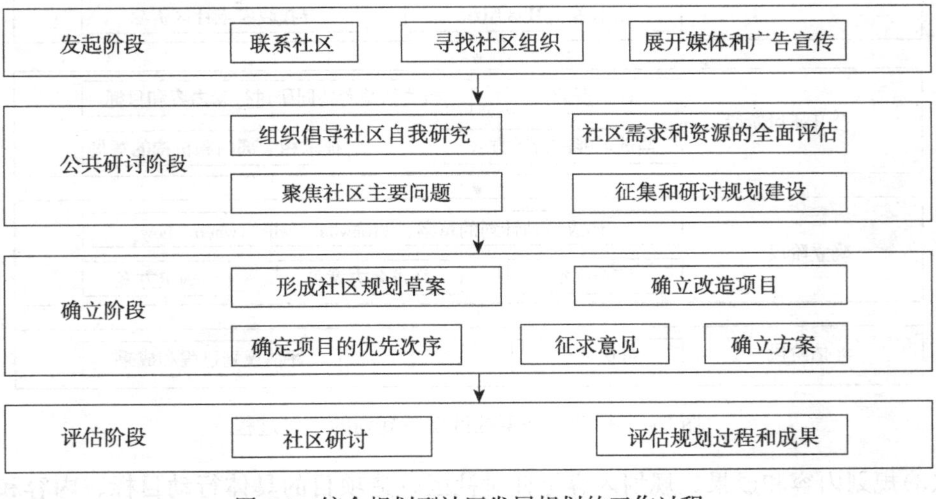


图 5-3　综合规划型社区发展规划的工作过程

(3)规划内容和成果。规划内容涉及物质环境、社会发展、社区组织和社区管理等方面。规划成果的具体内容包括现状和发展条件解析、社会发展规划、社区环境整治规划、社区改造项目、近期行动计划、社区规划过程和成果评估等，表达形式为图文结合。

3. 模式三：行动计划型

行动计划型社区发展规划着眼于解决具体问题，推动具体改造行动，内容主要涉及社区物质环境、社区服务和社区活动等方面。与前两种模式相比，行动计划型社区发展规划具有明确的“问题导向性”和“实施导向性”，而不要求综合性。

(1)主要目的。依托社区力量和各种资源，推动社区改造项目的实施。

(2)工作过程。行动计划型社区发展规划的工作过程包括发起、公开研讨、确立和评估四个阶段，但具体内容与前述两种模式不同(图 5-4)。发起阶段的工作包括联系社区、开展媒体和广告宣传、寻找相关社区组织、政府或社区资源。当前，社区行动计划应与相关政府项目和社会资源紧密结合，以显著提高社区行动计划的效率和效应。公开研讨阶段的工作包括评估能够取得的资源，明确社区行动的条件和限制，并组织相关利益者共同研讨行动的具体内容和目标，进而列举可选的行动方式，并对这些行动方式进行比较和选择。社区行动计划还应征求相关政府部门或社会机构(资源提供方)的意见。确立阶段的工作包括：根据研讨结果形成社区行动计划的草案，明确行动的内容、目标和具体途径，即行动内容和目标是什么(what)；该行动是属于政府资助项目、社区自助项目、非政府组织协助项目还是商业开发项目等(who)；由谁在何时(when)做何事，以及如何促进这项行动(how)。以实施为导向的行动计划型社区规划应具有资金平衡的技术内容，以确保计划的可实施性，并在最后公开征求各方意见，经修改后，确定方案。评估阶段的工作包括通过研讨会等方式，对社区规划过程和成果进行评估。

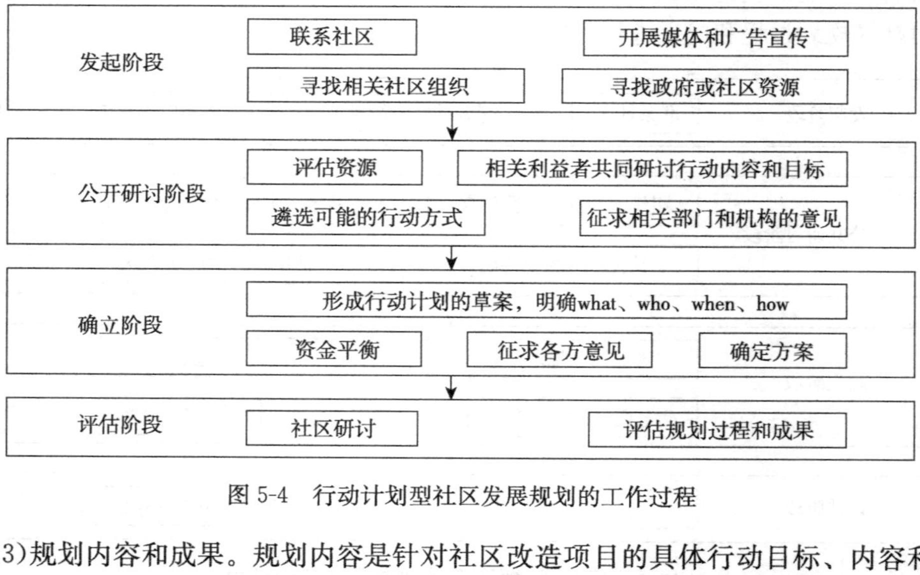


图 5-4 行动计划型社区发展规划的工作过程

(3)规划内容和成果。规划内容是针对社区改造项目的具体行动目标、内容和实施计划。不同社区行动可能涉及不同政府部门和社会组织，不同社区行动的内容也可能涉及物质环境改善、社区服务或社区活动等方面。但社区行动计划应具有明确的目标和内容，以解决某个实际问题和推动实施为导向，这一点与综合规划型社区规划有很大差异。行动计划型社区规划成果的表达形式为图文结合。

上述三种社区规划编制模式的主要差异体现在编制模式、规划目的、规划内容、总体特征和与社区居民利益的相关度等方面(表 5-1)。除了上述三种编制模式外，社区规划还可以根据社区的实际情况，按照侧重内容的不同进行分类，如以物质环境整治为主要任务的社区规划、以提升社区管理和社区活力为主要任务的社区规划、历史文化街区渐进式更新中的社区规划和在开发中的社区规划等。

**表 5-1　三种模式的比较**

| 编制模式 | 规划目的 | 规划内容 | 总体特征 | 与社区居民利益的相关度(相对) |
|---|---|---|---|---|
| 发展策略型 | 明确社区发展方向 | 社区发展目标、原则和策略 | 战略性 | 弱 |
| 综合规划型 | 社区物质环境建设和社区发展的综合部署，确立改造项目序列 | 物质环境、社会发展、社区组织和社区管理 | 综合性 | 中 |
| 行动计划型 | 解决实际问题，推动改造项目实施 | 行动目标、内容和实施计划 | 问题和实施导向、项目化运作 | 强 |

## 第二节　社区发展规划实施

社区发展规划实施作为社区发展规划的重要环节，其作用是把社区发展规划制订的预定计划变为现实，这直接关系到社区居民的切身利益在社区中的具体实现程度。

### 一、社区发展规划实施的含义和特点

社区发展规划的制定是为了明确社区发展的目标，而社区发展目标的实现必须通过社区发展规划的具体实施。从社区发展规划制定确定目标到目标的实现，经历着将社区发展规划方案由可能变为现实的过程，这一过程就是社区发展规划的实施。社区发展规划的实施要素主要包括参与实施活动的实施者和实施对象。实施者包括社区发展规划的社区行政组织、公民、辖区内的企事业单位及非政府组织。社区行政组织的工作包括依职权的主动行为和依申请的控制引导行为，公民、非政府组织行为包括出于公益的主动关心和监督行为，以及出于自身利益的投资、置业等活动。因此，社区发展规划实施包括自上而下的政府行为和自下而上的公众行为两方面的内容。自上而下的行为是为了保证社区发展规划实施的政令畅通，而自下而上的行为是为了维护公众的利益，对社区发展规划实施能有一个有效的反馈过程，进一步推进规划实施管理的不断完善。政府与公众在社区发展规划实施过程中缺一不可，二者只有发挥各自职能，才能构成完整的社区发展规划实施体系。实施对象是指社区发展规划，也就是实施计划，实施对象的施加者是指社区土地空间资源。顾名思义，社区发展规划的实施是指社区行政组织、社区居民、辖区内的企事业单位及非政府组织将社区发展规划变为现实的过程。社区发展规划实施的根本目的是对社区空间资源加以合理配置，使社区经济、社会活动及建设活动能够高效和有序、持续地进行。

社区管理过程始终是社区发展规划“制定—实施—再制定—再实施”的反复循环过程。社区发展规划制定是社区发展规划实施的依据，社区发展规划实施是社区发展规划

的有效落实。虽然两者在活动的主体、担负的任务和影响活动的因素等方面都存在诸多区别，不能互相替代，但我们不能否认的事实是社区发展规划制定和社区发展规划实施都是社区管理过程中的重要环节。所以，社区发展规划实施既不能等同于社区管理，也不能被视为社区发展规划的附庸。要正确理解社区发展规划实施的含义，就必须把握社区发展规划实施的特点，其主要表现在以下几个方面。

(1)目的性。社区发展规划实施的宗旨是实现社区发展规划的目标。这一宗旨贯穿于社区发展规划实施的全过程。社区发展规划实施必须以社区发展规划为导向，严格服从社区发展规划的目标，在社区发展规划实施的一切活动中紧紧围绕实现社区发展规划目标这个中心。

(2)经常性。社区发展规划实施是社区发展规划的贯彻和落实，其内容复杂，涉及范围广泛，是一项经常的、持续不断的工作。在社区发展规划实施中，不仅要贯彻执行某些特定的社区发展规划，而且还要执行大量的常规性和程序性的决策，这些实施活动常年重复或阶段性重复，具有明显的反复性、经常性。

(3)务实性。社区发展规划实施是一种实施性质的活动，纸上谈兵最终是不能解决问题的。因此，必须充分发挥社区发展规划实施主体的积极性、主动性和创造性，采取最有效的行动来实现社区发展规划。

(4)果断性。社区发展规划目标的实现，一般都有其特定的时限要求。社区发展规划实施人员在规定的时限内，越是迅速、果断地实现社区发展规划目标，社区管理效率就越高。因此，社区发展规划制定之后，一旦付诸实施，就应迅速果断，不能贻误时机。

(5)灵活性。社区发展规划实施是一个把社区发展规划具体化的过程。由于各社区之间存在着或多或少的差异，因而，社区发展规划实施要求实施主体根据社区的具体情况，因地制宜，具体问题具体分析，积极主动地、灵活地实施社区规划，将具有普遍指导意义的社区发展规划目标具体化。实施过程中要坚决反对机械、僵化的模式，应在保证社区发展规划目标实现的前提下，创造性地、灵活地处理实际问题。

## 二、社区发展规划实施的地位和作用

社区发展规划实施是社区管理中的一个关键性环节，它具有重要的地位和作用。

首先，社区发展规划实施是实现社区发展规划的重要途径。社区发展规划在社区管理实践中占有重要地位，社区管理要有效地管理国家和社会公共事务，就必须根据社会政治、经济、文化发展的需要，针对现实当中存在的重大问题，及时准确地制定科学的社区发展规划。而社区发展规划要在现实中真正地发挥它应有的作用，就必须借助准确果断的社区发展规划实施。

首先，社区发展规划实施的重要作用就在于它能把社区管理在一定理论指导下所制定的社区发展规划加以落实，把一种规划设想、目标变为既成的社会现实，产生出实实在在的社会效益。

其次，社区发展规划实施是社区管理者的一项主要责任。社区管理者的主要职责，一是就建设与发展问题做出重大决策，二是将其有效地加以实施。社区管理者只出主意和做决策是很不够的，重要的是要抓好落实。社区发展规划的制定和实施是社区管理者不可偏废的两项紧密联系的工作。

最后，社区发展规划实施是检验和完善社区规划的过程。马克思主义认为，实践是检验真理的唯一标准。社区发展规划实施的过程，不仅是对社区发展规划的具体贯彻落实，而且也是对制定社区发展规划的正确性加以检验和完善的过程。由于现代社区管理是相当复杂的，在制定社区发展规划时，难免有一些预想不到的因素导致社区发展规划存在某些局限性。因此，社区发展规划正确与否，只能靠实践去检验，而社区发展规划实施就是社区管理的具体活动，通过社区发展规划实施活动，可以发现社区发展规划存在哪些不足，并及时加以修正和完善，从而提高社区发展规划的正确性，使社区管理更富有成效。

## 三、社区发展规划实施的原则

社区发展规划实施是一项经常而繁杂的具体工作，关系到整个社区建设的成败与发展的好坏。因此，要保证社区发展规划实施有效地达到制定社区发展规划的目标，社区发展规划实施就必须注意遵循一定的原则和要求。

第一，必须忠实于社区发展规划。忠实于社区发展规划，使制定的社区发展规划在实施中不走样，是社区管理对社区发展规划实施的根本要求。因为即使制定再好的社区发展规划，如果在实施中不能把它变为现实，就等于没有制定出正确的社区发展规划，也会使社区发展规划实施活动偏离原定的目标，使社区管理活动出现混乱的局面。所以，在具体的社区发展规划实施活动中要有严明的纪律和完善的制度做保障，要求社区发展规划实施人员准确地理解和把握社区发展规划的基本精神和要求，以对社区居民负责的态度贯彻执行社区发展规划，并及时发现和纠正实施活动中出现的偏差，使社区发展规划在现实中得到充分的实现。

第二，必须坚持持之以恒的原则。社区发展规划实施在社区管理活动中所消耗的人力、物力、财力以及所占据的时间与空间都比较多，在具体的社区规划实施过程中总会遇到各种各样的困难和阻力，这就要求社区发展规划实施者在实践活动中持之以恒，以坚强的毅力和决心实施社区发展规划，把社区发展规划的精神贯彻到底。否则，任何社区发展规划的预定目标都不可能实现，不仅原有的问题无法解决，而且新的问题又不断涌现，从而增大社区发展规划实施的难度。

第三，必须坚持迅速果断的原则。社区发展规划的目标一般都要求在一定的时间内完成，因而要求社区发展规划的实施必须迅速果断，在尽可能短的时间内把社区发展规划的目标变为现实。一般来讲，正确的社区发展规划一经做出，贯彻执行就应迅速果断，社区发展规划实施的效果也会更好。因此，从事社区发展规划实施活动的人员应该迅速果断，不随意拖延时间，否则就会失去大好时机，正确的社区发展规划也就失去了意义。同时，在迅速果断的实施过程中，也要注意防止操之过急、单纯冒进的作风。

第四，必须遵循创造性的原则。要求社区发展规划实施活动在不违背社区发展规划目标的前提下，一切从社区实际出发，运用不同的方法和手段，创造性地、灵活地实施社区发展规划。由于社区发展规划是针对社区管理工作中普遍存在的问题做出的，具有普遍的指导意义，不可能规定具体的实施步骤和操作方法，因而要求各个社区发展规划实施部门要根据社区具体情况，创造性地加以实施，使社区发展规划目标成为现实的客观存在。创造性原则与忠实社区发展规划的原则之间是辩证统一的关系。创造性原则是在忠实社区发展规划(即严格遵照社区发展规划的基本精神办事)的基础上，根据社区具体实际情况，创造出最为有效的实施方式和手段，取得最佳的实施效果。所以创造性地实施社区发展规划，实际上是对忠实社区发展规划的一种能动的反映，是为了更好地实施社区发展规划。

第五，必须坚持计划性的原则。坚持计划性的原则就是要求在社区发展规划实施过程中要有周密的安排，使各项实施工作循序渐进地进行。社区发展规划实施是一个复杂的系统工程，涉及各方面的众多因素，这就要求社区发展规划实施人员在实施过程中要统筹兼顾，合理安排，抓主要矛盾，抓关键环节。如果社区发展规划实施活动不是有计划地进行，不分轻重缓急，就会陷入忙忙碌碌的事务之中，使社区发展规划实施工作变得杂乱无章。

## 四、社区发展规划实施的一般过程

社区发展规划实施是指从社区发展规划制定之后，到规划目标实现之间的全部活动和过程。一般认为，社区发展规划实施可以分为三个相对独立的阶段或步骤，即社区发展规划实施的准备阶段、实际运行阶段和总结评估阶段。每一个阶段又包括各自不同的组成部分，由若干环节构成。

### 1. 准备阶段

这一阶段的主要任务是为具体的实施活动创造有利条件。它具体包括思想动员、制订计划、组织人员落实和物质准备四个环节。

第一，思想动员。社区发展规划实施是由众多人员共同参与完成的。因此，要求全体实施人员准确、清晰地了解社区发展规划的意图，以及实现社区发展规划目标的途径、步骤、方法和期限，还有自身的任务及社区发展规划方案的全部意义和价值。通过思想动员，可以为统一行动打好基础，使社区发展规划实施人员积极主动地为实现社区发展规划目标而工作。做好思想动员，一方面要组织有关社区发展规划实施人员统一认识和把握社区发展规划意图；另一方面要从思想上关心社区发展规划实施人员，为他们排忧解难，以发挥实施人员的积极性、主动性和创造性。此外，思想动员还包括对广大社区居民的思想动员工作，即充分发动社区居民，让社区居民真正了解社区发展规划的内容和意义，取得广大社区居民的理解、支持和有力配合。

第二，制订计划。社区发展规划实施过程是实施人员有意识、有目的、有计划地对社区发展规划内容进行社区管理的过程。因此，在认真调查研究的基础上确定实施目标，制订实施计划，便成为社区发展规划实施过程的一个基本环节和阶段。

确定实施目标是社区发展规划实施过程的起点。社区发展规划实施目标是实施人员活动的导向仪，是调节、评估社区发展规划实施过程的依据。目标设置的科学与否是决定社区发展规划实施成功与否的关键因素之一。科学地确定社区发展规划实施目标必须做到主观与客观的统一。目标是主观的东西，但主观必须与客观相符合。科学的社区发展规划实施目标的建立必须切合实际。为此，在确定执行目标时，首先就要深入调查研究，全面掌握信息。一方面，要切实把握国家、社会对社区规划实施的具体要求；另一方面，要全面了解社区发展规划实施的实际情况。在此基础上，通过科学的分析和综合，弄清二者之间的矛盾所在、矛盾产生的根源及矛盾运动的趋势。只有这样，才能使社区发展规划实施目标建立在客观现实的基础上。

实施目标确立之后，要进一步制订实施计划。制订实施计划是社区发展规划实施中的一个重要环节。如果没有计划，实施工作就会陷入混乱的局面。制订实施计划，通常包括确定实施工作内容、选择实施方法、安排实施过程的程序等。实施计划是实施目标的具体化，是完成实施目标的具体方案。社区发展规划实施过程，也就是按事先制订的实施计划实现社区发展规划目标的过程。

制订科学合理的社区发展规划实施计划具有十分重要的意义。首先，科学合理的实施计划，可以使社区发展规划实施人员有目的地优化组织结构和配备人员，以发挥组织的最佳功能。其次，科学合理的实施计划能为执行过程中的控制确立标准。控制的任务在于通过纠正脱离实施目标的偏差行为，使实施活动沿着计划目标规定的方向前进。最后，科学合理的实施计划还能使社区发展规划的实施机构及其工作人员对未来可能出现的各种因素的影响及其发展趋势做出科学的预测，有针对性地提出预防措施和对策，更好地推进社区发展规划实施活动。

制订科学合理的社区发展规划实施计划，应坚持以下基本原则：一是可行性最优化原则，即制订实施计划要符合实际，要充分考虑到各种环境因素的影响和制约，要切实可行。要根据确定的目标和对有关情况的分析研究，设计出各种可行的方案，并通过对多种方案的比较，从中选出最佳方案。二是弹性原则，即实施计划应适应环境，具有一定的弹性，有变动的余地，以便应付意外突发事件。因为社区发展规划实施过程是一个极其复杂的过程，社区发展规划的实施人员和社区发展规划实施对象的主观因素及各种外部因素，都会这样或那样地影响社区规划实施计划的实施。因此，在制订社区发展规划实施计划时，应该预想到在社区发展规划实施过程中可能出现的新情况，以便应付变化了的及可能出现的新情况。三是全局观念原则，即制订实施计划一定要顾及全局，统筹安排，把各方面各环节的工作有机地结合起来。四是针对性原则，即要从社区发展规划实施对象的实际情况出发，从现有的实际条件出发，选择有针对性的内容和形式。切忌社区发展规划实施计划千篇一律，切忌把社区发展规划实施工作过程变成一种刻板僵化的形式化、程式化过程。

第三，组织人员落实。任何一项社区发展规划实施都必须依赖一定的组织机构和人员，都必须有一定的组织准备工作。一般来讲，搞好组织落实和人员配备工作要注意以下三点：一是确定负责实施的机构，并明确各实施部门的职责范围。这是为保证即将开始的实施活动既统一又协调，保证各执行部门有明确的职责范围和任务，消除实施过程中职权不清、互相推诿扯皮的低效率状态。二是合理配置人员，并明确各实施人员的职责范围。社区发展规划实施的负责人及一般工作人员应在知识、品德、技能和年龄等方面具有胜任本职工作的素质。通过合理配置人员，明确职责权限，可保证实施人员各司其职、各尽其能地工作。三是建立和健全相关的管理法规和各项规章制度。健全的管理法规是检查社区发展规划是否合法的依据，也是社区发展规划实施必须遵循的准则。健全的规章制度是保证社区发展规划顺利实施，使社区发展规划实施活动得以高效运行的重要保障。

第四，物质准备。常言道："巧妇难为无米之炊。"没有一定的物质条件，任何社区规划实施都无法实现。因此，社区管理要完成某项决策任务，就必须做好物质准备工作。它包括：①编制预算，即对社区发展规划实施中各项活动所需开支的经费项目与数量做出预算，为社区发展规划实施的开展提供一定的经费支持。②购置必要的物质设备，如办公用品、文书档案、交通通讯设备等。③切实安排好实施人员的生活，解除他们的后顾之忧。④做好技术准备，解决技术难题。

2. 实际运行阶段

准备工作就绪以后，社区发展规划实施就进入实际运行阶段，它是社区发展规划实施的主要阶段，也是社区发展规划实施耗时最多、内容最丰富、最复杂的阶段。这一阶段具体包括指挥、沟通、协调和控制等环节。

第一，指挥。它是社区发展规划实施中的基本环节之一，是社区管理者在社区规划实施过程中，按照既定的社区发展规划目标和实施计划，采用命令、指示等方式对实施活动进行调度和安排，以实现社区发展规划目标的行动或活动过程。现代社区发展规划实施活动参与的人员较多，分工较细，协作复杂，连续性强，各项执行任务一环扣一环，相互联系、相互制约，必须有高度统一的指挥。有效的指挥可将社区发展规划的实施活动从静态推向动态，使其沿着预定的轨道前进；有效的指挥还可调动全体社区发展规划实施人员的积极性、创造性，激发士气。强有力的指挥必须高度统一。

第二，沟通。沟通是实施人员依据一定的途径传递思想、观点、情感，交流行政信息，增进了解，对共同任务和问题获得统一认识，取得协调一致行动的方法和过程。沟通是社区管理组织系统的神经，它在社区管理实践中起着不可低估的作用。首先，沟通是取得协调一致行动的前提，不同主体通过沟通可以获得思想上的一致。协调一致的行为是沟通的结果，是要谋得行动上的一致。有了思想上的统一，才能有行动上的一致。有效的沟通可以促进全体组织成员的相互了解，保持社区发展规划实施活动步调的一致，从而确保社区发展规划目标的顺利实现。其次，沟通是改善人际关系、鼓舞士气的重要手段。社区组织之间、个人之间及时沟通信息，可以加深了解，促进互相理解，避免互相猜疑，防止思想混乱，减少冲突和摩擦，增强社区组织的内聚力和战斗力。最后，沟通也是社区发展规划实施人员参加管理的一个重要手段，通过沟通，社区管理人员可以互相监督、互相协调，有利于克服官僚主义。

第三，协调。协调是为了有效地实现社区发展规划目标，对社区管理组织系统与外部环境、社区管理组织机构及其人员之间的关系进行调整，使之相互配合、步调一致、顺利完成社区规划目标。协调的根本作用就在于解决社区管理内部、社区管理之间及社区管理与社会协作单位之间所发生的矛盾和冲突，保证整个组织活动有序进行，充分发挥行政系统整体的功能，提高实施效率。具体表现为调节各部门在人力、物力、财力和时间上的使用，消除浪费，增进效率；调节人与人之间的关系，使人们在思想上达成共识，从而将个人分散的力量集中起来，使单独行动变成集体的协作行动，形成一股合力，推进社区发展规划实施活动的顺利进行。明确界定各部门的职责和工作程序，使社区发展规划实施人员能恪守已责，保证社区管理工作有序地开展。总之，协调是社区发展规划实施的一个重要环节，它可以防止出现各自为政的现象，加强行政组织系统的向心力，促使行政组织系统灵活高效地运转，保证社区发展规划实施任务的完成。

第四，控制。控制是指社区发展规划实施中领导者根据社区发展规划目标衡量实施的具体情况和进度，对社区发展规划实施过程进行调节和平衡，保证各项实施活动按质、按量、按时完成的管理活动。控制是社区发展规划实施过程中的一个重要环节，其目的在于及时发现和纠正决策实施中的偏差，使社区管理活动正常进行。社区发展规划制定后，通过组织工作开始推行，这时实施阶段的控制也就开始了。实施中的控制是完成社区发展规划的重要手段。计划是控制的标准，标准愈明确，控制效果就越好。但计划不可能万无一失，社区发展规划实施是一个动态活动过程，有一些要素及其相互关系的变化事先无法全部掌握，一旦出现意外情况，实际工作同原有的计划就不相符合，所以必须依靠控制才能逐步实现社区发展规划。而且，通过控制环节也可以检查下属的实施工作情况，确保其实施工作方向的准确性，从而提高实施效率。实践也在不断地证明，有一些正确的社区发展规划，由于在社区发展规划实施中缺乏必要的控制而没有得到很好的落实。

3. 总结评估阶段

社区发展规划实施的总结评估，是指对社区发展规划实施任务完成情况所进行的工作评价或工作总结，也就是对社区发展规划实施情况进行全面的、仔细的衡量。社区发展规划实施总结评估是社区规划实施过程的最后一个阶段，在社区管理中有着重要的地位和作用。首先，社区发展规划实施总结评估可以总结、检查社区规划和计划的执行情况，肯定成绩，推动工作的进一步展开；其次，社区发展规划实施总结评估可以及时揭露出实施工作中存在的缺点和错误，以便研究新的对策，改进工作；最后，社区发展规划实施总结评估可以使人们通过总结经验教训，实现从感性认识到理性认识的飞跃，从而提高人们的思想水平和工作能力。

社区发展规划实施总结评估，无论是阶段性工作还是社区发展规划实施工作结束后的评估，其具体内容主要包括以下几个方面。

第一，对社区发展规划实施情况进行全面的检查。社区发展规划实施的结果是否实现了预定的社区发展规划目标，要从数量上和质量上进行全面的检查衡量。主要涉及审查财政财务收支情况；从成本-效益(社会效益、经济效益)的角度综合考评社区规划决策的可行性；从效率和效益的角度评估社区发展规划实施人员的功绩；检查是否完成了预定的社区发展规划目标和任务，有什么先进的经验或应吸取的教训。总之，考察工作必须严肃认真、实事求是，确保准确无误。

第二，对社区发展规划实施的结果进行实事求是的绩效考核。社区发展规划实施情况究竟如何，只有建立有效的绩效考核机制(包括考核的指标、考核程序及奖惩办法等)才能了解。在全面检查和考核的基础上，对社区发展规划实施情况做出公正合理的评价，区分优劣，为奖励惩罚提供客观依据。考核一定要客观、公正、科学、合理，否则就起不到鼓舞先进、鞭策后进，提高社区发展规划实施效率的目的和作用。

第三，总结经验教训，即在工作考核基础上，实事求是地肯定成绩，指出存在的问题，分析原因，总结经验教训，研究进一步改进社区发展规划实施工作的方法和措施。

总结现有的社区发展规划实践可以发现，很少有涉及社区发展规划实施评估的内容。在社区发展规划制定本身不完善的情况下，出现社区规划实施评估的空白是必然的。许多社区发展规划在制定完成之后仅仅是作为社区基层工作的政绩，或由于面临现实的经费、体制障碍而难以实施，社区发展规划实施评估更无从谈起，从而在一定程度上限制了社区发展规划自身的普及、推广。要认真地搞好社区发展规划实施的评估总结，必须重视实施工作评估或总结的方法，要建立以专家评估为主，参考基层社区群众、街道办事处工作人员意见的评估机制，使评估结果与社区规划实施人员的待遇挂钩，从而发挥其激励和制约作用，保障社区发展规划实施活动的有效性和科学性。

## 五、社区发展规划实施保障

### 1. 组织保障

如果说社区发展规划制定的科学性，主要可以通过对社区现有实际的充分把握、坚持社区发展规划编制的基本原则得到保障，那么社区发展规划实施的有效性，必须通过科学的规划组织机构的设置及行之有效的管理手段来完成。

第一，社区行政组织。社区发展规划实施需要社区行政组织(即街道办事处)的职责、组织和行为能力相结合，这是现阶段社区发展规划能够得到全面开展和实施的关键。街道办事处是社区发展规划实施的主体，代表大多数公众的利益，以促进社会、经济的健康发展为主要目标。

我国的社区行政组织在社区规划实施过程中的主要职能包括以下三方面的内容。

(1)参与社区发展规划实施方案的制订。在当今我国尚未有真正意义上的社区发展规划师的状况下，社区发展规划实施将更多地依靠街道办事处牵头来开展工作，从而保障社区发展规划实施的持续开展。社区发展规划实施需要充分调动街道办事处的工作积极性，整合各方面资源，推动社区发展规划实施的顺利实现。

(2)规划实施信息的公开。街道办事处应当承担起规划实施信息公开的职能，让广大的社区居民真正理解社区发展规划实施的意义。

(3)公众对规划实施意见的反馈。街道办事处对公众意见应该予以及时的备案，并且进行及时的分析。公众的意见是否被采纳，应该给予公众相应的书面答复，被拒绝的意见应该指出没有采纳的主要原因。

第二，非政府组织。社区非政府组织主要有两类：一类是社区基层组织。它是指以推动社区进步为宗旨的会员性组织。这种组织主要采取社区居委会、业主委员会等形式对社区发展、社区规划及社区建设提供意见和建议，以达到保护社区成员利益的目的。

其中，社区居委会是规划实施过程中最为重要的非政府组织，它主动成为社区行政组织获取信息和公众反映信息、社区行政组织反馈信息的信息通道，成为规划实施监督过程中主要的组织代表形式。另一类是社区援助组织，它主要是一种以结成某种同盟的方式来实现维护特定群体利益的组织，如学术性社团、行业协会、基金会等。在社区发展规划实施过程中，学术性社团的主要功能是通过对规划实施的实践资料的学术分析，促进科技创新和科技成果转化，开展专业的咨询服务和论证，推进社区规划实施的规范、有序发展。行业协会的主要功能是为规划实施管理涉及的本协会会员单位提供服务，反映需求，并维护会员单位在实施过程中的合法权益；制定规划实施管理标准，进行实施统计，开展规划实施培训；协助社区行政组织加强规划实施管理。

社区发展规划实施不可避免地会涉及街道办事处与社区居民、街道办事处与非政府组织之间的利益，这必然会成为利益冲突的焦点。而非政府组织在其中可以极大地保护社区公众利益。在社区发展规划实施中，非政府组织一方面在不影响社区行政组织履行社会职责的前提下，减少了街道办事处的工作量；另一方面可以让非政府组织而不是社区行政组织直接面对公众，这也将大大减少了社区行政组织与公众发生冲突的机会，为街道办事处解决社区规划实施问题留下了余地。

2. 公众参与保障

公众参与保障是指社区居民能够直接而持久地接触规划，积极地参与，成为社区发展规划实施过程中的一个重要的组成部分。

社区发展规划本身是一种社会运动，同时也是一种城市基层政府起主导作用的行为，但规划实施的过程，绝不是城市基层政府能够独家包揽的，社区发展规划实施过程需要公众的积极参与。现代社区“居民本位”和“自治”理念以民主和科学基础，强调的是任何社区居民作为社区一分子都是平等的，都可以对社区事务进行管理。公众参与是一种社会管理方法，是一种从根本上否定自上而下的命令式、强制性的管理方式，其本质是通过一定的方法和程序，让更多的社区居民能够参加到那些与他们息息相关的政策、规范的制定和决策过程中。

公众参与社区发展规划实施管理是社会发展的必然趋势。社区发展规划仅仅局限于利益集体的游说、政府领导的决定与规划设计者的设计是不健全的，社区发展规划必须要有公众的参与，形成决策者、设计者、开发商和民众之间的良性互动。政府管理者要以更加开放的心态和方式与社会各团体、市民合作，利用各种渠道将社区规划的全过程向公众公开，并及时得到他们的反馈。只有这样才能实现社区发展规划的公开化、民主化、科学化，在协调各方利益的基础上真正体现公众意志的公共利益。

在社区发展规划的实施阶段，社区公众的参与、监督是必不可少的。社区居民作为社区的主体，他们的广泛参与是社区发展规划的生命力，是实现社区发展的根本动力，应让社区居民全过程参与，使其熟悉、关心和理解社区发展规划实施的意义。这将有助于增强社区的凝聚力，改善邻里关系和加强市民对社区的归属感，无形中可以为社区的全面发展营造祥和的社区文化氛围。

当然，公众参与过程是一个需要逐渐培养的过程。在社区发展规划实施过程中，可通过召开座谈会、发放征询意见单、运用相关材料介绍社区规划实施方案等多种形式，广泛开展公众参与，听取公众意见和建议，把公众的意见融合到社区发展规划实施方案中去，切实解决老百姓身边的具体困难，缩短社区发展规划的专业性与老百姓之间的距离，以此来真正实现“以人为本”的社区发展规划宗旨。通过让社区居民亲身参与，加强了社区发展规划的社会群众基础，提高了社区居民的规划意识，也使社区发展规划实施方案更具科学性、现实性。

**阅读材料**

## 如何策划参与式社区居民会议

参与式社区会议可用于社区需求调查、居民意见征求、相关议题信息收集、项目阶段与过程评估等，以下通过社区参与行动服务中心为北京某老城区的“旧城保护与地区发展”议题进行的前期社区访谈会议为例，展示参与式社区讨论会的具体做法(表 5-2)。其背景介绍如下。

**表 5-2 “旧城保护与地区发展”社区居民会议安排表**

| | |
|---|---|
| 正式会议召开前三天 | 协调方召集其他利益相关方讨论确定即将召开的社区访谈会议的内容、分工与时间表 |
| | 会议协调方(社区参与行动服务中心)进行会议筹备<br>会议的目的：①传递该地区旧城保护与地区发展规划的信息；②了解社区居民生活现状；③听取社区居民对于该地区发展规划的建议<br>会议时长：半天 |
| 正式会议召开前两天 | 当地社区居委会向居民代表发出邀请 |
| | ×××社区座谈会<br>邀请函(范本)<br>亲爱的居民朋友：<br>您好！诚邀您参加将于××月××日上午 9 点至 11 点在×××社区居委会会议室召开的“街巷环境改善与地区发展”座谈会。<br>此次座谈会将采取由政府相关部门的工作人员与居民代表进行座谈的形式，以收集居住在此地区的居民意见和建议为目的，为保证在有限的时间内汇总更多有效信息，请您提前做好准备。<br>您的参与将对此次会议起到至关重要的作用。期待您的到来！<br>×××社区居委会/自管会<br>××××年××月××日 |

续表

<table>
<tr><td rowspan="2">正式会议当天</td><td>正式会议的参会人员组成：居民代表 20 人；社区居委会工作人员代表 2 人；相关政府部门代表 4 人；相关设计单位代表 2 人</td></tr>
<tr><td>社区访谈会议议程(以某次社区座谈会议程为例)：
<table>
<tr><th>时间</th><th>内容</th></tr>
<tr><td>9：00～9：10</td><td>介绍会议目的、参会人员、展示会议规则(社区参与行动服务中心宋老师)</td></tr>
<tr><td>9：10～9：20</td><td>背景介绍(北京市城市规划设计院　冯所长)</td></tr>
<tr><td>9：20～10：40</td><td>收集建议：<br>1. 小组讨论：<br>(1)请参会者回顾社区发展的重大事件。<br>(2)“新太仓历史文化保护区发展”利益相关者分析。<br>(3)社区发展和服务的现状、问题分析。<br>2. 讨论汇总：从讨论结果中筛选出有可能解决的需求，并进行对策分析</td></tr>
<tr><td>10：40～11：00</td><td>会议总结</td></tr>
</table></td></tr>
<tr><td>正式会议后第二天</td><td>会议协作方整理会议原始资料并撰写会议记录，完毕后将会议纪要转交合作方</td></tr>
<tr><td rowspan="2">正式会议后第三天</td><td>会议协作方进行会议结果分析，完毕后将分析结果转交给合作方</td></tr>
<tr><td>以某次社区访谈的问题与对策分析为例
<table>
<tr><th>问题</th><th>对策</th></tr>
<tr><td>社区菜市场和废品回收站脏、乱、差，扰民、阻碍交通的问题严重</td><td>(1)首要解决的是脏、乱问题，然后是扰民和阻碍交通逐渐恢复公益功能。<br>(2)建议找到房屋的产权单位负责人告知他们现在的问题并一起讨论解决方案</td></tr>
<tr><td>社区居住房屋私搭乱建严重，特别是出租房</td><td>(1)建议政府要有行政执法力度，区政府应监督。<br>(2)建议找到房屋的产权单位属政府部门的应起到带头作用。<br>(3)当地居民也可形成监督、认可的制度，政府部门执行和支持，“一把手”要过问</td></tr>
<tr><td>缺少诉求上达和反馈机制</td><td>(1)建立需求往上反映和往下反馈的机制。<br>(2)建议领导们经常下基层察看。<br>(3)民无信则无友，官无信则无民</td></tr>
</table></td></tr>
</table>

公众参与规划作为当今中国城市规划发展的重要内容，越来越受到政府部门、设计部门和学术机构的重视。《中华人民共和国城乡规划法》中明确规定，公众参与要纳入各层面的规定制定和修改程序之中，并明确了公众参与的公开原则、公众的知情权、公众意见的表达方式和途径，以及违反公众参与原则行为的法律责任，强调按照公众意愿进行规划。

但是现阶段很多地区公众参与规划仅仅停留在规划后公示图纸的阶段，并没有让受政策影响的市民在政策决策前提出自己的意见和建议，经规划部门论证纳入规划中去。北京市政府规划部门、设计部门都在积极探索如何能够让公众参与规划更加前端，以及更为有效地体现市民的意愿，曾经也尝试进行社区走访、社区调研的工作，但是收到的信息大多是居民对于生活的抱怨，对规划有效的信息较少；此外，政府部门也比较担心，将尚未成型的规划意向与市民讨论可能会引起误会，一旦该规划没有继续或者无法落实，易引起居民的反感，造成政府公信力的下降。

于是引入了第三方技术支持机构——社区参与行动服务中心。其与规划部门、设计部门共同协作，提供公众参与技术支持，运用不同的会议形式和讨论技术，让市民理性反应诉求，从而使相关部门可以更加有效地获取信息。

3．法制保障

法制化是现代社会规划的主要特征之一，也是社区发展规划的科学合理性得以实现的必要条件，是社区发展规划得以实施的有力依据。社区发展规划实施的法律保障就是有关社区发展规划实施的法律规范的制定、法律规范的执行和遵守，以及社会监督机制的建立。

社区发展规划开展得较好的国家无一不以完备的法律为保障。例如，德国、日本等都拥有较为完整的社区发展规划法规体系。国外一些国家大都制定有对区域规划的基本任务、组织、管理进行界定的基本法，作为编制区域规划和综合开发计划的依据，并在实施中制定相关的具体法律、法令及政策作为保障。因此，建立健全的规划法律法规体系至关重要。

社区发展规划作为有限地域的地方性事务，应当以地方性立法作为规划管理的主要依据，在上层法律法规的指导下，结合社区地方实际情况制定。我国社区规划建设处于社会转型时期，相关法律法规、制度规范几乎空缺，缺乏完善的法律保障机制。因此，应借鉴其他国家和地区的“有法可依，有法必依”的法规建设思路，通过立法手段，确定社区发展规划实施的法定地位，进一步健全社区规划管理的各种法律法规和制度规范，使社区规划走向法制化、制度化，在国家城市规划法规体系还不健全的现状下，注重与相关法律法规的直接衔接，形成统一的社区规划规范和技术指标体系，使社区发展规划实施不再是一种“概念”，真正变为能与实际管理接轨的有效措施。

针对我国社区发展规划过程中法律法规不健全的问题，在新时期的社区发展规划管理过程中必须加强对社区法律、法规的制定。一是应重视加强社区发展规划的立法工作，通过立法手段尽早明确其在城市规划体系中的法定地位，使社区规划建设“有法可依”。国家立法机关应该根据社区建设发展的需要，尽快制定或修订社区发展规划专门的法律、法规，并增强其操作性力度。二是加大对社区发展规划工作者贪污的监督，严惩社区发展规划中的腐败分子，杜绝社区发展规划工作者不顾社区居民利益为开发商服务的现象，严格贯彻执行违法必究。

法律制度的建设固然重要，但法制精神的养成更具有根本性的作用。社区发展规划要实行依法管理，不仅行政管理人员护法、守法，同时也要加强公民、法人及社会团体的法治教育工作，使维护和遵守规划成为整个社区的自觉行为，坚决消除漠视和蔑视社区规划的现象。

4. 建立规划实施评价体系

社区发展规划实施评价是指在社区发展规划实施过程中，对规划实施效果及实施环境的趋势和变化进行持续的监测，并在固定的社区实施阶段利用事先约定的评价指标，对社区发展规划实施监测的结果进行评价，以衡量规划实施的效果。通过比照社区发展规划实施的实际效果与规划原定的阶段实施目标的偏差，对规划的目标、策略和实施手段进行调整。

在社区发展规划实施阶段，社区发展规划实施评价体系的作用在以下四个方面：一是可以监测社区发展规划实施情况，即在规划实施过程中，社区发展规划监测机构广泛地收集反映社区发展规划实施效果的信息或数据，收集公众及相关部门对有关社区发展规划执行情况的申诉和建议。二是可以适时评价各阶段规划实施情况，即在社区发展规划实施的各个阶段，根据事先拟定的社区发展规划实施监测与评价指标，评价社区发展规划实施的效果，明确社区发展规划实施中存在的问题。三是提出社区发展规划实施监测与评价报告，即社区发展规划实施评价完成后，提交社区发展规划实施阶段监测与评价报告，其核心内容是就社区发展规划是否需要调整或修编做出判断，并提供相关建议。四是公众咨询，即公布社区发展规划实施评价报告，接受公众对社区发展规划实施效果的监督、听取公众对社区发展规划调整的意见。

对于社区发展规划实施结果的评价有定量和非定量两种方法：定量的评价方法是指在社区发展规划实施的不同阶段，把社区发展规划实施的目标分解成为一组或一定数量的量化指标，把社区发展规划实施结果与对应的拟定指标相比较，从而获得对于社区发展规划实施效果的量化评价；非定量的评价方法一般是指定性的分析方法，通过大量的定性分析后，在掌握社区发展规划实施、运作规律的基础上，做出对社区发展规划实施的分析和判断。

社区发展规划实施评价体系可以全面地考察社区发展规划实施的结果和过程，有效地检测、监督既定社区发展规划的实施过程和结果，并通过评价指标的建立，形成量化的可以对比的评价指标，形成相关信息的反馈，从而提出社区发展规划的修改、调整建议，使社区发展规划运作进入一个良性的循环。因此，建立合理的社区规划评价体系，选择合适的评价指标，对社区发展规划实施的各阶段效果进行评价，是保障社区发展规划有效实施的重要因素。

## ➢本章小结

社区发展规划的制定与实施本身是一个极其复杂的过程，在具体的社区发展规划制定与实施中常常会遭遇这样或那样的问题，需要对原有的社区发展规划制定与实施进行修正、完善，甚至有可能要进行重大调整。所以，在社区建设实践进程中，我们既要重视社区发展规划制定，也要关心社区发展规划实施。我国的社区发展规划刚刚起步，在这个过程中还会碰到很多困难和阻力，它需要社区的每一个人、每一个家庭、政府、专业人士等各种社会力量的共同努力，从而加快社区发展的步伐。

## ➢关键概念

社区发展规划制定，社区发展规划实施，社区发展规划制定原则，社区发展规划制定程序，社区

发展规划实施原则，公众参与

## ➤复习思考题

1. 简述社区发展规划制定的含义与特点。
2. 简述社区发展规划制定的原则。
3. 简述社区发展规划制定的基本程序。
4. 社区发展规划实施中，应抓好哪些方面的工作?
5. 简述社区发展规划实施的原则。
6. 简述怎样进行社区发展规划实施，效果会更好一些。

## 案例

### 社区发展规划将以公众参与为主

北京市规划委 2008 年 10 月 14 日宣布，北京将试点建立“社区规划公众参与平台”，劲松成为首个试点。试点将在 100 个街道及乡镇逐步推广。通过此平台，在建设项目规划管理中，将考虑居民意见，对重大问题或居民反应强烈的问题将召开座谈会、听证会或专题论证。

社区发展规划关乎社区居民的切身利益，然而一直以来，社区居民却难以享有对社区规划的发言权。民意的缺位导致社区规划脱离“以人为本”，背离服务大众的初衷，有的甚至直接造成居民利益受损。举例来说，一块社区的空地应建居民急需的服务设施，如菜市场、体育健身场所等，但相关部门偏偏或建成绿地，或建成商业设施。一些社区发展规划更动辄引起冲突矛盾，因为某个规划许可，业主集体将规划部门告上法庭的新闻频现于媒体，如 2004 年“京城行政许可法第一案”中，因为北京市规划委同意开发商将小区配套幼儿园变更为洗浴中心，149 名业主提起诉讼，北京市规划委最后败诉。

在付出不菲的社会代价后，有关部门认识到公众参与在社区发展规划中的核心地位，推出“社区规划公众参与平台”，这无疑是一大进步。有效实现社区发展规划的公众参与，将是一个多赢之举：一方面，它能维护社区居民的利益；另一方面，它也能提高城市规划的科学性与合理性，从而避免拆与建的循环，大大缩减社会成本。

事实上，保障城市规划的公众参与，在许多国家都有成功的经验。在美国，社区发展非常活跃而且富有成效，其中遍及全国的社区发展规划起着十分重要的作用。基层社区和居民积极参与规划，有时甚至是以一种抗议和斗争的形式进行的。一项城市规划，没有居民的多数同意，一般不可能实施。美国公众参与规划的方式多种多样，常见的有问题研究会、邻里规划会议、机动小组、公众评议会，以及我们熟知的公众听证会等。更关键的是，这种参与的过程都有法律的保障，具备一整套详细的操作程序，程序的规范可以最大限度地杜绝人为的破坏。公众的积极参与对自身利益的争取必然会推动社区更好的发展，改善社区环境，提高生活质量。社区广泛的居民参与尤其是那些表现激烈的抗议活动，强烈地影响着官方的社区规划过程，使社区发展规划更能反映居民的需要和切身利益，体现人本关怀和社会公平，这也恰恰反映了社区发展规划立足社区、服务社区的本质特点。

同样，北京的“社区规划公众参与平台”要想获得成功，也要把规范的程序建设列为重心。例如，应在法律层面上规定，社区发展规划公众参与是“必须”而非可有可无的，没有公众参与的社区发展规划一律视为无效；是否接纳居民意见，不应由政府部门单方面决定，应有一个明确的标准；座谈会、听证会或专题论证在怎样的情况下启动，以什么样的程序进行，等等，应当一目了然。其实，公众参与本来就是一个程序概念，不树立程序上的公信，任何的公众参与都只是美丽的泡影。

近年来，深圳在彻底消除了农村管理体制之后，自然而然便将未来建设和谐社会的重点转到了社区治理方面，完善社区管理体制成了深圳改革的一个重中之重。因此，2006年起深圳展开了声势浩大的"城市管理年"与"基层基础年"活动，实施"深圳市社区规划试点研究"项目。这项研究以龙岗区龙城街道办以及该街道办下辖的爱联社区、五联社区为试点，从社区公共服务体系、社区公共设施和基础设施配套体系、社区人口管理、社区党建、建成区环境与公共空间等方面展开研究，为推动深圳完善社区管理摸索出一些成熟的做法。

按照计划安排，从2006年7月起至2007年6月，规划部门主要侧重在以上几个试点社区和街道摸索出一整套社区规划做法；2007年下半年，制定出社区规划技术及管理规定；2008年以后，推动全市社区规划的全面开展。

与以往的规划几乎全部是"自上而下"进行不同，社区发展规划是一种"自下而上"、尊重社区居民意愿，并以公众参与为主的一种规划，且其内容十分纷繁芜杂。通过此次社区发展规划试点，对于如何提高原农村集体股份公司档次；如何实现社区劳动力的充分就业；社区管理如何更加有序；公共服务供给除政府单一供给外，有无其他模式等问题都应予以考虑，并着手解决。

**案例思考**

1. 为什么社区发展规划的制定与实施需要公众参与？
2. 公众参与社区发展规划的制定与实施应该具备哪些条件？

## 实训指导

往日琶洲村熙熙攘攘的热闹场景已经丝毫无存，只剩下空落落的房子和冷清清的街道。自从琶洲村改造进入全面开拆阶段后，五十多台大型拆卸机器陆续进驻，更大规模的清拆工作已经开始。在不久的将来，一线天和握手楼将彻底从这里消失，取而代之的将是现代化的住宅区和商业区。

琶洲村只是广州众多城中村改造中的一个缩影。类似这样的城中村，广州共有138个。按照广州的规划，广州将争取用3～5年的时间基本完成52个城中村的全面改造任务。其中亚运会前完成猎德、冼村、林和、杨箕、琶洲、小新塘、棠下(白云)、文冲、三元里9个城中村的清拆工作。在琶洲村、杨箕村之前，林和村早已被夷为平地。而更早启动改造的猎德村，到2010年7月底整个改造工作已经进入尾声，中秋节前村民将回迁到新居。此时广州的城中村改造，正以前所未有的速度进行着。

"相关政策的解放，极大地激发了城中村进行改造的热情和积极性"。广州"三旧"改造工作办公室副主任陈建华对记者表示。这些政策中关键的一条就是确立了村集体作为城中村改造的主体的地位。"实施全面改造的城中村，根据村集体经济组织意愿，可以通过公开出让或自主改造协议出让两种模式进行。"陈建华说。

1. 猎德村——公开出让土地融资新模式 政府主导、市场参与的首个成功范例

在如何推进城中村改造上，广州探索了十多年，从最初的拒绝开发商由政府主导，到政府主导引进开发商，最后形成了政府主导、村民自愿、社会参与的开发模式。这期间，具标志性意义的便是猎德村的改造。

2007年猎德村在138个城中村中率先启动改造，按照方案，整个猎德村被推倒重建，其中部分地块转为商业地块进行运作。当年9月，富力地产与合景泰富联手以46亿元拿下占地超过11万平方米的猎德村城中村改造地块，成为政府主导、市场参与的首个成功范例。

猎德村改造后来被誉为城中村改造的典范，其意义就在于它使城中村改造走上了公开出让土地融资的新模式。在后来陆续展开的城中村改造中，也可以看到猎德村的影子，如琶洲村、冼村等。不过即便都是通过卖地融资，但不同的村也有差别。

2. 琶洲村——整个拆迁改造由开发商承担　实行整体打包出让融资

与猎德村公开出让部分土地融资不同的是，琶洲村属于整体打包出让融资。根据规划，琶洲村改造总占地面积为75.8万平方米，分为13宗地块。其中4块地作为融资地块公开出让，被保利地产以1.42亿元竞得；其余9个地块属于村民复建安置用地、村集体经济发展用地及公建配套用地。整个拆迁改造将由开发商承担，保利地产需投入共约170亿元，其中有约47亿元用于村民回迁安置、复建房建设等。

3. 林和村——走出自主改造协议出让模式　拿出部分地块共同开发

林和村、三元里等村采用了不同于猎德村的方式。2010年1月，林和村最终选定新鸿基地产作为合作对象开展城中村改造。改造中林和村并没有出让土地，而是拿出部分地块与合作对象共同开发。据悉，林和村改造后的6栋为回迁房，另有7栋住宅及1栋公寓被作为共同开发的项目，林和村拥有30%的股权，这也是未来村民的分红来源。

“很多人以为林和村改造走的是类似猎德、琶洲的方式，其实不是。它走的是一条自主改造协议出让的模式，只不过林和村选择的合作对象恰好是一家房地产开发商而已。”陈建华对记者表示。

4. 一村一策——激发村民热情

“选择什么样的模式，决定权在村集体，也就是‘一村一策’，政府在里面只是起到引导支持的作用。”陈建华说。“一村一策”中的“策”不仅是指政策，更是指改造方案。每个村都可以根据自己的具体情况来决定改造方式。“实践证明，这个原则很好地协调了各方面的利益，特别是村集体和村民的利益”。

据了解，城中村采用“拆一补一”方式，使每户村民能得到不止一套的回迁住房，房屋租金水平也将上升，原村民长期依赖的“租金经济”不但没有瓦解，而且还得到档次上的提升，很好地平衡了政府、商业力量和村民各方的利益关系。

5. 政策解放——不会与民争利

陈建华认为，广州城中村改造的特点在于政策上的解放。广州市城中村改造在结合《广东省人民政府关于推进“三旧”改造促进节约集约用地的若干意见》和《广州市人民政府关于加快推进“三旧”改造工作的意见》等相关政策的基础上，明确了自主开发的原则，这极大地提高了开发主体的积极性。

广州城中村改造的重要一点就是政府不与民争利。“此前很多外地城市来猎德考察，对于这里的改造赞不绝口，但是又认为猎德经验很难学习”，天河区负责“三旧”改造的人士表示，广州在城中村改造中不参与利益分配，这在其他地方很难实现。

资料来源：黄涛、邱伟荣、卢弈城：《“一村一策”推动广州城中村改造》，《广州日报》，2010年7月27日

**实训要求**

1. 广州城中村改造具体规划实施中坚持了哪些基本原则？
2. 选取广州市即将改造的城中村，编制一个具体的规划方案及实施步骤。

# 第六章

# 社区社会环境发展规划

**本章要点**

社区社会环境发展规划(community development planning of the social environment)是一个多学科交叉的领域，受到多个学科的关注。社区社会环境发展规划主要以社区服务、社区文化、社区体育、社区教育、社区安全、社区社会保障等各项项目的构成要素为基础，进行合理配置与重构，打造社会环境基础，建设社区服务设施，培育社会管理体制和运行机制，发展社会事业，促进社区文明，为社区居民营造氛围和谐的社会空间环境。其目的是有效利用社区资源，发展良好的社区社会关系，有计划地发展和改善居民生活。

## 第一节　社区社会环境发展规划概述

### 一、社区社会环境发展规划的含义

社区发展规划包括社区的社会环境发展规划和物质空间环境发展规划。在传统社会，社会环境的形成具有很强的自发性，是人们在日常生活实践中不断营造的。在社会的现代化阶段，由于社会工程大量兴起，人们逐渐对社会环境发挥积极的能动作用。当人们对一定时期内社区内部的人际关系、社会资本、社会服务、社会保障、社会安全等的发展目标和实现手段进行筹划和部署时，就有了为了改善和促进建成社区的社会环境而进行的规划，我们称之为社区社会环境发展规划。

社区社会环境与社区物质空间环境相对应，它们既相互区别，又相互依赖，共同构成人类赖以生存的基本环境。社区社会环境主要包括社区服务、社区文体教育、社区安全保障等项目。社区社会环境发展规划与社区的规模和功能定位有关，基于社区的人口状况、自然环境、经济基础、人文历史等条件，确定社区社会环境规划项目、目标和实现方式。社区社会环境发展规划主要以上述各项项目的构成要素为基础，进行合理配置与重构，打造社会环境基础，建设社区服务设施，培育社会管理体制和运行机制，发展社会事业，促进社区文明，为居民营造氛围和谐的社会空间环境。

## 二、社区社会环境发展规划的特征

社区社会环境发展规划是以社区为单位的规划，是对社区社会环境及其基础设施和体制机制建设进行的筹划与部署，相对于社区物质空间环境发展规划而言，其具有以下特征。

(1)规划项目的人本性。虽然不少社区社会环境发展规划项目也需要依托物质形态，如老年人活动室、居委会办公室、社区治安监控系统等，但关键是不能缺少人的要素。人是构成社会环境的主体，社会环境不仅服务于人，更需要人参与、营造和维护，一旦没有人的活动，即使是营造好了的社会环境也会随之消失。例如，就社区矫治而言，一旦没有需要矫治的对象，或者居民不支持它，项目就失去生存的土壤。因此，人是构成社会环境发展规划的核心要素，社会环境发展规划需要人的持续参与。

(2)规划基础的政策性。国家法律和政策是社区社会环境发展规划非常重要的外部环境基础。在当代社会，国家宏观社会(区)发展规划和各项社会建设制度实际上确立了微观社区规划的基本框架和内容。例如，社区养老照护服务规划必须以国家养老保障为基础，然后结合本社区特有的老年人口特征和资源优势进行规划。又如，《中华人民共和国城市居民委员会组织法》确立了社区居委会的产生、职能等内容，社区社会环境发展规划遵守法律规定，结合社区特征完善居委会体制，并将其作为规划的前提。社区社会环境发展规划的基础是国家社会(区)发展规划和社会建设制度。

(3)规划主体的多元性。社区物质空间发展规划通常需要城乡建设规划师这样的专业人才，而社区社会环境发展规划的主体既可以是社会保障、社会工作等领域的知识分子和专业人才，也可以是政府部门、社会组织乃至社区居民，没有统一严格的规划主体资格要求。

(4)规划实施的人文性。社区社会环境需要人的持续参与，因此各个社会环境项目如果要有可持续性，就需要维持人们参与的可持续性。这需要将规划纳入或转变成正式制度、社区文化、乡约民俗或生活习惯等，依托文化规范环境来保障规划。

(5)规划实现机制的社会性。社区社会环境的维持除了文化规范约束外，还需要发展机制和动力，所以社区社会环境发展规划需要培育社会发展运行机制，如政府购买社会服务机制、社会参与机制、社会监督机制和社会动员机制等。这些机制依托于社会，服务于社会。因此，社区社会环境发展规划也是组织和培育社会资源的规划。

## 三、社区社会环境发展规划的基本要求

(1)要具有前瞻性。当今世界，科技、经济发展日新月异，人们的需求也随之发生着迅速的变化，因此，在制定社区发展规划时，必须把握前瞻性，尽量充分考虑到几年、几十年后社区居民的需求发展趋势，做到想得周到、想得灵活。例如，过去在对居民生活空间和设施规划设计时，只注意了当时的音响、洗衣机、电视等电器的安置空间，却没有考虑到随着生活水平的提高，一个家庭会有多台电视、多部电

话、多台电脑。因此，如果设计者目光短浅，对人们生活需求趋势缺乏预见，那么就可能造成几年后这些空间和实施很快不能满足人们的生活需要，住户大拆大改，建筑受到损伤。

(2)要统筹兼顾。社区是社会的缩影，麻雀虽小五脏俱全，社区工作涉及人们生活的方方面面，要想做好社区工作，就必须在社区发展规划中做到统筹兼顾。首先，要统筹兼顾社区内各类居民群体的利益和需要。特别需要照顾弱势群体，如鳏寡孤独、残疾人、儿童的利益，关心和照顾他们的生活，给予他们更多支持。同时，也要考虑到其他居民的生活需要，对其提供必要的支持和便利。其次，要统筹兼顾各方面的工作，兼顾好治安、教育、文化、建筑、服务等各个方面的工作，要兼顾好居民生活的各个方面，使居民能够安居乐业。最后，要统筹兼顾居民的当前需要和未来需要，做到可持续发展。对于社区内的自然资源，在充分利用的同时还要积极保护，使以后的居民也能享有良好的环境资源。

(3)要经济实惠。在规划时，社区各方面的建设和活动的举办都要考虑到经济问题，尽量节省开支，做到经济实惠，以较少的投入获得较高的效率。依据目前我国还不算非常富裕、社区的资金来源也非常有限的情况，在社区发展规划中要注意把握经济实惠原则，尽量考虑能切实方便居民生活的项目的投入，减少对居民生活没有太大帮助的形象工程的投入。

(4)要逐步推进。社区发展规划是个复杂的系统，涉及的方面繁杂，不可能一蹴而就，必须从长计议。根据现有的技术条件、人员信息、资金条件等，还要考虑到居民的需要，进行长计划短安排的周密规划，积极实施而不草率，稳中求进。

(5)要宏观规划与微观规划相结合。社区规划既要着眼大处，又要着手小事，要将宏观规划与微观规划相结合，做到既要有宏观的规划，又要有具体落实的实施方案。

(6)社区服务规划方面，应该注意服务的专业化、社会化和市场化。从目前社区服务的现状可以看到，大量从事社区服务工作的人员都是下岗失业人员、退休人员等，人员的整体专业化程度比较差，影响了服务的专业化程度。所以要想提高社区服务的专业化水平就要对社区服务人员进行专业的技术培训，提高他们的服务水平。社区服务是为整个社区的所有居民提供服务，同时也是整个社区居民都参与进来的活动。因此应重视发展社区服务的社会化，积极动员、组织和吸引广大社区居民和其他志愿者参与到各种社区服务活动中来，大力培养自治、自助和互助的精神。社区服务的产业化和市场化是提高社区服务质量和服务水平的有效途径。仅仅将社区服务当做社会福利，不考虑市场经济的规律，可能导致社区服务作用的削弱和质量的降低。所以，社区服务应采用公益性和市场性相结合，且以公益性为主的模式。

(7)要大众化、本土化、多样化、人性化。我国的社区管理应该因地制宜，面向社区基层群众发展大众化，坚持体现中国特色和地方特色的本土化，结合地方实际，发扬地方特色文化。坚持形式和内容不断创新的多样化，坚持以人为本与人文关怀的人性化。这样才能赋予社区建设和管理以无穷的活力和生机。

## 第二节 社区服务发展规划

### 一、社区服务发展规划的含义

社区服务可以从广义和狭义两个不同层面理解。广义上的社区服务包括为社区居民提供的一切服务，涉及整个社会生活的各个方面，生老病死、衣食住行、科教文卫等都包括在内。从狭义上来说，社区服务是指为社区居民的基本日常生活提供服务，主要包括为社区居民提供各种便民利民的生活服务；为生活自理存在困难的老人、残疾人、优抚对象、社会贫困户提供各种能够解决其生活困难的特殊服务；为社区青少年、儿童提供教育、体育、娱乐等服务；为驻社区单位提供各种后勤生活服务等。在我国，社区服务首先是面向弱势群体开展的社会福利服务，面向广大居民开展的便民利民服务则是社会福利和社会服务的补充和延续。这是当初我国改革开放大潮对城市生活结构的变革，是由计划经济体制下的社会福利带来的冲击决定的，社会福利事业开始从单一、封闭的国家包办体制向国家、集体、个人协办转变。要面向社会，多层次、多渠道、多形式地发展社会福利事业。

社区服务具有福利性、地缘性、群众性、服务性和互助性五个特点。社区服务的福利性是指社区服务实际上承担了原来由单位所承担的许多社会福利性的服务活动，这些活动不是以赢利为目的的，而是为了满足社区居民生活服务需求、方便社区居民生活；地缘性是指社区服务主要是为本社区居民提供服务；群众性是指服务对象的广泛性，社区服务对整个社区的全部居民提供服务。服务性是指社区服务主要是以提供各种劳务性服务为主；互助性是指社区服务项目有相当一部分是通过社区居民之间的相互帮助而提供的。

社区服务发展规划是一项以社区为基本单元，以各类社区服务设施为依托，以社区全体居民、驻社区单位为对象，以公共服务、志愿服务、便民利民服务为主要内容，以满足社区居民生活需求、提高社区居民生活质量为目标，促成社会多元主体参与的社会活动。社区服务发展规划应坚持“面向问题，配套改革”的原则，因地制宜，依靠多种社会力量，尝试多种模式，充分动员社区资源，加强协调，切实满足社区成员的不同需求。例如，为适应目前社会老龄化趋势，应加强和完善养老、托老等生活照顾设施和服务的提供，结合社区文化和教育活动以及医疗和心理保健服务，满足老年人群体的多种需要，丰富他们的生活，减轻其所在家庭及整个社会的养老压力。

### 二、社区服务发展规划的内容

社区服务发展规划首先要依据社区具体情况确定社区服务内容。社区服务的内容涉及社区居民生活的各个方面，目前专家学者对此问题并没有取得一致意见，概括起来，主要有以下几种观点。

(1)以社区服务的重要程度作为标准，社区服务可分为三个部分：①核心部分是福利性服务，服务对象是社区中有特殊困难和特殊贡献的人群，服务目的是保障这部分人的基本生活，主要是提供无偿服务。②中间部分是行政事业性服务，服务对象是全体社区居民，目的是为本社区居民解决各种日常生活中的困难，主要是提供非营利性的低偿服务。③边缘部分是商业性服务，目的是提供更全面的服务、方便居民，主要是提供营业性的有偿服务。

(2)以社区服务对象为标准，社区服务可划分为以下六类：①老年人服务。向社区内老年人提供基本的生活保障、健康保障和日常生活服务、应急服务、文化娱乐、心理治疗服务等；可以通过建设老人生活照料中心、老人公寓、老人保健站、老人文化娱乐中心等来提供这些服务；社区老年人社会服务的基本原则是“以人为本”。②残疾人服务。帮助残疾人获得基本生活保障，帮助他们解决就业、婚姻和日常生活中的困难等，可以通过建立残疾人生活照料中心 、康复中心、伤残儿童日托所、残疾人文化活动中心等机构来提供这些服务。③优抚对象服务。对优抚对象提供日常生活服务，可以开展逢年过节慰问送暖活动、子女入托上学就业优先解决、定期慰问等活动，为优抚对象送去温暖，为其解决生活困难。④儿童和青少年服务。可以建立社区托儿所、幼儿园、青少年活动中心等来保障和丰富儿童、青少年的生活。⑤特殊困难者服务。主要为下岗、失业人员提供生活困难补助和救济、提供就业信息及技能培训等服务。⑥便民利民服务。根据社区居民的具体需要提供多种多样的服务活动，如家政服务、公益事业及其他便民服务。

(3)以满足生活需求的内容为标准，社区服务可分为：①社区环境综合治理服务，包括社区绿化、“四害”治理、噪声控制、垃圾分类、火灾隐患消除、违章搭建控制等；②一般日常生活服务，包括日常生活用品的购置与配送、家电维修、服装修改与洗涤熨烫、卫生清理等；③社区医疗卫生服务，包括疾病预防、医疗诊断、病人护理、健康咨询、疾病宣传与防疫等；④社区少年儿童服务，包括婴幼儿照料、午餐配送、课外看管、智力开发等；⑤社区生活服务，包括文化、教育、科普、咨询、培训、体育、娱乐、健身服务等。

通过概括众多关于社区服务内容的观点，社区服务发展规划目标可以归纳为：以弱势群体为核心、面向社区居民提供各种形式的便民利民的社会劳务型服务，以满足社区不同居民群体的多层次、多样化的生活需要。社区服务项目的设置要从社区居民的需求出发，首先满足老年人、残疾人、优抚对象、少年儿童等特殊困难群体的特殊需要，形成托老养老、助残康复、拥军优属、扶贫济困、婚姻殡葬、少儿教育、治安防范等社区福利服务。同时，合理安排经营服务项目，服务社区全体居民，形成生活服务、劳务介绍、文体娱乐等社区便民利民服务。

根据我国《全国社区服务示范城区标准》规定，各街道至少有一所多功能的社区服务中心或具有养老、助残、康复医疗、青少年活动和托幼五所单项特殊群体的服务设施。各街道社区服务中心具有福利性、公益性服务项目 6 个以上，每千人建筑面积达到 10 平方米以上；养老服务设施每千名老年人拥有床位两张以上；助残服务设施容纳 20 人以上；青少年活动站容纳 30 人以上；托幼园所容纳 50 人以上。每个居委会有一个场所固定、面积 30 平方米以上的社区服务站。

## 三、社区服务发展规划的模式

社会服务发展规划除了解决服务对象和服务内容的问题外，还需要解决如何提供服务的问题，即社区服务供给模式的问题。当前的社区服务供给模式比较多，不同形式的服务相辅相成，互相结合，做到了设施服务与外展服务相结合，专职服务与志愿服务相结合、有偿服务与无偿服务相结合。社区服务供给模式主要包括以下四种类型。

(1)社区居民互助型。形成邻里互助网络，积极组织和促进社区居民互助服务，让很多生活问题得到就近解决。

(2)社会服务型。社会服务离不开社区单位的支持和组织，服务以无偿或抵偿形式提供，让社区服务充满生命力。

(3)志愿参与型。社区服务在社区居民自愿、自治、自助、互助原则的基础上，强调社区成员个人参与，组成各类志愿者组织。

(4)实体经营型。社区服务可以以有偿的方式开展多种服务项目，同时也能够利用这些经费进一步完善服务设施。

**案例**

### 国外社区服务形式

英国在社区服务中心设短期护理机构——暂托处。暂托处为因家庭成员外出或离家度假而得不到照顾的残疾人服务，其照顾时间可以是十几个小时，也可以是几天或两个星期。

在美国，全国50%的成年人和70%的大学生参加过各种形式的社区志愿者服务，如为残疾人免费提供送午餐、咨询、安慰电话等服务。每个志愿者每周要参加无偿社区服务工作四小时。

德国设“邻里之家”，为社区内的老年人、儿童、青少年提供多种服务，包括日常生活和文化娱乐类服务。日常生活服务有病员护理、家庭服务、临时照看小孩、烹调、家用电器修理、上街购物、园艺等服务项目；文化娱乐类服务有一年一度的“睦邻节”，还经常举办各种讲座，介绍各种知识。政府不仅给予“邻里之家”一定的财政补贴、资助和监督，还要求入伍服役的所有中学毕业生都必须参加一定的社区服务实践，包括社区志愿者服务活动。

随着社会的发展变化，社区服务发展规划对服务对象、服务内容和服务供给主体等内容的设定有很大的变化，形成了不同的社区服务形式。田青博士对20世纪80年代中期以来社区照料(community care)的发展进行了研究和归纳(表6-1)。我们从中可以看出，社区照料服务供给者、服务对象和服务内容皆越来越多元化，如社区服务不再是单向的由服务人员提供给被服务者，服务人员本身也纳入被服务对象接受社区服务。

**表6-1　20世纪80年代中期以来社区照料的发展①**

| 照料对象 | 老人、失能者等弱势群体 |
|---|---|
| 照料来源 | 中央政府(健康医疗部门)<br>地方政府(社会服务部门)<br>独立部门非营利机构<br>独立部门营利机构<br>家庭、邻里和朋友 |

① 田青：《老人社区照料服务：基于福利多元主义的比较研究》，华东师范大学博士学位论文，第77～78页。

续表

| | |
|---|---|
| 照料内容 | 护理院、家务协助、个人协助、上门服务、暂代照料、家居环境改装、送餐服务、日间照料、休闲娱乐活动、康复理疗等一切有助于服务使用者获得或维持独立性的服务和协助 |
| 发展历程 | (1)1986年起对居住照料者根据家计调查的情况酌情收费；1986年起公共部门服务使用者或接受公共部门资助者需接受需求评估。<br>(2)地方政府被要求少直接提供居住服务(居住服务通过中央资助，交由独立部门承担)，转而增加提供到宅协助、送餐、居家环境的修缮等上门服务。<br>(3)地方社会服务局的角色产生重大转型，从服务提供者变成服务的计划者、促发者、购买者和管理者。<br>(4)大力发展独立部门(包括营利部门和非营利部门)参与提供社区照料服务。<br>(5)与NHS合作提供照料，联合预算，联合规划，联合运作。<br>(6)社区照料的意义扩大到广义共同体照料，其内涵包括在社区中照料、由共同体照料，以及正式照料与非正式照料的合作等全部意义，照料内容扩展到为维持个人独立性和自我控制的所有支持服务 |

因此，社区社会服务发展规划需要根据社会历史变迁和社区实际情况适时进行调整。就目前社会发展而言，社区服务发展模式多元化和多样化趋势明显。

在中国，随着经济模式由计划经济向市场经济转变，原来由单位提供的福利、保障、住房、教育和医疗卫生等社会服务职能从单位分离出来，由社区中的基层组织、群众自治组织和商业组织来承接。社会转型以来，社会人口结构和管理体制也发生显著变化，城市中产生了大量无单位的群体和外来流动人口。由于没有单位为他们提供各种福利和保障，这部分人的日常生活需要都必须纳入城市社区的管理和服务体系，由城市社区服务予以解决。再者，随着社会经济的发展，人们在物质、精神、教育、娱乐、环境等方面的要求不断提高，这些需求需依靠社区及时有效地提供服务来加以解决。社区服务应建立一个完善的服务体系，由社区各类主体共同参与、协调和组织。具体措施包括：建立由上到下的四级(市、区、街道、居委会)社区服务协调结构；建立一个现代化服务网络、一个多功能的服务中心，组织一支专职、兼职和志愿者队伍；社区建设必须建立完善的服务活动制度；健全筹资机制，保证经费来源的广度和稳定度，并将社区服务纳入城市经济和社会发展规划中。

## 第三节　社区文化发展规划

### 一、社区文化的含义

社区文化是一定社会的基层生活文化，特指一定区域内聚居的人群的精神生活现象及其创造物，是社区居民成员精神活动、生活方式、习惯和行为规范的总和。广义的社区文化包括社区经济和政治活动以外的所有现象，而狭义的社区文化是指社区居民在社区范围内进行的各种文化活动，如体育、娱乐和教育活动等。

### 二、社区文化的特点

(1)区位性。社区是按一定的地域特征和居民群体划分的生活区域，不同城市的社区必然有着不同的居民生活方式、文化传统，如南方人喜欢吃米饭，北方人喜欢吃面食；有些地区的人喜欢打牌，有些地方的人喜欢跳舞；等等。此外，同一城市不同地域的社区由于其不同类型居民的文化程度、经济状况、职业的不同，也会形成不同的社区文化。

(2)群众性和通俗性。社区文化是一种面向社区居民的大众性文化，是由群众创作、群众演出、群众娱乐的文化类型，群众是其主体。群众在文化活动中，既是组织者、参与者又是活动者、娱乐者。为了尽量满足所有居民的需要，社区文化往往是群众喜闻乐见的通俗性文化。

(3)多元性。社区文化贴近群众生活，把每个人的思想、行为都融汇其中，内容必然丰富多彩。社区文化在居民构成、文化内容、管理体制和模式上都呈现出多元性的特点。

(4)非营利性。政府组织提供社区文化服务的对象是广大的社区居民，其服务主要是公益性和福利性的文化服务，不应具有营利性质，而社区内部居民自行组织的文化活动是社区内居民的自我服务，更不具有营利性。

(5)娱乐性。社区文化的主要作用是提供给人们一个交流娱乐的平台，让参与的居民感受身心的愉悦，因此其主要形式是娱乐型的。例如，组织腰鼓队、球队、合唱团、舞蹈队，在节假日、早晚开展各种各样的文体活动，如在家里、湖边、山坡上、公园里打牌、唱歌、跳舞、种花养草等。

## 三、社区文化发展规划的模式

社区文化是指一定区域、一定条件下社区成员共同创造的精神财富及其物质形态，包括文化观念、价值观念、社区精神、道德规范、行为准则、公众制度、文化环境等。社区文化的内容广泛、丰富多彩，包括官方和非官方的文化，也包括地方特色的风俗传统，人们独特的交往和生活习惯，而一般而言的狭义的社区文化主要是指社区居民的思维方式、价值观、精神状态、风俗习惯、公共道德等思想形态，以及学习、交往、娱乐、健身、休闲、审美等日常活动[①]。概括而言，社区文化规划主要是指在一定的地域内，以实现社区成员的文化权利为基础，以满足社区成员的文化需求、反映社区成员所创造的物质文化和精神文化为目的，对文化环境与文化活动等内容的未来发展、合理布局进行的筹划和设计活动。

(1)社区文化环境规划。文化环境主要包括社区容貌、休闲娱乐环境、文化设施、生活环境等。怡人的绿化园林、写意的小品园艺、舒心的休闲布局等有利于营造出理想的文化环境氛围。人们通过社区文化环境可以感知社区成员理想、价值观、精神面貌等外在形象，如残疾人无障碍通道设施可以充分体现社区关怀、尊重生命的社区文明。社区文化环境是公共文化服务体系的物质基础，其质量及服务水平体现了一个社区的公共文化服务水平。社区文化场所是社区居民享受公共文化的最基本场所，架构一个布局合理、准入公平的公共文化设施网络，才能达到构建全社会公共文化服务体系的目的。文化环境发展规划主要包括社区文化中心(站)、美术馆、艺术馆、社区图书馆、文化休闲

① 白志刚：《社会文化与体育》，中国劳动社会保障出版社，2001年，第10页。

广场等项目，具体内容见表 6-2。

表 6-2 社区文化环境规划的具体内容

| 项目 | 内容 |
| --- | --- |
| 社区文化中心站 | 社区文化活动中心、青少年宫、星光老年之家、青少年之家、俱乐部、文化宫等 |
| 馆场 | 社区图书馆、艺术馆、美术展览馆等，文化娱乐休闲广场、群众体育锻炼场所、健身场所等 |
| 文化艺术器具和书籍 | 文化艺术器具、道具、书籍、体育器具等 |

(2)社区文化活动规划。社会文化活动包括由政府、社区组织、文艺团体等组织举办的地区性文艺类活动、广场文化活动、节日文化活动等，如书画、民乐、歌舞、读书会、武术表演、咨询会、腰鼓队等居民喜闻乐见的活动。它们是社区成员在交往、娱乐、生活、学习、经营等过程中产生的，反映了社区的风尚、精神、理想。

社区文化活动可分为分散活动和集中活动两种形式，分散活动是指日常的单个参与的业余爱好活动，如花草鱼鸟、影视歌舞、琴棋书画等活动；集中活动是指有组织的文娱活动和节日文艺庆典活动，如周末舞会、少年艺术夏令营、老年合唱团、讲座等活动。另外，还可以举办一些专业化的文化活动，如欣赏高雅的专业性文化演出等。同时，在科普性文化这方面，可以以黑板报、宣传画廊、培训班、科学文化知识讲座、卫生保健知识讲座、读书会活动等形式开展活动。例如，在社区内向社区居民介绍各种健康养生、妇婴保健、家电使用和保养、电脑和网络使用等基本的科学常识和生活知识。

**案例**

## 深圳莲花山的社区文化①

谁说深圳没有年味？第十二届莲花山民间歌舞大巡游凝聚移民城市特色年味。2015 年 3 月 4 日是农历正月十四，莲花山公园成了各种地域年俗文化的展示中心，也成为深圳市民闹元宵的主场。

来自莲花街道 12 个社区的表演者以社区为单位，组成 12 个巡游队伍，沿公园道路巡游，与游园市民零距离接触。其中既有传统的舞龙、秧歌、空竹等中国民俗展示，还有融合农历羊年、全民健身及光彩莲花山等诸多主题的表演，营造出欢乐祥和、激情奋进的节日氛围。

2015 年的大巡游主要是“一支队伍和五大板块”，即“1＋5”。一支队伍即一支巡游展演队伍；五板块即民间剪纸板块、书画艺术板块、多彩莲花山板块、社区风采板块、国民体质检测板块。本次活动由福田区委宣传部(文化体育局)、莲花街道办事处、区文体中心共同举办。

从 2004 年开始，莲花街道办事处每年均于农历元宵节前后在莲花山公园举办“莲花山民间歌舞大巡游”活动，2015 年已经是第 12 届。在前 11 届的巡游中，参与巡游表演的居民累计超过 16 000 人次，到现场观看的市民累计超过 30 万人次。近年来，该活动先后荣获福田区十大文化盛事、福田区文化宣传工作创新奖、深圳市第八届“鹏城金秋”社区文化艺术节最佳效果奖等荣誉，受到新闻媒体广泛报道，成为莲花街道社区居民过年不可或缺的“文化大餐”，也成为中心城区的文化品牌之一。

① 黄青山：《莲花山民间歌舞大巡游精彩上演》，《深圳商报》，2015 年 3 月 5 日。

文化环境与文化活动既相互区别又相互依赖。美国学者凯西·布斯认为社区文化主要是指社区文化活动，包括艺术活动、课堂活动、剧院演出、节日庆典活动、反种族主义和宽容教育、环境美化、文物保护和旅游等内容。但是，社区文化活动的开展与许多文化机构有关，如艺术博物馆、图书馆、剧院、公园、娱乐场所、社区艺术中心动物园、植物园、少数民族聚居地等。

## 第四节　社区体育发展规划

### 一、社区体育的含义

社区体育主要是指在一定社区区域范围内，以自然环境和体育设施为物质基础，以全体社区成员为主要对象，以满足社区成员的体育需求、增进社区成员的身心健康为主要目的，就地就近开展的区域性群众体育。社区体育发展规划就是为发现和解决社区体育问题，改善社区体育环境，满足和培育社区成员的体育需要，居民、政府和有关社区组织收集社区体育信息，整合与开发社区体育资源，筹划和设置新的社区体育制度和运行机制，推动体育社会化、生活化的过程。

### 二、社区体育发展规划的内容

(1)场地设施规划。1997 年，国家体育运动委员会开始实施“全民健身工程”，随后全国城市社区、公园、广场和乡镇农村等区域，主要依托公园、广场、江河湖畔，修建了各具特色的体育主题公园、体育文化广场、居家工程、健身长廊、健身苑、游泳池、全民健身路径等体育场所及各种配套设施。许多国家也依托社区公园设计社区体育中心，将体育设施与公园融合成有机的整体，健身路径都建在公园，游泳池往往同时成为公园的水上娱乐设施。单位体育与社区体育也得到整合，如学校的体育场地设施向社区开放，社区设施向学校开放。

(2)体制机制规划。在管理体制方面，日本实行政府机构、社会团体和民间组织相互协作的社区体育管理体制；美国社区体育的管理体制是行政长官负责，下设专门机构，具体由职能明确的部门进行运作。在运作机制方面，体育俱乐部是西方发达国家社区体育的基本组织形式，以非营利性、俱乐部活动的自愿性和大众性、俱乐部的自主经营和政府扶持为特点；美国还将社区体育项目和其他社区服务项目结合起来确立社区服务项目，并且根据社区人群接受社会资源的多少和身体需要情况进行社区体育活动安排。

**案例**

**珠海社区体育公园：家门口的幸福看得见的活力　建设经验推向全省**

近年来，珠海市香洲区以创建全国文明城市为契机，着力推进社区公园建设，社区体育公园就是其大手笔。所谓社区体育公园，就是在居民社区周边，利用城市边角地或闲置地建设的带有基本体育设施器材的公园。这种公园与我们常见的公园有什么不同？简单说，就是“因地制宜，遍地开花”。从大处着眼制定具有前瞻性的规划；从小处着手扩大公共活动容量，深入挖掘文化体育资源。坚持集约节约原则，利用“边角闲置地块”，成了香洲社区体育公园建设的一大特点——不改变土地用途，不用征地，也不占用新的土地，从而造就一个共赢的结果，土地使用率提高，周边环境大为改观，全民健身成为现实，居民享受到看得见、摸得着的实惠。社区体育公园建设大幕正式拉开后，从选址规划、场地清理、资金投入、工程建设、维护管理，市、区各职能部门协同推进，自上而下形成了一股强大的推动力。

自2012年起，珠海主城区香洲区在全区核心地段按照高标准、高效率建成56个社区体育公园，现已成为社区体育的探路者、居民生活新空间、社会治理创新孵化器。截至2014年年底，这56个社区体育公园已经投入使用，受到群众的极大欢迎。根据香洲区政府制定的《香洲区社区体育公园建设总体规划》，香洲决定用5年的时间在全区建设132个社区体育公园，并根据土地状况、周边居民聚集情况等，将公园的用地规模定为区级、镇街级、社区级三种级别。

2013年12月20日，全省社区体育公园规划建设现场会在珠海市召开，对社区体育公园下一步的建设进行了部署。会议提出，各地要学习珠海经验并加以推广，推动社区体育公园建设在全省全面展开，在珠海经验的基础上制定而成的《广东省社区体育公园规划建设指引》(征求意见稿)也同期公布。

珠海是全国有名的旅游城市，在不少或官方或民间的国内宜居城市排行中珠海都名列前茅。然而，珠海社区体育公园的建设经验告诉我们，即使是珠海这样的城市，其新型城镇化仍然存在很大的提升空间。只要善于去发现、善于去利用，就能够不断提高城镇化的质量，提升居民生活品质。希望新型城镇化的珠海经验能够得到大力推广，也希望更多新型城镇化的好经验能够不断涌现。

## 三、社区体育发展规划的模式

(1)依据体育服务盈利与否，社区体育发展具有两种极端形式：一种是纯福利性的，如全民建设工程的建设和使用，体育广场、体育公园的建设和开放等；另外一种是纯商业性的，如社区体育服务中心和社区内公益性体育场地设施的盈利性经营等。我国在1997年“全民健身工程”之前由于政府在社区和社区体育方面的投资不足，社区体育公共体育场地设施匮乏。随后情况虽然有所改善，但政府供给的社区体育福利性服务标准低，只能满足老年和少儿小部分低层次的体育需求，其他的体育服务几乎都收费。

(2)依据体育服务的政府介入程度，有人根据我国不同时期社区体育发展的特点，将体育服务区分为单位-行政制，行政-社区制和社区-行政制，具体内容如表6-3所示。

**表6-3 不同时期社区体育发展的特点**

| 阶段 | 最初期(单位-行政制) | 发展期(行政-社区制) | 成熟期(社区-行政制) |
| --- | --- | --- | --- |
| 政府的介入度 | 政府的介入度较强 | 政府的介入度减弱 | 政府引导 |
| 街道与社区的介入情况 | 以街道推动为主 | 街道与社区共同推动 | 以社区自治为主 |
| 单位的介入度 | 单位的介入度很高，重点是对场地设施、经费、人力资源的支持 | 单位的介入度减弱，居民体育利益取向逐渐向社区转变 | 居民体育利益社区化 |
| 居民社区意识 | 居民社区意识薄弱，单位意识较强 | 居民社区意识不断增强，单位意识逐渐减弱 | 居民社区意识、单位意识分化 |

续表

| 阶段 | 最初期(单位-行政制) | 发展期(行政-社区制) | 成熟期(社区-行政制) |
|---|---|---|---|
| 居民参与方式 | 动员式执行性参与 | 动员式能动性参与 | 主动式参与 |
| 社区体育的保障条件 | 几乎空白 | 以室内小型活动室和室外简易设施为主 | 拥有配套的体育场地设施 |
| 社区体育组织 | 以政府引导性组织为主，组织形式单一 | 政府引导型组织与居民自治组织并存，组织形式多样化 | 以居民自治组织为主，社区体育组织网络化 |
| 社区体育的活动内容 | 以非竞技性活动为主，可选择性小 | 活动内容不断丰富 | 活动内容个性化 |

(3)多元体育协调发展模式。可以将社区体育与学校体育、家庭体育、单位体育等其他体育资源进行整合，构建多元体育协调发展模式。通过有机结合学校、家庭、社区和其他社区内单位的体育资源，并建立一定的组织和保障措施，达到学校、家庭、社区和单位一体化体育发展的目的。例如，构建“学校与社区体育俱乐部模式”，以学校向社区居民开放体育设施为中心，对体育活动从组织管理到设施资源进行整合利用。

(4)社区体育活动圈规划模式。目前我国城市社区居民的体育活动空间可分为“日常体育活动圈”、“双休日体育活动圈”和“长假体育活动圈”。

“日常体育活动圈”主要供老年人就近就便、少年儿童放学后、在职人员早晚进行日常体育锻炼，这个体育生活圈的主要参加人群是中老年等弱势人群和经常参加体育活动的工薪人群。满足“日常体育活动圈”的体育场地设施力求就近就便、占地少、不扰民。这些设施包括室内器械健身室、有氧训练房、乒乓球室、小型综合体育馆(可用于羽毛球、排球、篮球活动)等，以及室外健身苑、门球场、网球场、小型综合性活动场(可进行足球、篮球、排球活动)等。

“双休日体育活动圈”的体育场地设施配置要比“日常体育生活圈”多，除了满足人们的日常体育需求外，还要考虑双休日居民的集中体育需求，这个体育活动圈的参加人群既有在职工薪人群和学生，也有老年人和以家庭为单位的体育群体。满足“双休日体育活动圈”的体育场地设施力求容量大、项目多，能满足中高收入层次人群的体育需求。这些设施包括室内器械健身房、有氧训练房、乒乓球房、羽毛球馆、网球馆，游泳馆，篮排球馆等，以及室外小型足球场、篮球场、排球场、网球场、综合性儿童活动场等。

“长假体育活动圈”要求容量大、标准高、项目齐全，通常集运动、休闲、会议、餐饮、住宿为一体。这种体育活动圈的建设不属于社区体育场地设施建设的范畴，通常由国家和省市政府统筹考虑。

社区类型的差异性决定了社区体育发展模式的多样化。随着经济、社会的发展和进步，不同类型社区之间的差异性和多样性会越来越明显。近些年形成了一批新兴城市和老城市扩展的城区，其社区构成的基础单位与传统社区差别很大。有些是由经济发达的村镇演化而来的(边缘社区)，有些是由条件较差的农村转化而来的(边缘社区)，有些是相对开放性的、各类城乡单位交叉形成的区域(综合社区)，有些则由相对封闭性的独立单位、村队整体组成(单位社区)，还有大批新建的新型住宅小区。这些社区类型不同，社区体育发展模式也不同，根据各类社区的特点选择适合自己的发展模式具有重要意义。

## 第五节 社区教育发展规划

### 一、社区教育的含义

社区教育(community education)源自20世纪初美国教育学家杜威提出的“学校是社会的基础”的思想。迄今为止，社区教育这一概念虽然已经被世界各国确认，并在现实社区生活中得到应用，但对社区教育含义的界定，还没有统一的观点。国际社区教育协会组织章程中对社区教育的定义为：社区教育是一种过程，所关注的是确认社区之需要、意愿及问题并通过对社区参与服务方案及设施的计划与实施，来增进整个社会的全体幸福。美国1976年出版的《联邦任务》提出社区教育六要素：利用学校之类的公共设施；参与者包括所有年龄、所有阶层、所有种族集团；人们认识自己的需要和问题；发展多种计划以适应这些需要；社区内的各种机构和部门相互协作；多方面的资金来源，包括公共的和私人的、地方州的和联邦的。在美国各种社区教育机构中，社区教育的组织机构是处在社区范围内的公私立中学、社区学院、大学、教会、社区福利团体、博物馆、商业组织。其中，地方公立中小学、社区学校、社区学院已日益成为美国社区教育的主要实施者。

我国教育部对社区教育的定义是：社区教育是在一定地域范围内，充分利用各类教育资源，旨在提高社区全体成员整体素质和生活质量，促进区域经济建设和社会发展的教育活动。另外，我国的一些学者对社区教育的定义是：社区教育是教育社会化、社会教育化、教育一体化的一种新的教育模式。社区教育的推行不仅需要教育部门，同时还需要有社区其他部门和各方面力量的协作与参与。

综上所述，社区教育是社区组织利用各类资源和力量，对社区全体居民开放的普及型教育。其目的是全面提高社区居民的整体素质，满足社区全体成员多方面、多层次的教育需求，促进社区经济、文化以及其他各方面的协调发展。

### 二、社区教育的特征与类型

社区教育具有以下基本特征：①社区教育是依托社区举办的教育。社区教育需要社区组织，并需要利用社区资源来开展教育。②社区教育是多层次、全方位的教育。社区教育是面向整个社区居民的多样性教育，正规与非正规的教育、文化基础教育与职业技能培训、健康保健教育与兴趣爱好的培养都可以囊括在其中。③社区教育是一种全民性的教育。1999年，我国政府提出了全民教育与终身教育的目标，社区教育正是实现全民教育和终身教育的基本途径。④社区教育是一种终身教育。一个人不可能只在学校中接受教育，实现终身教育的现实环境和条件可以由社区教育提供。社区教育是实现终身教育的重要方式。⑤社区教育是一种实用性和休闲性的教育。社区教育是面向全体社区居民的教育，为了满足不同文化程度、不同职业类别的居民的需要，应对其传授以各种实用性知识为主的教育。社区教育是在轻松愉快的环境中进行的，是尽量能让所有社区居民都能参与的教育活动。

社区教育有不同的分类方法：①以教育功能为标准，社区教育可分为社区职业教育和社区非职业教育。社区职业教育的目的是开发社区人力资源，包括使用技术培训、绿色证书资格培训、职业继续教育、转岗培训等；社区非职业教育的目的是促进社区成员终生发展，提高生活质量，包括普通学历教育、扫盲教育、政法教育、文化教育、生活休闲教育等。②以教育对象为标准，社区教育可分为社区一般居民教育和社区工作者教育。社区一般居民教育的目的是促进社区成员终生健康成长和素质全面发展，或者强化社区成员的社区意识和社区归属感，提高他们为社区可持续发展服务的能力，包括幼儿教育、青少年教育、成人教育、妇女教育和老人教育等。社区工作者教育是为建立一支高素质和专业化的社区工者队伍而实施的各级各类社区工作者教育培训。

由于社区教育是面向社区全体居民的，其要满足不同职业、不同文化程度、不同年龄的教育需求，社区教育的内容必然要丰富多彩，多层次、多样化是其主要特点，多类性质的教育(如正规与非正规的教育、文化基础教育与职业技能培训、健康保健教育与兴趣爱好的培养)都可以囊括在其中。可以对成年居民开展法律法规、科技文化和职业技能等方面的教育和培训，开展社区教育有利于冲破封闭式的学校教育的束缚，有利于促进社区居民整体素质的提高，有利于促进终身教育和全面素质教育的发展。

## 三、社区教育发展规划的模式

社区教育经历了从传统社会生活劳动中的个别教育，到工业化时代社区学校中的大众化教育，再到全球化时代中全民终身教育几个发展阶段。在不同阶段及其过渡时期，社区教育发展规划都有不同的目的和模式。例如，清末新政时期，为摆脱传统的封建教育模式，各地纷纷兴学堂，实施学校教育。到 20 世纪 30 年代，兴起农村社区教育运动，影响较大的有陶行知的乡村教育实验和晏阳初的平民教育实验。他们对农民进行识字教育、文化教育、生计教育、农业科技培训等，提供社区大众化教育，目的都在于通过教育农民来培养民族意识和培育民族力量。

20 世纪 90 年代，Tom Lovett 和 Chris Clarke 提出了四种社区教育发展规划模式，即社区组织教育模式、社区发展教育模式、社区行动教育模式和社会行动教育模式。

(1)社区组织教育模式。社区组织教育模式试图将社区“组织”的某些方面与社区“工作”相联系，并将它们与社区教育设施联系起来。这有助于集中精力开展有效的合作，开发和利用各种有效的教育资源，以满足社区教育的需要。早期的社区教育发展计划多采用这一模式，因为该模式特别关注提供再生性教育资源。人们对这种社区教育发展模式的主要批评是：虽然它鼓励成年工人参与教育，鼓励个人发展，也有可能提供一个梯子，使人走出所谓的贫穷，但它留下了大量问题，特别是对贫穷和不平等问题无能为力。

(2)社区发展教育模式。社区发展教育模式的出现，是人们对社区教育将注意力过分集中于社区组织与社区工作的结合提出批评的结果。在社区发展教育模式中，社区教育工作者更像一个协助者，他们参与当地各种社区教育项目，为人们提供信息、资源和建议，有时候还要为人们更系统地学习专门技能及与此相关的技术训练提供机会。但是该模式的弱点在于，它假设在困难地区出现的问题能够通过合作与提高理解水平来解决，但事实上这一点很难做到。

(3)社区行动教育模式。社区行动模式特别强调将社区教育与社区行动结合起来，强调在解决当地问题时建立可选择机制的重要性，提倡社区教育工作者与当地社区保持有机联系。有人坚持认为社区行动本身就是一个教育过程。

(4)社会行动教育模式。这种模式与英美国家的劳工大学运动有许多相似之处，其将大部分重点集中于动机、内容及艰难的教育努力上，集中于社会行动而不是社区行动上，集中于工人阶层而不是整个社区的教育上。这种模式受到批评的原因是，它对教育的解释较狭义，可能造成过于严肃的教育危害。

除此之外，我国学者王秋绒还系统阐述了激进的社区教育发展模式和博雅的社区教育发展模式。激进的社区教育发展模式由于强调的是使社区公众的意识幡然改变，因此较适合在“将社区发展当做一种社会运动”的环境中运用。博雅的社区教育发展模式因偏重社区居民凝聚力、意识的培养，可以在各种社区发展模式中被采用。

## 四、国外社区教育的模式

### 1. 美国

美国社区教育中的职业性继续教育模式最为典型的是社区学院和生计教育计划。美国的社区学院是两年制的高等教育机构，类似于我国许多地方的业余大学。社区学院通过六种途径开展社区教育：由学院相关科系实施；社区学院设立专门的社区教育部开展工作；社区学院在教学上配合本社区工作；社区学院设立咨询委员会，担任各种社区问题的顾问；社区成立社区委员会，附属于学院；社区学院与地方政府、教育机构、娱乐机构和企业联办各种社区教育项目。社区居民推选知名人士组成学院管理机构董事会，董事会能及时反映社区成员的愿望和社区问题；学院根据本社区的经济结构和职业结构设置课程，直接为企业培训人才；学院还与企业共同商讨教学计划、课程设置，并从有关企业聘请顾问教师，促进社区人才的培养和就业问题的解决。

美国于20世纪70年代推行了生计教育计划，该计划通过三条途径实施：①学校途径。对中学在校生实行个别化教育，为中学生提供更多的选择机会，使学校情境符合学生个人兴趣和需要。②家庭-社区途径。对离校生进行提高就业能力教育，教育媒介是电视、广播和辅导站。③农村-住宅区途径。对低收入阶层成员进行增加雇佣机会的训练教育。

美国的社区教育充分体现了其社区教育的理想，即“造就无差别的人”，为国家培养合格公民，为市场培养合格、自食其力的劳动者，这与美国常春藤学校培养国家未来领导人和社会精英的教育理想形成有益互补。

## 案例

### 奥巴马提议免费开放社区大学①

美国总统奥巴马于2015年1月8日提议，免费开放两年制社区大学(或只收取极少费用)，提议如获通过，将惠及全美数百万学生，也将是白宫改革高等教育所做的重大投资。

田纳西州和芝加哥是最先做出尝试的地区，奥巴马作此提议也是受其启发。在田纳西州，学生可以进入州内27所教授应用技术的学院、社区大学或能够提供副学士学位的四年制公立大学。根据提案计划，社区大学免费开放的费用75%由联邦政府出资，剩余费用由所在州政府承担。据预计，若此项目能在全美实施，将有900万学生从中获益。

政府数据显示，过去30年中，公立四年制大学的学费涨幅超过250%。白宫政策顾问赛斯利亚·穆尼奥斯称，免费化会使传统高等教育发生巨变，两年制大学将更加普遍。

社区大学免费开放项目也反映了奥巴马最钟爱的主题，即通过教育和机会壮大中产阶级。在他看来，州政府减少对高等教育的资助是阻碍人们向中产阶级发展的最大障碍。项目如能顺利实施，一个全日制社区大学学生每年可以平均省下3 800美元。除此之外，奥巴马还计划免费开放高质量的技术培训学校。

2. 日本

日本非职业性继续教育注重社区成员的一般知识修养、精神陶冶和社区情感教育，从其教育内容和对象看，可分为两大类：第一类教育对象包括从青少年到老年各个年龄段的人；内容从日常生活到学术研究各层次，形式从个人阅读到小组座谈，丰富多样；活动场所包括公民馆、民间“文化教养中心”、图书馆、博物馆和向社区开放的学校等。第二类教育对象为青少年，形式包括团体活动和学校讲座两大类，教育设施有青年之家、少年自然之家、劳动青少年之家、儿童文化中心、儿童馆等。

进入21世纪，日本的大、中型城市都设立了终身学习体系，建立起终身学习推进员-推进委员会-财团法人教育振兴公社三层次构成的终身学习组织体系，建立终身学习室-市民学习中心-市立综合终身学习中心三层次构成的终身学习设施体系，为市民规划实施了“任何时候、任何地方、任何人，想要学习时，总能找到自己的位置”的终身学习设施场所。在这些场所的工作人员，全部是志愿者或NPO的成员。2003年，日本内阁府国民生活局修订的《关于NPO法的运营方针》提出“发挥志愿者、NPO组织的教育力”，促使广大市民在参与志愿者NPO活动中进行社会学习，学会人际交往技巧，培养社会组织活动骨干，促进社区发展。

3. 中国台湾

中国台湾为促进社区终身教育，建立了具有本地区特色的灵活多样的社区终身学习组织，如社区学苑、社区读书会、社区租书店(图6-1)等，还为统筹和运作社区所有终身学习资源建立“社区终身学习中心”这样的机构。

---

① 李绍仲：《美国总统奥巴马提议将免费开放两年制社区大学》，环球网，2015年1月10日。

图 6-1　台湾“皇冠租书城”(中华店)

注：创立于 1993 年的台湾“皇冠租书城”，目前在中国台湾、中国澳门、马来西亚、新加坡、美洲、澳大利亚等地共拥有近八百家加盟店，成为首家跨足亚洲以外地区、唯一可将全套开 214 店设备输出至海外的租书品牌，它以专业性、成功率、增长率全面领先同业的优势，晋升为全球租书业店数最多的第一品牌，并朝全台湾最大“小区型信息休闲中心”的目标迈进

我国当前实施社区教育的基本模式有以下几种：其一，以街道办事处为中心的模式。由街道办事处的相关职能科室，按行政管理方式布置、落实和检查社区教育工作，或者由当地党政领导挂帅成立社区教育委员会来参加社区的教育工作等。其二，以社区中小学为主体的模式。这种模式是以学校为主体，由学校牵头组建活动委员会，研究学校的课外教育工作，参与学校课外活动的协调与管理，开展一些文体类活动。其三，以社区学院为载体的模式，由街道办事处、民政局或者区域内单位委托高等院校办学，组织教育教学活动。其四，以地域为边界进行的自治型模式。由社区各界共同组成社区教育协调委员会，对本社区的教育活动进行筹划。

## 第六节　社区安全与社区社会保障发展规划

### 一、社区安全发展规划

#### (一)安全社区的含义

社区安全治理意识在 20 世纪 70 年代就已经萌发，1975 年世界第一个安全社区的雏形诞生于瑞典。1989 年在瑞典斯德哥尔摩进行了“第一届事故伤害国际研讨会”，世界卫生组织(World Health Organization，WHO)在大会通过了《安全社区宣言》的决议，并提出“任何人都平等享有健康和安全的权利”的宣言。国际上对安全社区还没有一个确切的定义，但是安全社区可以理解为一种通过建立一套组织机构和程序，促进社区有关机构、志愿者组织、企业和个人共同参与伤害预防和安全促进工作，并通过持续改进实现安全健康目标的社区。

#### (二)社区安全的内容

2009 年，世界卫生组织社区安全促进合作中心出台了《WHO 安全社区组织导则》对安全社区建设必须完成的工作做了相应的规定，建议社区开展“运输安全、家居安全、娱乐安全、儿童安全、老人安全、职业安全、故意伤害预防、自杀预防、防灾和救灾”

九类典型的有效项目，规定安全社区建设需“覆盖所有性别、年龄段、环境和情境的长期可持续性的项目”。并且，WHO 制定了安全社区的准则：①有一个负责安全促进的跨部门合作的组织机构；②有长期、持续、能覆盖不同性别、年龄的人员和各种环境及状况的伤害预防计划；③有针对高危人员、高风险环境，以及提高脆弱群体的安全水平的预防项目；④有记录伤害发生的频率及其原因的制度；⑤有评估安全促进项目、工作过程、变化效果的评价方法；⑥积极参与本地区及国际安全社区网络的有关活动。

联合国开发计划署发布的《1994 年人类发展报告》首次提出“人的安全”的概念。该报告认为“人的安全有两大方面的内容，其一是免于诸如饥饿、疾病和压迫等长期威胁的安全；其二是在家庭、工作或社区等日常生活中对突如其来的伤害性的骚扰的保护。”该报告提出与此相应的“人的安全”的七大要素，即经济安全(基本收入有保障)、粮食安全(确保粮食供应充足)、健康安全(相对免于疾病和传染)、环境安全(能够获得清洁水源、清新空气和未退化的耕地)、人身安全(免遭人身暴力和威胁)、共同体安全(文化特性的安全)、政治安全(基本人权和自由得到保护)。相对国家安全、公共安全，“人的安全”这一概念意味着安全指涉对象的下沉，具体到每一个人，衣食住行、职业安全、社会治安等与日常生活相关的问题也有可能被纳入安全研究的话语。此外，由于现代社会环境问题引发的重大自然灾害、各类生态安全问题、网络时代的信息安全问题、与生活息息相关的食品安全问题等，都将不断影响社区的安全和健康发展，非传统安全威胁对于社区及公民个体的挑战不断加剧。

中国国家安全生产监督管理总局于 2006 年颁发了《国家安全社区建设基本要求》，提出社区安全建设中安全促进项目的重点应针对高危人群、高风险环境和弱势群体，并考虑交通安全、消防安全、工作场所安全、家居安全、老年人安全、儿童安全、学校安全、公共场所安全、体育运动安全、涉水安全、社会治安、防灾减灾与环境安全。

**(三)社区安全发展规划模式**

为应对社区不安全因素，尤其是突发性危机，学者以社会互动理论为视角，研究“社区运动”、“社区参与”和“社区营造”对于危机应对或应急管理的影响，提出透过“共同价值目标的行为化”或是“基于共同价值和清晰目标的发动”开展社区安全规划。早在“安全社区”的雏形诞生之时，瑞典 Falkoping 社区就意识到要解决意外伤害等公众安全问题，必须依靠社区各部门及志愿者团体的力量。

1. 美国社区安全发展规划案例

“9·11”事件之后美国成立了国土安全部，国土安全(如民防、紧急反应、执法、海关、边境巡逻及移民检查等)实际是政府的传统职能。美国的民防部门根据国土安全的需要调整了传统职能，以应对新的非传统安全威胁和不断变化的危险。不仅仅是政府的行动，美国的民防部门还通过社区动员来发动国家的集体力量，其实施社区动员行动计划采取的具体措施主要有以下三种。

(1)行动一：社区反恐行动。美国学者法里德·扎卡里亚在美国《时代》周刊中撰文《微恐怖主义的一年》，这意味着一种新型的非传统安全威胁的兴起，微恐怖主义也可被定义为小规模恐怖主义，其执行者选择的不是最大的或最引人注目的行动，而是那些最有望成功的行动。微恐怖主义的一个核心特征就是，其行动不是由高层指挥的，而是从下层兴起的。随着微恐怖主义威胁在美国的蔓延，美国政府已在社区层面推广"社区反恐监视系统"，以便社区民众发现潜在的恐怖主义威胁并及时向警方提供线索。

(2)行动二："防灾型社区"。这是一种典型的组织性动员机制，下面可对美国"防灾型社区"动员机制的构建及其基本步骤和功能建设进行简单地梳理。首先，"防灾型社区"动员机制的构建分为四点：①公共部门的支持；②社区意识的培育；③社区居民公共合作关系的建立和社区共同安全价值的树立；④开展社区灾害教育和自救互救培训。其次，"防灾型社区"动员机制构建的基本步骤是：①建立社区伙伴关系，包括社区组织、社区学校、家庭、公民个体等强有力的公众力量；②获取风险和威胁信息，评估社区安全；③确认社区风险和制订社区减灾计划；④确立动员方案，形成正式的"防灾型社区"动员机制。最后，"防灾型社区"动员机制的功能建设包括以下几点：①强化灾前的心理准备；②提高灾害时的行动能力；③加强灾后的复原能力。

(3)行动三："社区救援队"。美国社区救援队的概念是由洛杉矶市消防局在 1985 年提出并付诸实施的。这是一种精英式的社区动员，其主要过程就是由灾难预防局向社区中的精英提供自救互救能力的培训，帮助建立社区救援队。美国的社区救援队通过严格的训练和组织程序，使受训者对灾害后果有充足的心理准备并能从容处理所面对的问题。实践证明，在处理一些突发性的非传统安全威胁时，即便专业救援力量不够或不能直接援助地方社会，这些辅助性的救援力量也可以发挥巨大的作用。

2. 日本社区安全发展规划案例

近年来，日本改变了政府"独导"的救灾体系，政府动员民众、企业、非政府组织、非营利团体、自愿者相互合作的"公救""共救""自救"体系，建立了横跨部门之间的"勤报告""多联系""快协商"的信息沟通制度，推行了中央危机管理部门与地方政府对应部门相互协调的、跨行政区的年度防灾训练，开展了建立以安全社区营造和居民自主防灾会为特点的社区营造行动，使以主动参与为导向的全民化非传统安全威胁应对体制得以实现。

(1)"安全社区营造"行动。日本的龟冈市是国际安全社区网络的第一个成员，多年来日本政府一直致力于安全社区营造项目的推广，这一项目的评价体系并不是简单地以社区的安全水平为标准，而是综合考察社区安全促进过程中的有效性和可持续性，"安全社区"的组织机构主要承担了以下几项任务：普及防灾知识、组织防灾训练；检查安全隐患、保管和维护防灾器材；组织志愿者，形成社区自救互救力量，如消防团、水防团、妇女防火俱乐部、少年防火俱乐部、儿童防火俱乐部等；编写指导手册，如东京的目黑区自发组织编写了《居民防灾行动指南》，并根据社区内外国居民多的特点，将其翻译成汉、英、韩、德等多国文字，分发给居民阅读；提供教育培训基地，如地震知识学习馆，内设地震模拟台、逃生学习室、消防灭火室和救助伤员学习室。

(2)"居民自主防灾会"行动。日本静冈县在 1974 年洪水灾害以后率先推行了"居民自主防灾会"行动。目前，日本静冈县内的 74 个市町村成立了 5 020 个"居民自主防灾会"，基本实现了 100%的覆盖率。此类社区组织除了最大限度地开展了"防灾""减灾""救灾"社区动员行动以外，还形成了政府和居民之间良性互动的重要桥梁。"居民自主防灾会”的主要职责是：第一，开展防灾训练，日本将社区居民的防灾训练主要分为三种，即会场型、随意型和图上训练型。第二，保管物资，负责防灾地图、救灾器械等的保管，以及食品饮料等救灾物资的分发和储备。日本“居民自主防灾会”主要在以下方面与政府部分进行互动：首先，地方政府根据《地震财特法》，向企业法人征收专项资金用于各个地区“居民自主防灾会”的防震事业，在县市财政援助下，各社区配备了防灾器械仓库，配齐了基本的救灾器械。其次，地方政府负责为社区提供人员培训方面的援助，如地方防灾局致力于对“防灾士”的训练和开展“地区防灾指导”。而“防灾士”的主要作用是平时进行各种减灾活动的普及宣传工作，灾后在专业救援人员没有赶到现场时，提供紧急救护。最后，地方政府还通过地方的“居民自主防灾会”，向居民提供防灾信息。主要通过自办的小报，以简单易懂的方式，向市民提供各种防灾小知识。

3. 从社区治安管理到社区安全治理

上述各个国家的社区安全模式实际上代表着一种新的“社区安全治理”模式，与传统的“社区治安管理”模式有所区别，有学者对二者的不同特征进行了归纳(表 6-4)。

**表 6-4　社区治安管理与社区安全治理之下社区关系的不同特征**

| 社区治安管理 | | 社区安全治理 | |
|---|---|---|---|
| 特征 | 社区关系 | 特征 | 社区关系 |
| 低层次的安全需求 | 孤立 | 高层次、多样化的安全需求 | 合作 |
| 过度重视技防 | | 转向以人防为核心 | 协调 |
| 对安全服务的依赖性 | 被动 | 安全参与的过程 | 参与 |
| 以政府和职能机构主导 | | 各主体的协力合作 | 主动 |
| 封闭式管理倾向 | 消极 | 走向开放的复合式治理 | 合作 |
| 规避风险的安全文化 | | 主动探求安全风险的文化 | 积极 |

从这两种社区安全模式可以看出，社区安全治理更强调居民多元力量共同参与，强调居民积极主动参与。下面我们通过对两个社区治安行动模式进行比较来更具象地展示它们之间的区别。

(1)门禁制。美国学者爱德华·布雷克利和玛莉·盖尔·辛德尔提出门禁社区的概念。他们认为，门禁社区就是通过限制性的入口设置使居住地由公共空间转化为一种私有空间的社区模式。这种社区模式出于安全考虑，通常用围墙或者栅栏明确地标示出边界，设立大门来限制非本社区人员的进入。

(2)邻里守望制。英国实施了张贴邻里守望标志牌的邻里守望制(neighborhood watch)。它是由地方政府或警察部门发起、由市民志愿人员组织的群众性机构。在英国的德文郡，一走进居民区，就会见到家家户户的门、墙上贴着大小各异、色彩不同的邻里守望标志牌。标志牌一般印有图案，图案中警察与老人、儿童手拉手站在一起；一般有这样的一些话：“你已走进邻里守望地区。我家所有物品都刻有姓名与邮政编码。”这种方法与我国的治保会有一定的类似之处，但治保会的工作远没有西方邻里守望工作做得扎实、做得深入人心。在西方社区中，当家庭主妇上街购物时，想到家中财产都有标记，有邻居帮助照看门户，心里会很踏实。当犯罪分子走入邻里守望区，一见到标志牌就会觉得有千万双眼睛在盯着他。

充分发挥社会力量参与社区安全，成为当前社区安全发展规划的一种趋势。例如，新加坡通过立法规定社会各界的民防义务行为，并建立社区志愿者档案，施行临时招募制度，已经形成76万多名正式民防志愿者和30多万名民防后备人员；除了有相对稳定的抢险救灾“常备军”——民防部队之外，还训练了大规模的社区志愿者队伍，与政府其他相关部门密切配合，负责社区防灾救险的自救与互救。

**案例**

**上海将开展社区综合风险评估　绘制“风险地图”①**

2012年5月7日，上海2012年“防灾减灾日”宣传周启动仪式举行。上海将在去年试点的基础上全面启动社区风险评估工作。2012年计划在杨浦区、徐汇区、松江区全面推进“社区风险评估示范点”创建工作，绘制“风险地图”，预计年底可实现社区“风险地图”在上述三个区县的全区覆盖。

“风险地图”的绘制由社区居民充分参与。上海市民政局指导社区居民判断生活环境中存在的风险因素，并由居民来为风险等级打分，最终形成一个分为四个风险等级的“风险地图”。上海市民政局相关人士表示，此举旨在让上海社区居民参与其中，提高防灾减灾的意识。

“十二五”期间，上海共建立200个社区风险评估示范点，以此带动全市各街镇开展风险评估活动，并最终形成全市“风险地图”。同时，上海还计划基于GIS空间信息系统建立全市社区风险评估体系，实现风险综合信息的互通共享，以此为预防规划和应对策略提供技术支撑。

在推进“社区风险评估示范点”创建工作的过程中，上海还计划通过政府购买服务的方式，将社会组织引入此项工作，通过对社会组织进行专业、系统的培训，依托社会组织发动、带领社区民众进行社区风险评估和风险地图绘制，增强社会组织和公众在防灾减灾工作中的积极性和参与性，让社会组织在实践中进一步提升自身的能力建设，从而进一步强化政府的社会管理职能。

## 二、社区社会保障发展规划

### (一)社区社会保障的概念

社区社会保障是相对于国家保障、单位保障、城镇保障、全民所有制单位保障而言的，它让社区在服务保障、失业者的就业保障、医疗保障和社会救助等方面发挥作用。它是一种以国家的社会保障制度为基础，面向全体社区成员并向社区成员提供终身性保障和适宜服务的新型保障制度。

社区社会保障是整体社会保障中的直接面向社区居民的较为基本的一种社会保障形式。它是社会保障体系的重要组成部分，社区在政府的授权和指导之下，利用社区力量、开发社区资源，为社区居民提供社区性的社会保障服务。政府和民间力量在社会保障上的结合点是“社区”，在一定程度上可以说，社区的所有主体都可以成为社区保障的

① 宗晨亮：《上海将开展社区综合风险评估　绘制“风险地图”》，中国新闻网，2012年5月7日。

提供者，所以最后建立的必然是包括政府、社团、社会网络和市场在内的综合式多元化的保障体系。社区保障的根本旨趣就在于促进社会保障社会化和社区发展的良性互动。

### (二)社区社会保障的内容

社区社会保障主要包括以下几个方面的内容。

(1)社区养老。社区养老即为行动不便的老年群体提供扎根于社区的养老服务和长期照料服务。例如，美国为老人提供以家庭和社区为基础的福利服务，包括送餐服务、老人日间照顾、护理之家、老人中心(senior center)、营养服务、长期照顾计划、法律援助和健康促进等。

(2)社区救助。建立在社区层面的社会救助，是社区为履行国家和社会责任，为保障困难群众的基本生活而建立的运行于社区之中的社会救助制度。社区救助的内容很广，凡国家和社区开展的对社区内居民进行的帮助都是社区救助，包括社区扶贫救助、社区医疗救助、社区住房救助、社区互助、社区服务救助。社区救助主要针对困难群体，包括老弱病残、低收入群体、下岗失业人员、流浪乞讨人员等弱势群体，救助范围遍及整个社区。

(3)社区医疗。社区医疗机构为居民提供门诊治疗、入户治疗、社区内康复、计划生育咨询、免疫接种以及传染病预防控制等服务。社区医疗机构通过公共卫生、健康教育、预防保健等工作增进居民健康，强调社区医疗机构与家庭及其成员建立系统、连续、长久的医疗保健关系，包括社区医疗机构卫生技术人员为居民个人和家庭提供医疗技术服务、健康教育、疾病防治，在社区内解决大部分健康问题。

(4)社区就业。通过开设技能培训班，提高居民的就业竞争能力，通过各种网络资源及时了解社会就业需求信息，在社区内建立就业信息布告栏，及时向居民公布就业信息，并为居民提供就业指导。同时，社区可以根据需要就业的居民的自身技能和专长，积极向用工单位推荐人选；还可以扶助居民自主创业，给予创业居民资金和技术上的支持。

(5)社区残疾人保障。充分调动和挖掘社区内的资源，对残疾人进行保障。社区残疾人保障主要包括生活保障、教育保障、精神保障、就业保障等。

(6)社区优抚。优抚对象主要包括老复员军人、带病返乡退伍军人、伤残军人、因公牺牲军人家属和病故军人家属等。社区优抚内容主要包括定期的拥军优属工作、日常的军烈属慰问活动、困难军烈属家庭的救济申请及发放，以及对无劳动能力的军烈属的劳务帮助等。

(7)社区慈善。社区慈善事业社区化是把慈善事业与我国社区发展结合起来，以社区为基础，把捐助者、社会中介组织与受益人有机结合成为一个慈善网络，以实现慈善事业的最优化发展。慈善网络汇聚的资源用于无力自行摆脱危难的社区困难群体，这个过程是社会资源的第三次分配，是社区社会保障的重要补充，因此，立足社区发展慈善公益事业是构建和谐社会的一个重要起点。

### (三)社区社会保障规划的模式

社会保障社区化是现代社会的发展趋势，成为与国家社会保障、单位社会保障相互补充的社会发展内容，也是各国为弥补国家社会保障缺陷的一种选择。各国在社会保障社区化规划与实践中形成了许多经验。

(1)社区救助发展规划。社区救助是发展趋势，只有实现救助管理工作重心的下移，才能提高救助效率，降低救助成本，形成条块结合、部门协作、上下联动的现代救助管理服务网络。

纽约市在1993年就成立了“无家可归者服务部”统筹“无家可归者”救助工作。该部门归市长直接领导，下设两个分部，即成人服务部和家庭服务部。成人服务部为“无家可归者”提供暂时庇护所，家庭服务部为有孩子的家庭和怀孕妇女提供住宿。2001年纽约市平均每晚在收容所过夜人数达7 187人。收容所为“无家可归者”提供24小时接待服务，服务内容包括热饭、洗衣设备、医疗服务、洗澡和健身空间，还有就业指导(如园艺、保安等)。家庭服务部下属收容所还为“无家可归者”家庭提供公寓式居住单元，提供预防性侵犯、独立生存技能培养和儿童照料等服务，它还与教育局合作，提供夜校课程。此外，收容所还为精神病患者提供治疗服务项目，这些项目均由专业医生、精神病学专家和护士参加。

收容所的工作人员经常上街劝说“无家可归者”搬到庇护所住宿，他们称之为“扫街”服务。这项服务光靠政府部门努力远远不够，纽约市社区非营利组织与政府签订了合同，组成六个工作组：曼哈顿区两个，其余每个区一个，负责“扫街”工作。例如，市政府规定，当气温下降到一定程度，政府必须立即搭建临时收容所，警察将街上的“无家可归者”强制性劝到临时收容所里。社区非营利组织和教会慈善团体的人协助政府收容所搭白色帐篷供“无家可归者”当晚栖身，并向他们提供免费食品。

(2)社区慈善发展规划。“慈善超市”是指面向低保户和低收入家庭低价销售或免费发放社会捐赠物品的救助点，采用凭券、凭卡领物等方式开展救助，名称上还有阳光超市、爱心超市、扶贫超市等不同的叫法，体现的是整个社会对困难群众的关心和爱心。“慈善超市”借用“商业超市”的概念，将“超市”与“慈善”相结合。它起源于美国的“好意慈善事业组织”(Good Will)，该组织是非营利机构开办的一种免税“公司”，主要业务是接受、处理、销售市民们捐赠的旧物，用销售这些物资得到的善款为残疾人、失业者、新移民等兴办各种类型的福利工厂、职业培训机构和就业安置场所。

在中国，作为构建和谐社会的一项重要的“民心工程”，民政部发出《关于在大中城市推广建立“慈善超市”的通知》，要求各地民政部门在全国大中城市推广建立“慈善超市”，通过这一社会捐助新模式，加强对城市困难群众的经常性生活救助。截止到2006年年底，全国建立了4 000多个“慈善超市”“爱心超市”“阳光超市”等机构。

**阅读材料**

### 慈善社区

获得联合国“国际慈善社区”称号的北京龙湾别墅，推行的是由开发商作为主体力量带动推进全社区人员参与的社区共享式慈善。社区共享式慈善的主要运行模式是：龙湾别墅的开发商在别墅一期的所有业主中抽取10个大奖，奖项为以业主的意愿选择资助地点捐助10个春蕾小学，并以业主的意愿命名这10个春蕾小学；同时还将抽取爱心奖50个，奖项为为每位业主资助10名失学儿童重返校园。这是社区慈善运行的一种创新模式。

(3)社区照料发展规划。社区照料是指在社区中由家人、亲戚、朋友、邻居、志愿者和社区领袖等各类人士组成非正式网络，去为有需要的人士提供照顾，以求在社区环境中改善居民的生活。社区照料的内容包括生活照料(饮食起居的照顾、打扫卫生、代为购物等)、物质支援(提供食物、安装设施、减免税收等)、心理支持(治病、护理、传授养生之道等)、整体关怀(改善生活环境、发动周围资源予以支持等)等。广义的社区照料还包括室内保健、居住地保健和福利机构服务、家庭外医疗服务、日间照管服务，以及有助于保证老人生活质量的社交的、休闲的和教育的设施等。社区照料提倡发掘民间的福利资源，动员居民参与，通过非营利的中介服务机构的工作，使福利服务更贴近大众，更能满足群众的基本福利需求。

1965年伊利诺斯州在美国颁布了《美国老人法案》(the Older Americans Act，OAA)后，依据法案授权实施了社区照顾计划(the community care program，CCP)，为60岁及以上的日常生活自理困难者提供居家照顾，通过州政府财政支持该群体老人居家生活照料和社区服务项目。社区服务计划提供的老人服务项目主要包括：①家务料理服务(homemaker services)，料理家务者上门为老人提供日常生活服务，包括做饭、清洁、购物、洗衣物、提醒用药、个人化照顾(包括洗澡、刮胡子、穿衣等)、陪伴看医生或去商店等。②老人日间照料服务(adult day services)，该项目服务对象是那些想居住在社区但由于身体、社会或精神上的缺陷不能单独留在家里的老人，目的是减轻家庭照顾者负担，并为老人提供社会活动机会。老人日间照料服务在社区设有专门的设施齐全的场所，配备有经过专业训练的员工，服务提供者为接受日间照料的老人安排来往交通。根据老人需求评估和案例管理计划，向老人日间照顾场所提供和开发一系列服务项目，其中必备项目包括功能维持活动，休息或休闲活动，帮助走路、吃饭、上厕所和其他个人活动，以及紧急照顾，等等。③信息和转送服务(information and referral services)，包括提供信息，协助申请食物券、医疗救助等政府福利，也包括把服务对象转送到精神健康、咨询或法律服务等其他社区机构。④老人陪护计划(senior companion program)，该计划通过志愿者为孱弱老人或60岁以上低收入老人提供支持性陪护服务。服务对象不用支付费用，服务项目主要包括社会交往陪护、朋辈咨询(peer counseling)、培育老人家庭和朋友关系、帮助申请公共服务等。⑤个案管理服务(case management services)，帮助老人和照料者确定他们的具体需求和哪些服务可以满足这些需求。个案管理者向客户介绍由联邦和州政府资助的社区服务项目和那些需要由自己购买的服务。

(4)社区养老发展规划。社区养老包括社区居家养老和社区机构养老两种模式。社区居家养老是由老年人生活的社区向老年人提供各种形式的上门照顾服务，尽可能地延长老年人留在家中养老的时间和增加老年人在社区生活的机会。社区居家养老保障的对象主要是那些能够部分自理日常生活的老年人，当然日常生活能够自理的老年人也可以利用社区提供的上门照顾服务来满足他们的某些需求，如健康保健、休闲娱乐等方面的需求。社区居家养老保障的提供者主要是社区的各类组织、志愿者队伍及邻里乡亲等。随着年龄的增长、健康状况的恶化，老年人终会陷入日常生活无法自理的地步，此时无论是其子女还是社区的各类组织、志愿者队伍及邻里乡亲都无法完全承担其晚年的照顾，这时设在社区内的专业化的养老机构就可为老年人提供全方位的照顾服务，这即为社区机构养老。社区养老保障能够使老年人在社区的大家园中真正实现“老有所养、老有所依、老有所乐、老有所为”。

老人中心是美国老人的公共活动场所，相当于中国老龄活动中心，它在帮助老人实现独立和维持尊严上发挥着日益重要的作用。老人中心面向社区老人开展健康促进服务，同时也为老人认识新朋友、加强社会网络联系和放松休闲创造机会。州政府和地方政府以服务合同的方式为部分老人中心活动项目提供资金支持。

老人社区服务就业计划(the senior community service employment program，SCSEP)，是指为55岁以上就业困难和低收入老人提供就业支持的计划。该计划在《美国老人法案》的支持下，为老人提供社区服务工作和以工作为导向的培训服务，这些工作和培训项目得到政府补助。计划参与者每周平均工作和培训时间约为20小时，工资不得低于联邦、州和地方最低工资标准。计划参与者被安置在非营利组织和公共机构(包括日间照顾中心、老人中心、学校和医院等)参与社区服务活动。该计划为参与者提供丰富多样的支持性服务，包括个人和工作相关咨询、工作培训和就业推荐。通过计划提供的就业和培训过渡期，最终帮助他们在社区找到不需要政府补贴的工作机会。

## ➢本章小结

社区社会环境发展规划具体来说，就是对社区服务、社区环境、社区教育、社区文化、社区治安、社区社会保障等各个方面做好系统规划，制定社区在一定时期内的全面发展目标、发展框架、重点目标和具体实施细则等的过程。其目的是有效利用社区资源，发展好社区的各种社会关系，有计划地发展和改善居民的生活状态。社区发展规划的基本要领包括做到规划的前瞻性，统筹各方面利益和资源，讲求经济实惠，把真正便民利民的事情而不是形象工程放在首位。最终目标是为社区居民提供一个优美、方便、安全、舒适、有保障的生活环境，促进居民安居乐业，提高居民生活质量和幸福感水平。

## ➢关键概念

社区服务，社区体育，社区教育，社区文化，社区安全，社区社会保障

## ➢复习思考题

1. 请概述社区社会发展规划的主要内容。
2. 社区服务规划的具体内容包括哪些?
3. 请概述社区社会保障的主要内容。
4. 简述社区照料的含义。

## 案例一

### 防灾规划体系在美国北岭社区重建中的作用

北岭社区是位于美国加利福尼亚州洛杉矶市主城区外西北郊的一个社区。洛杉矶市位于美国西海岸中部、环太平洋地震频发带上，20 世纪以来已经历过三次 6 级以上的地震。此次北岭地震前全市总人口达 950 万，市区人口超过 370 万，是美国西部经济最发达、人口最多的城市。

1994 年 1 月 17 日 4 时 31 分，加利福尼亚圣费尔南多盆地发生 6.7 级地震。距洛杉矶市中心 30 千米左右的震中圣佛那朵峡谷是洛杉矶西北的密集居民区，震源深度 14 千米。洛杉矶西北的北岭社区是主要受灾区域，因此这次地震也被称为“北岭地震”。此次地震共造成 62 人丧生，直接经济损失高达 150～200 亿美元，比洛杉矶前三次地震大很多，也成为世界上有史以来造成经济损失最严重的一次地震。

但在北岭地震之前，政府和居民已经对即将发生的灾害有所准备。在 1987 年洛杉矶费尔南多地震后，大部分市民都参加过防震的培训课程。同时，洛杉矶市政府已经制定出长期的灾后再开发规划——“城市复原计划”。该计划用情景模拟的方法，力求在尽量减少重建开支的前提下，让城市尽快恢复，并借重建的机遇改善城市的生活环境。

得益于美国加利福尼亚州完备的防灾减灾法规体系，北岭社区在灾前就将防灾减灾策略渗透到城市规划的各个层面，并在灾前制定出适合当地社区的灾后再开发规划。这不仅明确了重建合作的框架，也使灾民充分了解了重建流程、积极主动地参与到社区重建工作中。惟其如此，洛杉矶北岭社区的 6.7 级地震，成为发生在发达的城市化地区、伤亡数量少但经济损失巨大的典型地震案例。

北岭地震后，从联邦、州到地方的防震减灾规划和操作手册立刻成为应急反应和震后重建阶段各项工作的开展依据，同时也界定了各级政府部门工作配合的责任和义务。在震后社区重建中，北岭以住房重建为重点，依据法规中的权责建立了联邦、州和地方政府多部门合作的重建组织机构，确立了以保险和贷款为主的资金来源，并提供了多样而灵活的重建项目供受灾家庭选择。

从重建实施效果来看，两年后北岭社区的社会经济和房地产都已恢复到震前水平，但私有独栋住房的重建速度远快于公共出租住房。北岭重建的经验显示，成熟完备的安全防灾体系不仅可以降低灾害损失，而且也可为迅速而有序地展开灾后重建提供帮助；同时，以贷款为主、以预期的房地产增值为抵押的“自循环”资金运作，比直接拨款和捐款更能激发社区重建的动力，因而更具可持续性。

资料来源：万小媛、张纯、满燕云：《防灾规划体系在社区重建中的作用：美国北岭的案例》，《国际城市规划》，2011 年第 4 期，第 10～15 页

**案例思考**

试分析北岭社区安全规划管理中的成功经验。

## 案例二

### 粤港养老服务的合作

伸手助人协会是在中国香港注册的慈善团体，主要为长者提供服务。伸手助人协会在广东肇庆营运一所护老颐养院，同时为在香港及粤居住的长者提供住宿照顾的服务。伸手助人协会肇庆护老颐养院在 1998 年立项并开始兴建，在 2001 年正式投入服务，院舍分为护理部、安老部及痴呆症护理专

区，提供床位约三百个。

香港当局的安老服务旨在使长者能够有尊严地生活，并为其提供适当的支持，以期实践“老有所属、老有所养、老有所为”为理想。根据“社会福利署”网页数据显示，至 2009 年 12 月香港已持有牌照的私营安老院 575 家，拥有 5.7 万多个床位。再加上由政府及非政府组织开办的院舍提供的约 2.8 万个床位，床位总数超过 8.5 万个，65 岁以上长者的数目与床位之比例达 8%。

伸手助人协会于 1978 年成立，当年主要目的是为一群居于笼屋而面临被迫搬迁的笼屋长者提供安置。最初安置屋都是位于设备简陋的公共屋村，旨在提供简单的住宿服务。在 20 世纪 80 年代中期，协会开始开办护老院，为体弱的长者提供住宿和照顾服务，其后发展了多个护老院。

在 1997 年香港回归祖国的历史大势下，香港的众多长者期望回“老家”安享晚年的思想更加强烈。为了满足这些长者的愿望，伸手助人协会考虑到香港长者服务需求的趋势和问题，借助粤港地势，利用国内庞大且供应充足的劳动力和土地资源，希望给港人提供所需的长者服务，并借着肇庆院舍的设立为内地老人服务提供值得借鉴的经验，地方当局也考虑到未来的长者养老服务需求越来越大，同意并支持引进该项目。香港的专业团队为居于颐养院的长者提供定期支持，包括医生、护士、社工、物理治疗师及职业治疗师等，又为在颐养院工作的护理人员提供交流经验的机会，包括各专科专治定期会诊，为长者订出长期的个人照顾计划，并就所订的个人照顾计划做出定期检讨及为计划提出改善建议，目的是为长者提供最妥善的全人照顾。由于内地的职业及培训都和香港所熟识的不同，两地的同工都要互相认识、迁就和体谅。另外，粤港两地在社会服务方面有不同的理念、体制，并提供不同的支持，这直接影响到人才培训的发展，如社工、护士及专业和治疗师等的培训、专业交流和合作效果。

资料来源：岳经纶、刘洪、黄锦文：《社会服务》，中国社会出版社，2011 年，第 208～211 页

**案例思考**

在粤港澳养老服务合作趋势下，试想伸手助人协会可能面临哪些机遇和挑战。

## 实训指导

### 南宁将推动新一轮妇女儿童发展规划工作
### ——到 2020 年九成以上城乡社区有儿童之家

2012 年 9 月，广西南宁市政府颁布实施了《南宁市妇女发展规划(2011—2020 年)》(简称《妇女发展规划》)和《南宁市儿童发展规划(2011—2020 年)》(简称《儿童发展规划》)，这是指导和规划全市妇女儿童发展的纲领性文件，其中《妇女发展规划》分为妇女与健康、妇女与教育、妇女与经济、妇女参与决策和管理、妇女与社会保障、妇女与环境、妇女与法律七个领域；《儿童发展规划》分为儿童与健康、儿童与教育、儿童与福利、儿童与社会环境、儿童与法律保护五个领域。

两个规划指出，妇女占从业人员的比例保持在 40%以上；扩大城市公办幼儿教育资源，力争每个乡镇建设一所公办中心幼儿园；全市县一级各建一所具有养护、医疗康复、教育、技能培训等综合功能的儿童福利机构，重点县(区)建立一所流浪儿童救护机构；90%以上的城乡社区建设一所为儿童及其家庭提供游戏、娱乐、教育、卫生、社会心理支持和中介服务的儿童之家；等等。

南宁市现有城乡社区 1 745 个，到 2020 年在 90%以上的城乡社区建设儿童之家，意味着该市将用 8 年的时间建设至少 1 570 个社区儿童之家。要实现这一目标，就要建立政府主导、部门参与、社会各界共同支持的工作机制，还要挖掘社区现有的资源，如乡村文化站、村委会或闲置的房屋等，每个儿童之家可从社区招募儿童工作公益岗位 1～2 名，或从退休教师、热心人士、志愿者、“五老队伍”中招募 1 ～2 名工作人员负责管理儿童之家。

资料来源：田艳：《到 2020 年九成以上城乡社区有儿童之家》，《南宁日报》，2013 年 1 月 6 日

**实训要求**

1. 请指出儿童之家规划属于社区社会环境发展规划的何种项目要素？

2. 考察周边社区类似于儿童之家的机构的开设与运行情况。

3. 试以身边某社区为例，着重从服务对象、服务属性、运行模式几个角度模拟设计一个社区儿童之家。

# 第七章

# 社区物质空间环境规划

**本章要点**

本章首先阐述社区物质空间环境的构成及社区物质空间环境规划的意义及主要原则，然后从居住社区住宅建筑规划、交通系统规划、公共服务设施系统规划和绿地系统规划四个方面具体阐述如何规划居住社区的物质空间环境。其中居住社区住宅建筑规划部分重点介绍住宅群体组合形式、住宅房型设计和单元式住宅；居住社区交通系统规划部分着重介绍道路规划设计原则、道路系统规划及道路规划设计规定；居住社区公共服务设施系统规划部分主要介绍社区公共服务设施及其分类、公共服务设施规划布置的基本要求；居住社区绿地系统规划部分重点介绍居住区绿地规划布局的原则，居住区外围绿地、中心绿地、宅旁绿地和道路绿地规划设计，以及居住区绿地植物的配植。

## 第一节　社区物质空间环境规划简论

### 一、社区物质空间环境的构成

“社区”是社会学范畴的概念，目前我国城市中的社区主要由民政部门划定，以街道为单位的居住社区普遍存在。居住社区物质空间环境规划主要借鉴城市居住区规划的有关原理和技术规范。“城市居住区”是城市规划学科范畴的概念，根据《城市居住区规划设计规范》[GB50180—93(2002年版)]，“城市居住区”泛指不同居住人口规模的居住生活聚居地和特指被城市干道或自然分界线所围合，并与居住人口规模(30 000～50 000人)相对应，配建有一整套较完善的、能满足该区居民物质与文化生活所需的公共服务设施的居住生活聚居地，分居住区、居住小区(10 000～15 000人)和居住组团(1 000～3 000人)三级①。根据《中国大百科全书》，“居住区”是一个城市中住宅集中，并设有一定数量及相应规模的公共服务设施和公用设施的地区，是一个在一定地

① 中华人民共和国国家标准：《城市居住区规划设计规范》[GB 50180—93(2002年版)]，中国建筑工业出版社，2002年，第3页。

域范围内为居民提供居住、游憩和日常生活服务的社区，该概念的界定将居住区与社区联系了起来。实际上人们常说的居住区与街道办事处的管辖范围是同等的概念，居委会所辖范围和居住小区的规模大致相当，由几个居住组团组成①。

社区物质空间环境是人们赖以生活的基本环境，是社区居民生活工作的载体，包括两部分：一是物质实体系统，由社区所需的各类用地及相应的建筑和设施组成，一般包括居住建筑、道路交通设施、公共服务设施、绿地系统四部分；二是由上述物质实体系统所限定的空间环境。其中，居住建筑是指供人们日常居住生活使用的建筑物，包括住宅、别墅、宿舍、公寓。道路交通设施包括社区内为通达至住宅、各类设施、各类场地和可活动绿地的通路，以及为社区居民居住生活服务的非机动车和机动车停车设施；公共服务设施包括为该社区居民日常生活服务的教育、医疗卫生、文体、商业服务、金融邮电、市政公用、行政管理等设施及其用地；绿地系统包括社区内的各级和各类绿地，主要是公共绿地、宅间宅旁绿地、道路绿地、专用绿地和防护绿地等。社区物质空间环境规划主要研究上述四大物质实体系统的用地规模与用地配置、分级与布局以及社区成员户外生活空间形态与层次的构筑和布局等内容。目前关于社区物质空间环境规划的研究主要集中于居住社区，本章也主要介绍居住社区物质空间环境规划的相关内容，重点介绍四大物质实体系统的规划。

## 二、社区物质空间环境规划的意义

社区物质空间环境规划属于硬件规划，没有该项规划，社区发展计划和社区管理规划就无法实施，该规划是社区发展规划具有可操作性的必要前提和保障。社区物质空间环境规划的主要目的是解决社区居民的生活需求与社区物质环境供给之间的矛盾，寻找通过社区的建筑、空间、道路、设施等物质要素的有机组合来优化社区人居环境的途径，为社区发展规划提供物质基础。其核心是利用物质环境优化精神环境，形成物质与精神的互动，在满足社区成员工作和生活需求的前提下，形成社区成员与社区物质环境设施间的互动，并利用物质环境追求社区成员间的互动，从而创建方便、舒适、安全、特色鲜明、能激起居民强烈归属感与认同感的人居环境。

## 三、社区物质空间环境规划的主要原则

### 1. 公众参与原则

公众参与原则是指让社区公众参与社区管理、社区发展决策、社区后续建设和社区信息交流等社区事务内容②。公众参与是实现公平的重要保障，也是使社区成员热爱社区、爱护社区、关心社区、对社区产生归属感的必要方式。社区应建立积极的公众参与机制，内容不仅限于社区问题与意见征求、成员需求调查与服务意见反馈、服务功能的调整完善，更在于鼓励成员共同参与、决策社区的发展以符合绝大多数社区成员的利益。

---

① 张春华：《成都市居住社区公共服务设施配置研究》，西南交通大学硕士学位论文，第8页。

② 周俭：《城市住宅区规划原理》，同济大学出版社，1999年，第29页。

2. 生态优化原则

生态优化原则是一项基于生态学基本原理，运用生态技术手段，设计和组织高效、节能、节约资源的社区空间环境，降低社区物质空间环境建设对自然环境的冲击，营造与当地自然环境相和谐的健康、舒适的居住环境，并保证经济的高效性和社会的和谐性的原则。近些年兴起的生态建筑、绿色建筑、低碳建筑、可持续建筑等规划设计理念均是生态优化原则的体现。社区物质空间环境规划中生态优化原则主要体现在以下几方面：①尊重生态系统整体性、开放性和适应性的基本特征，将社区物质空间环境与当地自然生态环境、社区生活功能视为一个有机联系的整体，因地制宜地利用和营造生态环境，保证系统整体的生态平衡。②尽可能地减少物质空间环境建设对本地自然生态环境的干扰。例如，保护乡土植被和乡土生物多样性，外来物种引入应适度且不破坏本地生态环境；在经济可行性的前提下，尽可能地利用当地原材料、基础设施和建筑材料等，建筑形式等与本地气候等自然环境相协调。③节约资源和能源投入，减少污染，尽可能利用可再生、无污染的天然资源。人多地少是我国的基本国情，生态环境恶化是我国社会经济持续稳定发展面临的主要问题，社区物质空间环境规划应尽可能地节地、节能、节水、节材，减少碳排放和环境污染，应结合社区已有公共基础设施的状况，综合考虑交通、给排水、供暖、环卫等系统的建设与完善。利用太阳能供应热水和电力，增进自然采光和通风，雨水收集及其利用，生活污水的处理及其二次利用，建筑垃圾的回收与二次利用，利用矿渣和粉煤灰等工业废料部分替代水泥生产“绿色高性能混凝土”等，都是当前生态友好型发展方式的体现。

## 阅读材料

### 我国《绿色建筑评价标准》(GB/T50378－2014)简介

美国、英国、加拿大、日本等国家是较早开展绿色建筑评价的国家。我国绿色建筑评价起步较晚，截止到2014年，共颁布了两版《绿色建筑评价标准》。第一部《绿色建筑评价标准》(the Green Building Assessment Standard，GBAS)(GB/T50378—2006)颁布于2006年，以清华大学、中国建筑科学研究院等九家科研院所于2003年8月联合提出的《绿色奥运建筑评估体系》为基础，并参考了美英等发达国家的评价标准体系。2011年根据住房和城乡建设部《关于印发2011年工程建设标准规范制订、修订计划的通知》(建标〔2011〕17号)，由中国建筑科学研究院、上海市建筑科学研究院(集团)有限公司会同有关单位开展《绿色建筑评价标准》的修订工作。住房与城乡建设部于2014年4月15日发布了第408号公告，批准《绿色建筑评价标准》(GB/T50378—2014)为国家标准，并于2015年1月1日正式实施，2006版标准同时废止。

根据《绿色建筑评价标准》(GB/T50378—2014)，绿色建筑是指在建筑的全寿命周期内，最大限度地节约资源(节能、节地、节水、节材)、保护环境、减少污染，为人们提供健康、适用和高效的使用空间，与自然和谐共生的建筑。绿色建筑的评价分为设计评价和运行评价，设计评价在建筑工程施工图设计文件审查通过后进行，运行评价在建筑通过竣工验收并投入使用一年后进行。绿色建筑评价指标体系由节地与室外环境、节能与能源利用、节水与水资源利用、节材与材料资源利用、室内环境质量、施工管理和运营管理七类指标体系组成。设计评价时，施工管理和运营管理两类指标不参加评价，但可预评相关条文，运行评价时必须涵盖上述七类指标。各七大类指标都分成控制项和评分项两大类，加分项统一设置，包括性能提高和创新两部分。控制项评定结果为满足或不满足，评分项和加分项评定结果为分值，按总得分确定等级。按七大类评价指标的加权平均分值计算绿色建筑总得分，按总分将绿色建筑由低到高分成一星级、二星级和三星级三个等级。三个等级的绿色建筑均应满足七大类评价指标所有控制项的要求，且每类指标的评分项得分不低于 40 分。当绿色建筑总得分分别达到 50 分、60 分、80 分时，绿色建筑等级分别为一星级、二星级、三星级。

资料来源：林海燕、程志军、叶凌：《国家标准〈绿色建筑评价标准〉GB/T50378—2014 解读》，《建设科技》，2014 年第 16 期，第 10～14，18 页；中华人民共和国住房与城乡建设部、中华人民共和国国家质量监督检验检疫总局：《绿色建筑评价标准》(GB/T50378—2014)，中国建筑工业出版社，2014 年，第 3～40 页

3. 以人为本原则

人是社区的主体，社区物质空间环境规划的初衷是满足人的需求，因此以人为本是社区物质空间环境规划的根本，即以人为中心，根据居民的行为规律、心理和生理需求创造多元化、多层次、多功能、可参与的社区物质空间环境，最大限度地满足不同年龄、不同健康状况的居民的居住、生活、交流、交往等需求。“以人为本”作为一种规划理念，必须贯穿社区规划设计与建设全过程，尤其是以下几方面：①建筑密度和容积率适中，楼间距适中。建筑密度越低、容积率越小，则居住舒适度越高，反之舒适度则越低，因此应避免过分追求集约用地和经济效益而牺牲私密性和自然通风采光。②社区内部空间环境及景观的布置与设计应具有亲切宜人的尺度和风格，功能空间应具有多样性，且“动”“静”分离，互不干扰。③提供完善的配套服务设施，如交通、学校、商店、菜场、停车场、环卫设施、健身设施、雕塑凉亭类建筑小品、坐椅等公共家具。④小区绿化建设不应仅仅局限于美学，还应考虑绿色植被的生态环境价值，着重改善居住区的小气候，做到既美观又实用。例如，在气候炎热的华南地区，绿化时应多种植枝繁叶茂、遮阳效果好的高大乔木，适量配以花卉草坪。⑤公平对待社区内全体居民的需求，满足不同阶层、不同职业及文化背景、不同年龄层次和不同健康状况居民的生活与交流的需要，尤其是儿童、老年人、残疾人等弱势群体的需要，合理布置养老院、托老所、残疾人托养所、幼儿园、青少年及老年人活动中心及其保障设施，社区公建入口及广场要设置轮椅通行坡道和盲人导引系统。

## 四、社区空间环境设计

社区空间环境设计主要研究如何利用公共建筑、住宅墙面、围墙、过街楼、地面铺装等硬质要素和行道树、树木、灌丛、草地、花圃、水面等软质要素构筑和布局居民户外生活空间形态及其布局，其设计目标除了适用、舒适和美观外，更应满足人们的交往活动需求。居民活动的空间领域按私密性可以划分为私密性空间、半私密性空间、半公共性空间和公共性空间四个层次。人在不同层次空间的心理感受和从事的活动类型不同，社区空间环境设计应将各空间视为一个整体，逐级组合各层次空间，重点关注各层次空间衔接点的处理，保证各层次的生活空间具有相对完整的活动领域。营造社区空间环境时，应恰当处理各层次空间的尺度、围合度、大小、形状和通达性等。要求私密性

强，则尺度宜小，围合感宜强，通达性宜弱；要求公共性强，则尺度宜大，围合感宜弱，通达性宜强。在一定条件下，建筑物高度和空间宽度的比例适宜，才能形成良好的空间尺度感。一般认为带型空间的高宽比以 1：1～1：2.5 为宜，而庭院和广场型空间的高宽比最大不宜超过 1：4[1]。同时应特别注重半私密性的住宅院落空间的营造，以促进居民之间各种层次的交往和各种形式的户外活动。半私密空间宜注重独立性，半公共空间宜注重开放性、通达性、吸引力、职能的多样化和部分空间的功能交叠化使用，以塑造城市生活的氛围。另外，社区空间还要注重空间的可识别性和特色的塑造。社区空间的景象、细部的处理、色彩、材料应具有个性，既要统一风格，又要具备可识别性和观赏性，空间组织疏密有致，高低结合，错落有致。配置必要的绿地、铺装地面、雕塑小品、坐凳等为居民创造交往的场所，培养生活情趣，塑造空间认知感和归属感。

## 第二节　居住社区住宅建筑规划

### 一、住宅群体组合形式

行列式、周边式、点群式、混合式和自由式是住宅群体平面组合的五种基本形式[2]（图 7-1～图 7-4）[3]。行列式是指条形住宅或联排式住宅按一定朝向和间距成行成列的布置形式，各户的通风和日照条件都很好，但节地效果相对较差，单调，缺乏封闭感和停留感，多见于小城镇和早期的房地产项目。周边式住宅沿街坊或院落周边布置住宅，形成围合或部分围合的宅院场地，院内环境安静、安全、方便，有利于提高居住建筑面积密度，进而节地，但部分朝向通风较差，在炎热地区会增加夏季的闷热感。点群式是指低层独立式、多层点式和高层塔式住宅自成相对独立的群体的布置形式，一般可围绕某一公共建筑、活动场地或绿地来布置，以利于自然通风和采光，但空间缺乏封闭感，寒冷地区不利于冬季的挡风御寒。混合式是指上述三种形式的组合方式，常结合基地条件用在一些较为特殊的位置。自由式是指由不规则平面外形的住宅形成的或由住宅不规则地组合在一起的群体布置形式。

图 7-1　行列式组合形式

资料来源：王受之：《当代商业住宅区的规划与设计》，《新都市主义论》，中国建筑工业出版社，2001 年

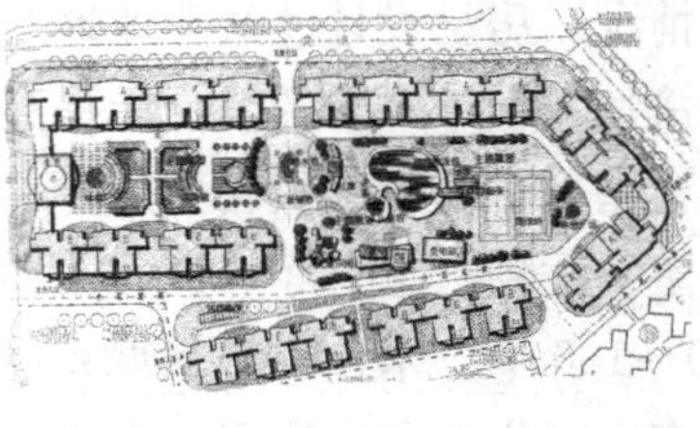

图 7-2　周边式组合形式

资料来源：王受之：《当代商业住宅区的规划与设计》，《新都市主义论》，中国建筑工业出版社，2001 年

① 王受之：《当代商业住宅区的规划与设计：新都市主义论》，中国建筑工业出版社，2001 年，第 48 页。
② 周俭：《城市住宅区规划原理》，同济大学出版社，1999 年，第 89 页。
③ 王受之：《当代商业住宅区的规划与设计：新都市主义论》，中国建筑工业出版社，2001 年，第47～48 页。

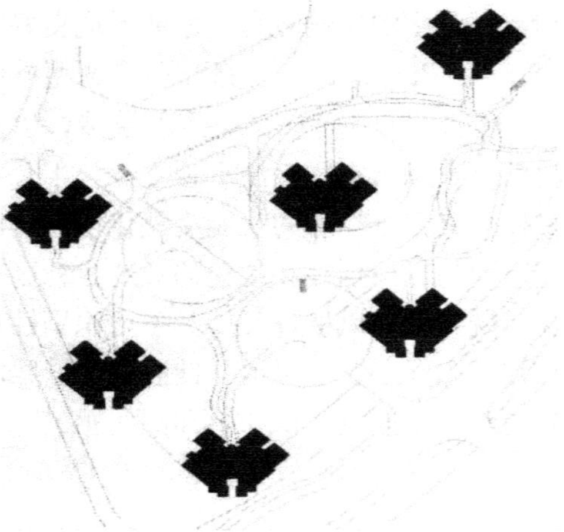

图 7-3 点群式组合形式

资料来源：王受之：《当代商业住宅区的规划与设计》，《新都市主义论》，中国建筑工业出版社，2001 年

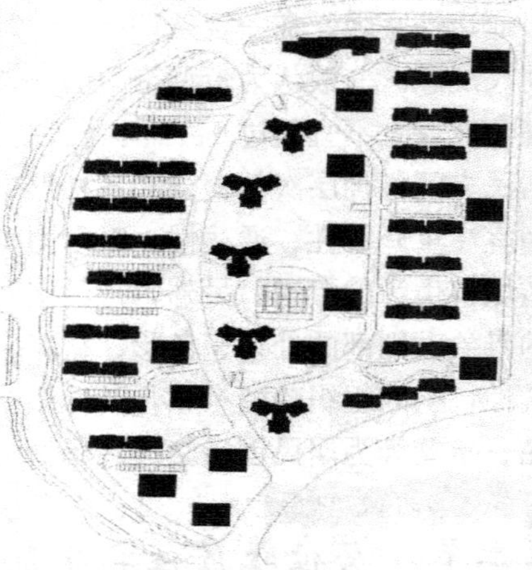

图 7-4 混合式组合形式

资料来源：王受之：《当代商业住宅区的规划与设计》，《新都市主义论》，中国建筑工业出版社，2001 年

住宅群体组合应充分考虑户外居住空间的构筑需求，以便为居民的户外活动提供良好的环境。从丰富住宅区景观和塑造住宅区景观特色的角度来说，住宅群体的组合应该考虑多样化。在住宅群体平面组合方面，可以利用空间形状的变化、围合程度的变化、布置形式的变化和住宅平面外形的变化进行组合。在住宅群体的立体组合方面，可在平面多样化组合的基础上利用住宅高度(层数)的不同进行组合，如低层与多层、高层的组合，台阶式住宅与非台阶式住宅的组合等。

## 二、住宅房型设计

房型一是指面积大小不等、基本平面功能分区各异的住宅单元系列，习惯上按卧室、厅和卫生间的数量划分成一室一厅、二室一厅一卫、三室一厅一卫等；二是指在同一总面积水平下，每户使用面积内部的功能组合和面积安排以及各分区的朝向、通风、采光等情况。房型设计能最有效地发挥套面积和设施的作用，达到居住的适宜性、美观性和经济性，设计水平的差距能提高或降低住宅的总体价值。按面积大小，住宅房型一般分小套型、中套型和大套型三种①。小套型套面积小，一般为 40～80 平方米/套，户型从一室一厅到三室一厅，房间关系紧凑，总房价相对较低，比较实用。中套型套面积为 80～120 平方米，户型从两室一厅到三室一厅。根据分室空间的不同，又分成小房间、多空间户型和大房间、少空间两类户型。同等套面积情况下，小房间、多空间户型以争取多分室空间为基本特征，小卧室 7 平方米，中卧室 9 平方米，大卧室 12 平方米左右，厅比卧室大一些，餐厅、客厅空间相连，适当划分，进户门直接进入厅堂，通过厅进入卧室区。大房间、少空间户型的分室相对少些，但各分室面积相对较大，小卧室 9 平方米，中卧室 12 平方米，大卧室 14～16 平方米，餐厅起居厅共

① 肖敦余、肖泉、于克俭：《社区规划与设计》，天津大学出版社，2003 年，第 30～36 页。

30～40平方米，适于人口少、喜欢大房间的人们居住。大套型住宅套面积一般为120平方米以上，常做成复式，下层为起居会客厅、餐厅、客房、工人房；上层为居住部分、卧室区及内厅。最佳房型应满足经济性、实用性及合理性三项标准。套面积一定的情况下使购房者得到最大的使用空间(即得房率高)即为经济性；房屋内各平面功能分区能最好地满足人们生活、学习、休息和社交需要即为实用性；平面功能分区、房间面积分配、通风采光性能、卫厨洁具布置安排、管道网线布置等合理即为合理性。住宅室内环境空间是居民居住生活和居住行为的物质载体，房型设计应处处体现"以人为本"，除了美观，更应注重住宅功能的细化设计，空间分割、室内管道铺设、网线及电线线路配置、电灯电源位置、空调与床的相对位置关系等，都是影响用户使用质量的细节功能。

## 三、单元式住宅

单元式住宅是我国最普遍的住宅形式。与通廊式住宅由共同楼梯、电梯通过内、外廊进入各套住房不同，单元式住宅由楼梯平台直接进入各分户门。单元式住宅每层楼面只有一个楼梯，服务于2～4户，部分住宅安排到5～8户，每层的户数称为一梯几户。共用一部公共楼梯或电梯的称为一个单元，由多个单元拼接而成的住宅楼称为连续单元式住宅，其住宅平面呈现条形(板式)，每单元都设有公共楼梯或电梯，各单元住宅的疏散楼梯都通到屋顶，可以互相借用。根据层数不同，单元式住宅可以分为低层单元式住宅、多层单元式住宅、小高层单元式住宅和高层单元式住宅①。当住宅楼不存在拼接(即由一个单元独立修建)时，称为独立单元式住宅，也称点式住宅。多层点式住宅又称墩式住宅，高层点式住宅又称塔式住宅。

1. 低层单元式住宅

一般是指三层以下的住宅或三、四层为跃层的四层住宅。低层住宅结构简单，层数少，上下联系方便，亲地性强，体量小巧，适宜在各种地形地块上布置，空间组合灵活多样。由于结构简单，建造又快又省，比较经济，适宜地价较低的小城市或乡镇。在地价昂贵的大城市里，则多现于高标准的高尚低层社区和别墅，也适于低标准的村落小宅。

2. 多层单元式住宅

一般是指四到六层的住宅，有的城市做到七层、八层，作为楼梯交通的上限，七层以上须设电梯。一般一梯两户到四户，也有一梯六户甚至八户的。优点是建设速度较快，单方造价较低。为保证通风采光，部分住宅设计为蝶形建筑，户户向阳，楼间距适中，视线干扰小，楼间可布置小块绿地广场，节约用地。

3. 小高层单元式住宅

小高层层数介于高层与多层之间，为8～11层。兴起的原因主要是防火规范规定在11层以下允许设一部电梯和一部楼梯，而12层以上需要设两部至三部电梯并符合其他防火要求，这样后者的辅助面积就增加了。小高层在用地效益上优于多层，建设

---

① 肖敦余、肖泉、于克俭：《社区规划与设计》，天津大学出版社，2003年，第41～47页。

周期比高层短得多，因而资金周转快，深受房地产商青睐。又由于其住房单方价格比高层要低，略高于多层，能享受到电梯的方便，一旦停电或电梯检修，上下楼梯也不算太高，住上层的感到舒畅，住下层的也不感到压抑，因而也受到购房者的青睐。

4. 高层单元式住宅

一般是指 12 层及以上的住宅。最大优点是用地节约，尤其适合地价昂贵的城市中心地带。其主要优点是通风好、光线好、视野开阔、夏天凉爽、蚊虫侵害少。由于高层必须配套电梯、防火楼梯、电梯厅、廊、设备层设施，增加了各户的分摊面积，进而得房率降低。一般通过加大每单元层的建筑面积和户数提高得房率(600～800 平方米/层及 6～8 户/层)，但这不利于通风和采光。为此，京、津的高层塔楼多做成阶梯形，争取每户都能达到南向、东南向或西南向。

## 第三节　居住社区交通系统规划

### 一、交通的类型与分级

居住区内的交通现象分为动态和静态两类，静态交通是指各种车辆存放的安排，动态交通是指机动车行、非机动车行和人行方式的组织，一般有车行道和步行道两种类型的道路系统。居住区道路通常分为居住级区道路、居住小区级道路、居住组团级道路和宅间小路四类。规划中各级道路宜分级衔接，形成良好的交通组织系统，并形成层次分明的空间领域感。

1. 居住区级道路

居住区级道路一般用来划分小区，是居住区内外联系的主要道路，在大城市可视为城市的支路，在中小城市可视为城市次干道。红线宽度不宜小于 20 米，山地和丘陵居住区路面可酌情缩减，但应安排必要的排水边沟和会车位。车行道宽度一般需要 9 米，如考虑通行公交时，应增加至 10～14 米，人行道宽度一般在 2～4 米。一般采用一块板的形式，在规模较大的居住区中部分也可采用三块板的形式。

2. 居住小区级道路

居住小区级道路一般用来划分组团，是居住小区内外联系的主要道路。路面宽 6～9 米，需敷设供热管线的建筑控制线之间的宽度不宜小于 14 米，无供热管线的不宜小于 10 米。

3. 居住组团级道路

居住组团级道路为居住小区内部的主要道路，起着联系居住小区范围内各个住宅群落的作用，有时也伸入住宅院落中。路面宽 3～5 米，需敷设供热管线的建筑控制线之间的宽度不宜小于 10 米，无供热管线的不宜小于 8 米。

4. 宅间小路

宅间小路是指直接通到住宅单元入口或住户的通路，起着连接住宅单元与居住组团级道路或其他等级道路的作用。其路幅宽度不宜小于 2.5 米，连接高层住宅时不宜小于 3.5 米。为兼顾必要时大货车、消防车通行，路面两边至少应各留宽度不小于 1 米的路肩。

## 二、道路规划设计原则

(1)根据居住区(小区)地形、气候、用地规模、人口规模、规划组织结构类型、规划布局、用地周围的交通条件、居民出行方式与行动轨迹及交通设施发展水平因素，规划设计经济、便捷的道路系统和道路断面形式。

(2)居住区(小区)的内外联系道路应通而不畅，安全便捷，既要避免往返迂回和外部车辆和行人的穿行，也要避免对穿的路网布局。

(3)道路的布置应分级设置，以满足住区内不同的交通功能要求，形成安全、安静的交通系统和居住环境。

(4)应满足居民日常出行以及区内商店货车、消防车、救护车、搬家车、垃圾车和市政工程车辆通行的要求，并考虑居民小汽车的通行需要。

(5)区内道路布置应满足创造良好的居住卫生环境的要求，区内道路走向应有利于住宅的通风和日照。

(6)应满足地下工程管线的埋设要求。

(7)在地震烈度不低于六度的地区，应考虑防灾救灾要求，保证有通畅的疏散通道，保证消防、救护和工程救险等车辆的出入。

(8)在旧城改建地区，道路网规划应综合考虑原有地上、地下建筑及市政条件和原有道路特点，保留和利用有历史文化价值的街道。

(9)区内道路网的规划设计应有利于区内各种设施的合理安排，并为建筑物、公共绿地等的布置创造有特色的环境空间，并提供有利的条件。

(10)区内道路布置应有利于寻访、识别、街道命名编号及楼门号码编排。

## 三、道路系统规划

### (一)动态交通的组织规划

动态交通的组织分为“人车分行”和“人车混行”两种基本方式。

#### 1. 人车分行

人车分行的交通组织原则于 20 世纪 20 年代在美国首先提出，并在纽约郊区雷德朋(Radburn)居住区实施，该体系力图保持居住区内的安全和安静，路网按以下原则布局[①]。

(1)住宅区内步行通路与汽车通路在空间上分开设置，在无法避免时可以采用局部立交的工程措施，尤其是在行人量大的重要地段。

(2)车行路分级明确，可采取外绕住宅区或住宅群落布置的方式，且以枝状或环状尽端道路深入各住户或住宅单元背面的入口。在车行路周围或尽端设置适当数量的停

---

① 周俭：《城市住宅区规划原理》，同济大学出版社，1999 年，第 120 页。

车场，在尽端型车行路尽端设置回车场地。

(3)步行路贯穿于居住区或居住小区内部，将绿地、户外活动场地、公共服务设施串联起来，并深入各住户和住宅单元正面的入口，起到连接住宅院落、住家私院和住户起居室的作用。

2. 人车混行

人车混行的道路系统是指机动车交通和人行交通共同使用一套路网，机动车和行人在同一道路断面中通行。与人车分行的交通组织体系相比，在私人汽车不多的国家和地区，采用这种交通组织方式既经济又方便。居住区内车行道明确分级，并贯穿于居住区或小区内部，道路系统多采用互通式、环状尽端式或两者结合的方式。

**(二)静态交通的组织规划**

静态交通主要是指机动车辆的停放问题，主要有以下几种方式①。

1. 地面存车

(1)小区外围周边存放。小区规划主路沿周边布置，将停车场设在城市规划要求的退红线的范围内，人行道路则设于小区中部。这种方式可以实现人车分流，但是当住宅小区比较大时，从周边停车位回家需要步行相当长的距离，不太方便。

(2)组团入口附近一侧或组团与组团之间的场地上存放。该方式可以阻止车辆驶入组团，保证组团内的安全、安宁，又方便存载。同时，集中存车方便保管，因而应用比较广泛。

(3)院落附近存放。把汽车存放在住宅的院落内部，方便车主出入，但容易干扰居民生活，影响居住环境。一般在规划时只允许少量汽车停放在院落附近，用做临时停车或来客停车，停车位置宜在住宅的边侧或端部，以减少干扰。

(4)住宅小区道路一侧存放。在小区道路一侧停车，有的局部放宽小区主路、支路的路面，有的在路尽端适当扩大路面，该做法主要用于外来车辆的临时停车。

2. 室内存车

(1)集中式车库。采用多层车库存车。一般多层车库设于住宅小区副出入口附近，方便汽车直接进入车库，不干扰居民步行交通。多层车库可节约土地，方便集中管理，但造价较高，离住户远，不方便存取。

(2)住宅底层封闭或架空存车。底层封闭或架空存车可方便用户存取，但车辆进出院落时会干扰居民生活。可用于小型住宅区，当用于高密度大型住宅区时，车辆进出对居民生活干扰较大。

(3)院落高架车库。将院落空间做成高架平台，汽车存于平台下，居民由平台进入楼栋，平台上设采光通风口，并铺装绿地、座椅、小品等，作为居民室外交往场地，住宅底层设储藏空间，用以存放自行车和杂物。该方式基本解决了人车交叉问题，车辆存取方便，不破坏院落环境，但造价相对较高。

(4)独居式住宅和联体住宅的独立停车房。停车房是住宅的一部分，车主从车房直

---

① 王受之：《当代商业住宅区的规划与设计：新都市主义论》，中国建筑工业出版社，2001年，第13～14页。

接进入住宅，车辆停取方便，但对住宅区内部环境干扰大，适合低密度的别墅区，尤其不适合大型住宅区。

3. 地下存车

(1)建于住宅建筑下面。此类型车库在我国大城市比较多见，车库与地上建筑结构相结合，必须协调好车库与上部结构的柱网尺寸，以便获得更多的车位安排。优点是可以节约地上空间，减少车辆出入对居民地面活动的干扰，不过车库出入口处的低层住户还是会受到车辆出入的噪声影响。

(2)建于中心绿地下面。将绿地地面抬高，绿地下设2～3层车库，有的则全部埋入地下；车库顶部设置天窗采光，改善车库照明，节约照明能耗；在突出地面的排气管上设置尾气过滤装置，地面绿地继续净化浓度大幅降低的废气，绿地新鲜空气可通过天窗送入地下，排气管与天窗经美化后可作为绿地上的小品。此方式可以在不减少绿地量的情况下高效利用土地，具有隔绝噪声、减少废气、便于统一管理的优点。缺点是造价昂贵，且当住户离中心绿地较远时，取车不太方便。另外，中心绿地居民活动频繁，因此必须处理好人车交叉问题。在西方国家中，这种方式逐步成为集中停车场的设计趋向。

(3)建于住宅区运动场下。住宅区运动场一般都设计在边缘地带，车库入口临近城市道路，人行出口设于小区内部，汽车可直接从城市道路驶入车库，车主由车库出口步行进入小区。该停车方式与住宅小区内部居民活动不发生冲突，完全实现了人车分流，用地节约，但造价比较高。

## 四、道路规划设计规定

《城市居住区规划设计规范》[GB50180—93(2002年版)]对居住区道路规划设计做出以下主要规定。

(1)位于居住区和居住小区周围的道路至少应有两个出入口，以保证有良好的内外联系；当居住区级或居住小区级道路在城市交通型干道上开出口时，其出口间距在150米以上；当居住区(小区)道路与城市道路交接时，其交角不宜小于75度，以避免对城市交通的干扰，保证安全。

(2)区内道路的纵坡应符合居住区(小区)内道路纵坡控制指标(表7-1)。对机动车与非机动车混行的道路纵坡，宜按非机动车道纵坡控制指标或分段按非机动车道纵坡控制指标要求进行控制；对山区和丘陵地区的道路系统规划设计，人行与车行宜自成系统，分开设置，路网布局形式应因地制宜，主要道路宜平缓，路面可酌情缩窄，但同时应安排必要的排水沟和回车位置。

**表7-1 居住区(小区)内道路纵坡控制指标(单位：%)**

| 道路类型 | 最小纵坡 | 最大纵坡 | 多雪严寒地区最大纵坡 |
|---|---|---|---|
| 机动车道 | ≥0.2 | ≤8.0<br>$L$≤200米 | ≤5.0<br>$L$≤600米 |
| 非机动车道 | ≥0.2 | ≤3.0<br>$L$≤50米 | ≤2.0<br>$L$≤100米 |
| 步行道 | ≥0.2 | ≤8.0 | ≤4.0 |

注：$L$为坡长

(3)居住区公共活动中心内应设置为残疾人通行服务的无障碍通道，通行轮椅的坡道宽度不应小于 2.5 米，纵坡不应大于 2.5%。

(4)区内道路边缘至建筑物、构筑物的最小距离，应符合有关规定，以满足建筑底层开门开窗、行人进出不影响道路通行以及安排地下工程管线、地面绿化、减少对底层住户视线干扰等要求(表 7-2)。

**表 7-2　道路边缘至建筑物、构筑物的最小距离(单位：米)**

| 道路级别<br>与建筑物、构筑物关系 | | | 居住区道路 | 小区路 | 组团路及宅间小路 |
|---|---|---|---|---|---|
| 建筑物面向道路 | 无出入口 | 高层 | 5.0 | 3.0 | 2.0 |
| | | 多层 | 3.0 | 3.0 | 2.0 |
| | 有出入口 | | | 5.0 | 2.5 |
| 建筑物山墙面向道路 | | 高层 | 4.0 | 2.0 | 1.5 |
| | | 多层 | 2.0 | 2.0 | 1.5 |
| 围墙面向道路 | | | 1.5 | 1.5 | 1.5 |

注：居住区道路边缘是指道路红线；小区路、组团路及宅间小路边缘是指路面边线。当小区路设有人行便道时，其道路边缘是指便道边线

(5)区内尽端式车道长度不宜超过 120 米，在尽端应设置不小于 12 米×12 米的回车场地。

(6)当区内用地坡度大于 8%时，应辅以梯步解决竖向交通，并宜在梯步旁附设自行车推行车道。

(7)在多雪地区，考虑堆积清扫道路积雪面积，区内道路可酌情放宽。

(8)区内需考虑私人小汽车和单位通勤车的停放场地。

(9)在多雪严寒的山坡地区，区内道路路面应考虑防滑措施，在地震设防地区，区内主要道路宜采用柔性路面。

(10)沿街建筑物长度超过 150 米时，应设宽度与高度均不小于 4 米的消防车通道。

(11)人行出口间距不宜超过 80 米，当建筑物长度超过 80 米时，应在建筑物底层设人行通道，以满足消防规范的有关规定。

## 第四节　居住社区公共服务设施系统规划

### 一、社区公共服务设施及其分类

社区公共服务设施主要是指直接为本社区居民提供服务的，具有生活服务功能、社会管理和社会福利性质的设施，其服务对象具有一定的地域范围特征。与市级公共服务设施相比，居住区公共服务设施具有规模小、项目多、与居民日常生活关系密切、服务范围相对固定等特征。为方便居民的日常生活、购物、教育、文化娱乐、游憩、社交活动等需求，社区公共服务设施的内容、项目设置必须综合考虑居民的生活方式、生活水平及年龄特征等因素，遵循适应市场条件、兼顾社会公平和就近服务的原则，

注重公益性公共设施的配套建设。

建设部在《城市居住区规划设计规范》[GB50180—93(2002年版)]中按使用功能的不同，将公共服务设施分为教育、医疗卫生、文化体育、商业服务、社区服务、金融邮电、市政公用、行政管理及其他八大类别，各类别公共服务设施分级配建及各项目设置规定如表7-3所示。其中托儿所、幼儿园、小学、卫生站、文化活动站、居民健身设施、储蓄所、邮电所、社区服务中心、物业管理、变电室、路灯配电室、公共厕所等设施属于居住小区级应建项目；中学、医院、门诊所、文化活动中心、中西药店、书店、市场、开闭所、街道办事处、市政管理机构、派出所等是居住区级应建项目；综合食品店，综合百货店，餐饮，零售、洗染、美容美发、综合修理等其他第三产业设施和公共厕所是居住区级和居住小区级均应配建的项目。

**表7-3 公共服务设施分级配建及各项目设置规定**

<table>
<tr><th rowspan="2">设施名称</th><th rowspan="2">项目名称</th><th rowspan="2">服务内容</th><th rowspan="2">设置规定</th><th colspan="2">每处一般规模</th><th rowspan="2">居住区</th><th rowspan="2">小区</th><th rowspan="2">组团</th></tr>
<tr><th>建筑面积/平方米</th><th>用地面积/平方米</th></tr>
<tr><td rowspan="4">教育</td><td>托儿所</td><td>保教小于3周岁儿童</td><td rowspan="2">(1)设于阳光充足、接近公共绿地，便于家长接送的地段<br>(2)托儿所每班按25座计，幼儿园每班按30座计<br>(3)服务半径不宜大于300米，层数不宜高于3层<br>(4)3班和3班以上的托儿所、幼儿园可混合设置，也可附设于其他建筑，但应有独立院落和出入口，4班和4班以上的托、幼园所应独立设置<br>(5)8班和8班以上的托、幼园所，其用地应分别按每座不小于7平方米或9平方米计<br>(6)托、幼建筑宜布置于可挡寒风的建筑物的背风面，但其生活用房应满足冬至日底层满窗日照时间不小于3小时的日照标准<br>(7)活动场地应有不少于1/2的活动面积在标准的建筑日照阴影之外</td><td></td><td>4班：≥1200<br>6班：≥1400<br>8班：≥1600</td><td></td><td>▲</td><td>△</td></tr>
<tr><td>幼儿园</td><td>保教学龄前儿童</td><td></td><td>4班：≥1500<br>6班：≥2000<br>8班：≥2400</td><td></td><td>▲</td><td></td></tr>
<tr><td>小学</td><td>6～12周岁儿童入学</td><td>(1)学生上下学穿越城市道路时，应有相应的安全措施<br>(2)服务半径不宜大于500米<br>(3)教学楼应满足冬至日不小于2小时的日照标准</td><td></td><td>12班：≥6000<br>12班：≥7000<br>24班：≥8000</td><td></td><td>▲</td><td></td></tr>
<tr><td>中学</td><td>12～18周岁青少年入学</td><td>(1)在拥有3所或3所以上中学的居住区，应有1所设置有400米环形跑道的运动场<br>(2)服务半径不宜大于1000米<br>(3)教堂楼应满足冬至日不小于两小时的日照标准</td><td></td><td>18班：≥11000<br>24班：≥12000<br>30班：≥14000</td><td>▲</td><td></td><td></td></tr>
</table>

续表

| 设施名称 | 项目名称 | 服务内容 | 设置规定 | 每处一般规模 | | 居住区 | 小区 | 组团 |
|---|---|---|---|---|---|---|---|---|
| | | | | 建筑面积/平方米 | 用地面积/平方米 | | | |
| 医疗卫生 | 卫生站 | 社区卫生服务站 | 1万～1.5万人设一处 | 300 | 500 | | ▲ | |
| | 门诊所 | 社区卫生服务中心 | (1)一般3万～5万人设一处，设医院的居住区不再设独立门诊<br>(2)设于交通便捷、服务距离适中的地段 | 2000～3000 | 3000～5000 | ▲ | | |
| | 医院 | 含社区卫生服务中心 | (1)宜设于交通便捷、安静地段<br>(2)每10万人左右应设一所300～400床的医院<br>(3)病房楼应满足冬至日不小于2小时日照的标准 | 12000～18000 | 15000～25000 | ▲ | | |
| | 护理院 | 健康状况较差或恢复期老年人日常护理 | (1)最佳规划为100～150床位<br>(2)每床位建筑面积≥30平方米<br>(3)可与社区卫生服务中心合设 | 3000～4500 | | △ | | |
| 文化体育 | 文化活动中心 | 小型图书馆、科普知识宣传与教育场所；影视厅、舞厅、游艺厅、球类、棋类等活动室；科技活动、各类艺术训练班及青年人和老年人学习活动场地、用房等 | 宜结合或靠近同级中心绿地安排 | 4000～6000 | 8000～12000 | ▲ | | |
| | 文化活动站 | 书报阅览、书画、文娱、健身、音乐欣赏、茶座等主要供青少年和老年人活动的项目 | (1)宜结合或靠近同级中心绿地安排<br>(2)独立性组团也应设置本站 | 400～600 | 400～600 | | ▲ | |
| | 居民运动场、馆 | 健身场地 | 应设置60～100米直跑道和200米环形跑道和简单的运动设施 | | 10000～15000 | △ | | |
| | 居民健身设施 | 蓝、排球及小型球类场地，儿童及老年人活动场地和其他简单运动设施等 | 宜结合绿地安排 | | | | ▲ | △ |

续表

| 设施名称 | 项目名称 | 服务内容 | 设置规定 | 每处一般规模 | | 居住区 | 小区 | 组团 |
|---|---|---|---|---|---|---|---|---|
| | | | | 建筑面积/平方米 | 用地面积/平方米 | | | |
| 商业服务 | 综合食品店 | 粮油、副食、糕点、干鲜果品等 | (1)服务半径：居住区不宜大于500米；居住小区不宜大于300米<br>(2)地处山坡地的居住区，其商业服务设施的布点，除满足服务半径的要求外，还应考虑上坡空手、下坡负重的原则 | 居住区：1500～2500<br>小区：800～1500 | | ▲ | ▲ | |
| | 综合百货店 | 日用百货、鞋帽、服装、布匹、五金及家用电器等 | | 居住区：2000～3000<br>小区：400～600 | | ▲ | ▲ | |
| | 餐饮 | 主食、早点、快餐、正餐等 | | | | ▲ | ▲ | |
| | 中西药店 | 汤药、中成药与西药 | (1)服务半径：居住区不宜大于500米；居住小区不宜大于300米<br>(2)地处山坡地的居住区，其商业服务设施的布点，除满足服务半径的要求外，还应考虑上坡空手、下坡负重的原则 | 200～500 | | ▲ | △ | |
| | 书店 | 书刊及音像制品 | | 300～1000 | | ▲ | △ | |
| | 市场 | 以销售农副产品和小商品为主 | 设置方式应根据气候特点与当地传统的集市要求而定 | 居住区：1000～1200<br>小区：500～1000 | 居住区：1500～2000<br>小区：800～1500 | ▲ | △ | |
| 商业服务 | 便民店站 | 小百货、小日杂 | 宜设于组团的出入口附近 | | | | | ▲ |
| | 其他第三产业设施 | 零售、洗染、美容美发、照相、影视文化、休闲娱乐、洗浴、旅店、综合修理以及辅助就业设施等 | 具体项目，规模不限 | | | ▲ | ▲ | |
| 金融邮电 | 银行 | 分理处 | 宜与商业服务中心结合或邻近设置 | 800～1000 | 400～500 | △ | | |
| | 储蓄所 | 以储蓄为主 | 根据专业规划需要设置 | 100～150 | | | ▲ | |
| | 电信支局 | 电话及相关业务等 | 宜与商业服务中心结合或与其邻近设置 | 1000～2500 | 600～1500 | △ | | |
| | 邮电所 | 邮电综合业务，包括电报、电话、信函、包裹、兑汇和报刊零售等 | 每个小区设置一处，居住区也可合并设置 | 100～150 | | | ▲ | |

续表

| 设施名称 | 项目名称 | 服务内容 | 设置规定 | 每处一般规模 | | 居住区 | 小区 | 组团 |
|---|---|---|---|---|---|---|---|---|
| | | | | 建筑面积/平方米 | 用地面积/平方米 | | | |
| 市政管理 | 社区服务中心 | 家政服务、就业指导、中介、咨询服务、代客订票、部分老年人服务设施等 | 每个小区设置一处，居住区也可合并设置 | 200～300 | 300～500 | | ▲ | |
| | 养老院 | 老年人全托式护理服务 | (1)一般规模为150～200床位<br>(2)每床位建筑面积≥40平方米 | | | △ | | |
| | 托老所 | 老年人日托(餐饮、文娱、健身、医疗保健等) | (1)一般规模为30～50床位<br>(2)每床位建筑面积20平方米<br>(3)宜靠近集中绿地安排，可与老年活动中心合并设置 | | | | △ | |
| | 残疾人托养所 | 残疾人全托或护理 | | | | △ | | |
| | 治安联防站 | | 可与居(里)委会合设 | 18～30 | 12～20 | | | ▲ |
| | 居(里)委会(社区用房) | | 每300～1000户设一处 | 30～50 | | | | ▲ |
| | 物业管理 | 建筑与设备维修、保安、绿化、环卫管理等 | | 300～500 | 300 | | ▲ | |
| 市政公用 | 供热站或热交换站 | | | 根据采暖方式确定 | | △ | △ | △ |
| | 变电室 | | 每个变电室负荷半径不应大于250米；尽可能设于其他建筑内 | 30～50 | | | ▲ | △ |
| | 开闭所 | | 1.2万～2.0万户设一所，独立设置 | 200～300 | ≥500 | ▲ | | |
| | 路灯配电室 | | 可与变电室合设于其他建筑内 | 20～40 | | | ▲ | |
| | 燃气调压站 | | 按每个中低调压站负荷半径500米设置，无管道燃气地区不设 | 50 | 100～120 | △ | △ | |
| | 高压水泵房 | | 一般为低水压区住宅加压供水附属工程 | 40～60 | | | | △ |
| | 公共厕所 | | 每1000～1500户设一处，宜设于人流集中处 | 30～60 | 60～100 | ▲ | ▲ | △ |

续表

| 设施名称 | 项目名称 | 服务内容 | 设置规定 | 每处一般规模 | | 居住区 | 小区 | 组团 |
|---|---|---|---|---|---|---|---|---|
| | | | | 建筑面积/平方米 | 用地面积/平方米 | | | |
| 市政公用 | 垃圾转运站 | | 应采用封闭设施，力求垃圾存放和转运不外露，每700～1000平方米用地规模设一处，每处面积不应小于100平方米，与周围建筑物的间隔不应小于5米 | | | △ | △ | |
| 市政公用 | 垃圾收集点 | | 服务半径不应大于70米，宜采用分类收集 | | | | | ▲ |
| 市政公用 | 居民存车处 | 存放自行车、摩托车 | 宜设于组团内或靠近组团设置，可与居(里)委会合设于组团的人口处 | 1～2辆/户；地上0.8～1.2平方米/辆；地下1.5～1.8平方米/辆 | | | | ▲ |
| 市政公用 | 居民停车场、库 | 存放机动车 | 服务半径不宜大于150米 | | | △ | △ | △ |
| 市政公用 | 公交始末站 | | 可根据具体情况设置 | | | △ | △ | |
| 市政公用 | 消防站 | | 可根据具体情况设置 | | | △ | | |
| 市政公用 | 燃料供应站 | 煤或灌装燃气 | 可根据具体情况设置 | | | △ | △ | |
| 行政管理 | 街道办事处 | | 每3万～5万人设一处 | 700～1200 | 300～500 | ▲ | | |
| 行政管理 | 派出所 | 户籍治安管理 | 每3万～5万人设一处，宜有独立院落 | 700～1000 | 600 | ▲ | | |
| 行政管理 | 市政管理机构(所) | 供电、供水、雨污水、绿化、环卫等管理与维修 | 宜合并设置 | | | ▲ | | |
| 行政管理 | 其他管理用房 | 市场、工商税务、粮食管理等 | 每3万～5万人设一处，可结合市场或街道办事处设置 | 100 | | ▲ | △ | |
| 行政管理 | 防空地下室 | 掩遮体、救护站、指挥所等 | 在国家确定的一、二类人防重点城市中，凡高层建筑下设满堂人防，另以地面建筑面积2%配建，出入口宜设于交通方便的地段，考虑平战结合 | | | △○ | △○ | △○ |

注：▲为应配建的项目；△为宜配建的项目；○代表在国家确定的一、二类人防重点城市，应按人防有关规定配建防空地下室

资料来源：中华人民共和国国家标准：《城市居住区规划设计规范》[GB 50180—93(2002年版)]，中国建筑工业出版社，2002年，第35～45页

## 二、公共服务设施规划布置的基本要求

国标《城市居住区规划设计规范》[GB50180—93(2002年版)]就公共服务设施分级配建及各项目设置做了规定(表7-3)。这里仅对公共服务设施系统总体规划布置及市政公共设施系统和住宅区工程管线综合布置加以介绍，其他公共服务设施布置的基本要求见表7-3。

1. 公共服务设施系统总体规划布置的基本要求

(1)公共服务设施系统总体规划布置应按照居民的使用频率进行分级，并与居住人口规模相对应，布点还必须与居住区规划结构相适应，并应与住宅同步规划，同步建设和同时投入使用。

(2)各级公共服务设施应有合理的服务半径。其中，小学、中学、综合百货店、餐饮、中西药店、变电室、燃气调压站、垃圾收集点、居民停车场或库等公共服务设施的服务半径应符合表7-3的相关规定。

(3)根据不同项目的使用特性和居住区的规划分级结构类型，采用集中与分散相结合的方式，合理布局，充分发挥设施效益，有利于经营管理、使用与减少干扰。

(4)在便于使用、综合经营、互不干扰、借调用地的前提下，宜对有关项目进行相对集中的设置，形成综合楼或组合体。商业服务与金融邮电，文体等有关项目宜集中布置，形成居住区各级公共活动中心。

(5)居住区内公共活动中心、集贸市场和人流较多的公共建筑，必须相应配建公共停车场(库)，并且应就近设置，应符合相关规定，停车场(库)宜采用地下或多层车库。

2. 市政公用设施系统布置的基本要求

(1)在城市给水系统的水量和水压能够满足住宅区的用水需要时，应该采用直接由集水管网供水的方式；在城市供水系统的水量和水压不能完全满足住宅区的用水需要时，可采用设置屋顶水箱、高位水池和加压水泵的供水方式。

(2)住宅区(除旧城区)在绝大多数情况下均应采用雨污分流的排水系统，即采用污水管网和雨水管网两套排水管网。应该根据地形和城市排水管网的竖向标高设置排水泵房的位置和用地，污水处理站或厂应该选在住宅区夏季主导风向的下风向并与住宅和公共建筑保持一定的卫生防护距离。

(3)住宅区的电力设施，即变(配)电所、开闭所和电缆分支箱，宜设置在负荷中心附近，高层住宅一般以高压引入，配电所设在高层建筑内，低压线路采用户外电缆分支箱。

(4)住宅区通信设施一般包括用户光纤终端机房，500～1 000户预留一处(15～20平方米)，邮政局(所)服务半径不小于500米，每个住宅单元应设住户信报箱，也可以设由物业管理公司管理的集中收发室。

(5)住宅区燃气系统的气化站或调压站均要求单独设置，并与其他建筑物保持一定的安全距离，调压站的服务半径一般在500～1000米。

(6)垃圾收集点一般布置在住宅区内，服务半径不宜超过70米；垃圾转运站应采

用封闭设施，每0.7～1.0平方千米用地规模设一处，每处面积不应小于100平方米，与周围建筑物的间隔不应小于5米。

3. 住宅区工程管线综合布置的基本要求

(1)各类管线布置应该整体规划，远近结合，并预留今后可能建设的工程管线的管位。

(2)各类管线宜采用地下敷设的方式，走向宜沿道路或平行主体建筑布置，并力求短捷，减少管线间及管线与道路之间的交叉。

(3)各类管线应满足相互间水平间距、竖向间距和各自的埋深的要求。

(4)当综合布置地下管线发生矛盾时，应采取的避让原则为压力管让重力管、小管径让大管径、易弯管让不易弯管、临时管让永久管。

(5)地下管线不宜横穿公共绿地和庭院绿地，宜与绿化树种保持适当的水平距离。

## 第五节　居住社区绿地系统规划

### 一、绿地类型与绿化指标

1. 绿地类型

居住区绿地包括公共绿地、宅旁绿地、道路绿地和配套公共设施所属绿地四种形式，其中还包括满足当地植树绿化覆土要求、方便居民出入的地下或半地下建筑的屋顶绿地，不包括其他屋顶、晒台的人工绿地。公共绿地是指满足规定的日照要求，适合于安排游览休息活动设施供居民共享的游憩绿地，分为居住区公园、小游园、居住生活单元组团绿地及儿童游戏场和其他块状、带状公共绿地等，集中反映小区绿地质量水平。宅旁绿地也称宅间绿地，多指在行列式建筑前后两排住宅之间的绿地，一般包括宅前、宅后及建筑物本身的绿化，是最基本的绿地类型，也是居住区绿地内总面积最大、使用频率最高的一种绿地形式。道路绿地是指居住区内道路红线以内的绿地，具有遮阴、防护、丰富道路景观等功能。公共设施所属绿地是指各类公共建筑和公共设施四周的绿地，如俱乐部、商店等周围绿地。贾建中在其《城市绿地规划设计》一书就居住区外围绿地、中心绿地、宅旁绿地、道路绿地及绿地植被的配植和绿地规划布局的原则①进行了详尽的论述，本节的相关内容主要摘录于该书。

2. 绿化指标

绿地率是衡量绿化水平的重要指标。《城市居住区规划设计规范》[GB50180—93(2002年版)]就绿地率测算和绿地设置做了详细规定②。居住区绿地率等于公共绿地、宅旁绿地、道路绿地、公共服务设施所属绿地等居住区绿地总面积除以居住区用地总面积，单位为%，不能将屋顶花园、阳台花架、立体绿地、底层架空等统统折算成平面面积加以计算，但是台式建筑的大面积台上绿地、底层架空的

① 贾建中：《城市绿地规划设计》，中国林业出版社，2000年，第258～288页。

② 中华人民共和国国家标准：《城市居住区规划设计规范》[GB50180—93(2002年版)]，中国建筑工业出版社，2002年，第17～19页。

渗入式草坪等可以单独注明绿地面积。新建区绿地率不应低于30%，旧区改造不宜低于25%。居住区内公共绿地总指标应根据居住人口规模分别达到：组团不少于0.5平方米/人，小区(含组团)不少于1平方米/人，居住区(含小区与组团)不少于1.5平方米/人，并应根据居住区规划布局形式统一安排、灵活使用。旧区改建可酌情降低，但不得低于相应指标的70%。

居住区公共绿地应根据居住区不同的规划布局形式设置相应的中心绿地，老年人、儿童活动场地和其他块状、带状公共绿地等。中心绿地可安排广场、铺面、道路、小建筑等，但必须保证70%以上的绿化面积，其中可以包括水面绿化面积。各级中心公共绿地设施设置应符合表7-4的要求。

**表7-4 各级中心公共绿地设施设置规定**

| 中心绿地名称 | 设置内容 | 要求 | 最小规模/公顷 |
|---|---|---|---|
| 居住区公园 | 草坪、花坛、水面、凉亭雕塑、小卖部、茶座、老幼设施停车场地和铺装场地等 | 园内布局应有明确的功能划分 | 1.0 |
| 小游园 | 草坪、花坛、水面、雕塑、儿童设施和铺装地面等 | 园内布局应有一定的功能划分 | 0.40 |
| 组团绿地 | 草坪、桌椅、简易儿童设施等 | 灵活布局 | 0.04 |

组团绿地的设置应满足有不少于1/3的绿地面积在标准的建筑日照阴影线范围之外的要求，并便于设置儿童游戏设施和适于成人游憩活动。其中院落式组团绿地的设置还应同时满足表7-5的要求，其他块状、带状公共绿地的宽度不小于8米，面积不小于400平方米。

**表7-5 院落式组团绿地设置规定**

| 封闭型绿地 | | 开敞型绿地 | |
|---|---|---|---|
| 南侧多层楼 | 南侧高层楼 | 南侧多层楼 | 南侧高层楼 |
| $L \geqslant 1.5L_2$ | $L \geqslant 1.5L_2$ | $L \geqslant 1.5L_2$ | $L \geqslant 1.5L_2$ |
| $L \geqslant 30$ | $L \geqslant 50$ | $L \geqslant 30$ | $L \geqslant 50$ |
| $S_1 \geqslant 800$ | $S_1 \geqslant 1800$ | $S_1 \geqslant 500$ | $S_1 \geqslant 1200$ |
| $S_2 \geqslant 1000$ | $S_2 \geqslant 2000$ | $S_2 \geqslant 600$ | $S_2 \geqslant 1400$ |

注：$L$代表南北两楼正面间距，单位为米；$L_2$代表当地住宅的标准日照间距，单位为米；$S_1$代表北侧为多层楼的组团绿地面积，单位为平方米；$S_2$代表北侧为高层楼的组团绿地面积，单位为平方米

## 二、居住区绿地规划布局的原则

(1)居住区绿地规划应在居住区总体规划阶段同时进行，统一规划，绿地均匀分布在居住区域小区内部，使绿地指标、功能得到平衡，方便居民使用。

(2)要充分利用原有自然条件，因地制宜，充分利用地形、原有树木和建筑，以节约用地和减少投资。尽量利用劣地、坡地、洼地及水面作为绿化用地，并且要特别对古树名木加以保护和利用。

(3)应以植物造景为主进行布局，并利用植物组织和分隔空间改善环境卫生与小气候；利用绿色植物塑造绿色空间的内在气质，风格宜亲切、平和、开朗，各居住区绿

地应突出自身特点、各具特色。

(4)应以宅旁绿地为基础，以小区公园(游园)为核心，以道路绿化为网络，使小区绿地自成系统，并与城区绿地系统相协调。

(5)各组团绿地既要保持格调的统一，又要在立意构思、布局方式、植物选择等方面做到多样化，在统一中追求变化。

(6)尽量设置集中绿地，为居民提供绿地面积相对集中、较开敞的游憩空间和相互沟通与了解的活动场所。

(7)充分利用垂直绿化、屋顶、天台绿化、阳台、墙面绿化等多种绿化方式，增加绿地景观效果，美化居住环境。

## 三、居住区外围绿地规划设计

居住区外围绿地主要起绿色隔离、美化和净化居住区环境的作用，如果用地充足，应在其内部布置小型游憩休闲设施。居住区外围绿地也是城市的一道绿色景观线，其设计应考虑周围的环境，丰富居住区的整体景观风貌和城市的景观层次。邻近城市主干道、工矿企业、喧闹场所的居住区，应特别重视防护林的布置，行数以三行以上为好，将冠大干高的常绿树、落叶树和花灌木相互配植，以增强消音减噪、吸附灰尘及安全防护作用。

## 四、居住区中心绿地规划设计

居住区中心绿地应靠近小区主路，位置适中，尽量与商业服务中心、文化体育设施和儿童游戏场地相结合，以方便全区居民的游乐、休息、观赏、锻炼身体和购物等使用需求。根据面积大小、设置内容，一般分居住区公园绿地、居住区小游园和居住区组团绿地三级。中心绿地(含水面)绿化面积不宜小于绿地面积的70%，为便于居民休憩、散步和交往，宜采用开敞式，以绿篱或其他通透式院墙栏杆进行分割。

### (一)居住区公园绿地

#### 1. 居住区公园绿地规划的布局形式

居住区公园绿地规划可参考城市小公园规划的三种布局模式。

第一种为规则式，也称几何式、对称式、建筑式、整形式。其平面布局以对称布局为主，以贯穿全园的中轴线和一些纵横向副轴线对全园进行协调控制，主要建筑多对称布置在中轴线上；追求几何图案美，水体和广场多呈规则的几何形；种植规划也与中轴对称的总格局相适应，树木以等距离行列式、对称式为主配置方式，树木修剪整形多模拟建筑形体、动物造型等，而花卉布置以图案式模纹花坛、花镜为主，园林小品以盆树、盆花、雕塑、瓶饰、园灯、栏杆为主，且雕塑多置于道路轴线的起点、交点、终点上。

第二种为自然式，又称风景式、不规则式，以模仿自然为主，力避规则对称，园内建筑组合不以轴线控制，但局部仍有轴线处理；道路广场多采用自然形状，以不对称的建筑群、山石、自然形状的树丛、林带等来组织广场空间；水体岸线多为自然岸线，植物配置力求反映自然之美，树木不修剪，以孤植、丛植、群植、丛林为主要种植形式，多采用峰石、假山、石品、桩景、盆景、砖雕、石雕、木刻等园林小品丰富景观。

第三种为混合式，是指规则式、自然式园林形式交错组合，全园没有或不能形成控制全园的主轴线和副轴线，只有局部景区、建筑以中轴线对称布局，或全园没有明显的自然山水骨架，不能形成自然格局。一般情况下，多结合现状地形进行布局：在原地形平坦处，根据园林总体规划的需要安排规则式布局，在原地形条件较复杂、具有起伏不平的丘陵、山谷、洼地等地段，结合地形规划为自然式。

2. 居住区公园绿地规划的要求

(1)居住区公园布置紧凑，各功能分区或景区间的节奏变化快，游人以本居住区居民为主，且多在早晨或晚上游玩，尤其是夏季夜晚，因此应注重照明设施、灯具造型、夜香植物的布置。具体功能分区与物质构成要素如表 7-6 所示。

**表 7-6 居住区公园绿地功能分区与物质构成要素**

| 功能分区 | 物质要素 |
|---|---|
| 休息、漫步、游览区 | 休息场地、散步道、凳椅、廊、亭、榭、老人活动室、展览室、草坪、花架、花径、树木、水面等 |
| 游乐区 | 电动游戏设施、文娱活动室、凳椅、树木、草地等 |
| 运动健身区 | 运动场地及设施、健身场地、凳椅、树木、草地等 |
| 儿童活动区 | 儿童游乐园及游戏器具、凳椅、树木、花草等 |
| 服务网点 | 茶室、餐厅、售货亭、公厕、凳椅、花草等 |
| 管理区 | 管理用房、公园大门、暖房、花圃等 |

(2)在功能上，应尽量满足居住区居民的休息、交往、娱乐等使用需求，重点布置适于活动的广场、园林小景、疏林草地、儿童活动场所、休憩设施等。设施应齐全，最好有体育活动场所、适应各年龄组活动的游憩场地以及小卖部、茶室、棋牌、花坛、亭廊、雕塑等设施和丰富的四季景观植物配置。青少年活动场地选址应既方便青少年集中活动，又要避免交通事故，不能设在交叉路口，活动空间大小及设施内容应根据年龄和性别差异合理布置，植物配置应选用夏季遮阴效果好的落叶大乔木，结合活动设施布置疏林地。

(3)可用绿篱分隔空间，种植成行大乔木减弱喧闹声对周围住户的影响。绿化植物应以乔木为主，配以少量的观赏花木、草坪等，避免带刺、有毒、有怪味的绿植。在高大乔木下设置铺装地面、石凳、石桌、座椅及儿童活动设施，方便休憩。

### (二)居住区小游园

小游园面积相对较小，功能较简单，均匀分布在居住区各组群之中，服务半径一般在 400～500 米。为方便居民使用，小游园常常规划在居住区中心地段(如若贯穿小区)，从而大大缩短服务半径的距离。小游园也可分散布置，或在小区一侧沿街布置，形成防护隔离带，既美化街景，又可以减少道路上的噪声及尘土对住户的影响。

居住区小游园可采用广场式、开敞草坪式、组景式和混合式等布局形式[①]。广场式小游园以铺地广场为主，周围环以绿地，广场上点缀树木、花坛等。其优点是能为居民提供一个活动中心，便于开展综合性活动，对组织社区文化活动比较有利，但要注意周围的绿化，使其成为绿化覆盖的广场。开敞草坪式小游园以开场式的草坪或疏林草地为主，树木较少，视野开阔，但是绿量少，生态效益差，应适当在游园边缘丛植乔木，既保持视线的开敞，又增加绿量。组景式小游园利用地形、植物、围墙等划分景区，追求空间变化，以游赏路线组织景观及活动区，有意模仿传统园林或城市公园的设计手法。混合式是上述几种手法的混合，广场、草坪利用地形、植物的造景结合在一起，比例比较接近，力图满足居民的多种需求。

### (三)居住区组团绿地

1. 居住区组团绿地的规划设计

居住区组团绿地供本组团居民集体使用，为组团内居民提供室外活动、邻里交往、儿童游戏、老人聚集等良好条件(图 7-5 和图 7-6)。用地规模为 40～200 平方米，服务半径在 100～250 米，居民步行几分钟即可到达。组团绿地的主要使用者是老人和儿童，或者是携带儿童的家长，所以规划设计中要精心安排不同年龄层次居民的活动范围和活动内容，可以将成人和儿童活动用地分开设置，以小路或种植植物来分隔，避免相互干扰。根据组团规模、大小、形状、特征布置绿地空间，借助花草树木、硬质地面、儿童游戏设施、花坛、花架、坐凳、小型水景等设计各具特色的组团绿地。组团绿地应以花草树木为主，园林建筑小品不宜过多，适当设置桌、椅、简易的儿童游戏设施等，慎用假山与大型水池。应有足够的铺装地面方便居民休息活动，也便于绿地的清洁卫生。一般绿地覆盖率要在 50%以上，游人活动面积率 50%～60%，可通过铺装地面上留穴种乔木的方法兼顾覆盖率和活动面积率(图 7-6)。

图 7-5　广州建丽花园(一)

注：高大乔木下的铺砖地面、凉亭、座椅、健身和儿童游乐器材、石条护栏等为老人和儿童提供了舒适的交流与交往空间

资料来源：作者自己拍摄的照片

图 7-6　广州建丽花园(二)

注：铺砖地面未阻断雨水下渗、高大乔木利于夏季遮阳、留穴种树和铺装地面提供了开阔的活动空间

资料来源：作者自己拍摄的照片

① 方咸孚、李海涛：《居住区的绿化模式》，天津大学出版社，2001 年，第 46～52 页。

2. 居住区组团绿地的布置形式

组团绿地的布置形式主要有开放式、封闭式、半封闭式三种。开放式也称为开敞式，居民可以自由进入绿地内休息活动，不用分隔物，实用性强，是采用较多的一种形式。封闭式组团绿地以草坪、模纹花坛为主，不设活动场地，外围采用绿篱、栏杆等隔离，居民不可入内活动和游憩，使用效果较差，具有一定的观赏性，便于养护管理。半开放式也称半封闭式，采用绿篱或栏杆与周围分割，但留有若干出入口，居民可出入于内，但绿地中活动场地设置较少，禁止人们入内的装饰性地带较多，常为追求境界效果时所使用的一种方式。

## 五、居住区宅旁绿地规划设计

宅旁绿地是住宅区绿化的最基本单元，最接近居民，是居民休憩和幼儿玩耍的最重要空间，也是不同行列、不同住宅单元的识别标志，因此既要注意绿地配置的艺术特色，又要充分考虑居民的休憩、活动需求。当绿地面积较大时，可开辟活动场地，如布置儿童游乐设施和座凳，方便儿童就近游戏和家长监护；当面积较小不宜开辟活动场地时，可设计封闭式的装饰绿地，周围用栏杆或装饰性绿篱相围，其中铺设草坪或点缀花木以供观赏。

宅旁绿化因住宅建筑的类型不同而有所差异。

1. 低层行列式住宅

住宅向阳面的绿化应以落叶乔木为主，形式应简单、粗放，不宜过密或太靠近住宅，在靠近房基处应种植一些低矮的花灌木，高大的乔木要在离建筑 5～7 米以外处种植，以免影响底层住户的通风采光；宅间距为 30 米宽时，可采用花园型、庭院型绿化形式，其中设置小型游园；也可在大乔木下放置秋千架、沙坑、爬梯、座凳等，以便老人和儿童就近休息。住宅北侧地下管道较多且背阴，应选用耐阴的花灌木及草坪，以绿篱围合或限定空间，既起到隔声、遮挡及美化的作用，也可为居民提供就近游憩的场地。住宅东西两侧，应种植大乔木，或者设置绿色荫棚，种植豆类等攀援植物，这样可以有效减少夏季东西日晒。

2. 多层单元式住宅

该类住宅由于建筑层数高、密度大、宅间距离小，其四周的绿化以草坪绿化为主，在草坪的边缘等处种植一些乔木或花灌木、花草之类的植物；或以常绿或开花的植物组成绿篱，围成院落或构成各种图案，有利于楼层的俯视艺术效果。在树种的选择上，除注意耐阴和喜光之外，在挡风面及风口必须选择深根性的树种，合理布置，借以改善宅间气流力度及方向。绿化布置还要注意相邻建筑之间的空间尺度，树种的大小高低要以建筑层次及绿化设计的“立意”为前提。

3. 周边式居住建筑

周边式居住建筑群中部形成一个围合空间，其中布置充足的绿地和必要的休息设施，无论是自然式或规则式，还是开放型或封闭型，都能起到隔声、防尘和美化的作用，形式多样，层次丰富，让人们在里边活动时既有围合感，又能看到相当一部分天空，没有闭塞、压抑的感觉。

## 六、居住区道路绿地规划设计

1. 居住区级道路绿化

居住区级道路车行道一般宽为 9 米左右，行道树的栽植要考虑遮阴与交通安全，在交叉口急转弯处要依据安全三角视距要求，保证行车安全。此三角形内不能选用体型高大的树木，只能用不超过 0.7 米高的灌木、花卉与草坪等。主干道路面宽阔，选用体态雄伟、树冠宽阔的乔木，可使干道绿树成荫，但要考虑不影响车辆通行；行道树的主干高度取决于道路的性质与车行道的距离和树种的分枝角度，距车行道近的可定为 3 米以上，距车行道远、分枝角度小的不要低于 2 米。在人行道和居住建筑之间可多行列植或丛植乔灌木，以草坪、灌木、乔木形成多层次复合结构的带状绿地，以起到防止尘埃和隔音的作用。

2. 居住小区道路绿化

居住小区道路是组织和联系小区各项绿地的纽带，对居住小区的绿化面貌有很大的影响，是居民出行、散步的主要路线，因此树木配置要活泼多样。尽量保证人行道宽度在 2.5 米以上，种植两排以上行道树，形成林荫覆盖的步行道，局部可拓宽居民停留、回旋的空间，适当位置设置休息座椅、遮雨廊和公共设施等，满足居民散步、休憩的需求。在树种选择上，应多选乔木及开花灌木，特别是一些开花繁密、叶色变化的树种等，每条路可选择不同的树种，在一条路上以某一两种花木为主，使每条路的种植各有个性。

3. 居住组团级道路绿化

居住组团级道路一般用于自行车通行和人行，绿化与建筑的关系较为密切，多采用开花灌木。

4. 宅前小路绿化

宅前小路是通向各住户或各单元入口的道路。绿化布置要适当退后路缘 0.5～1 米，采用开花灌木。

## 七、居住区绿地植物的配植

植物的配植应因地制宜，兼顾生态效益和观赏需求，兼顾植物之间的组合美和植物与环境的协调美。应选择冠幅大、根深叶茂、耐修剪、无飞毛、无毒、无刺、无刺激味道的树种，突出地方特色，保护乡土及古老树种。一般应注意以下几点。

(1)乔、灌、花、草相结合，常绿与落叶、速生与慢生相结合。在树种的搭配上，既要满足生物学特性，又要考虑绿化景观效果，创造安静优美的环境。

(2)植物种类应富于变化，但不能太过繁杂，在基调统一的基础上，结合建筑群体变化创造和谐而又富于节奏感和韵律感的绿地景观。植物选择不应追求奇特种类，应多选择生命力旺盛、虫害少、管理费用低、生态效益好的乡土树种。

(3)在栽植上，除了需要行列栽植外，一般都要避免等距离的栽植，可采用孤植、对植、丛植等方式，适当运用对景、框景等造园手法，装饰性绿地和开放性绿地相结合创造出丰富的绿地景观。

(4)在植物设计中，充分利用植物的观赏特性，进行色彩的组合与协调。以植物叶、花、果实、枝条和干皮等色彩的季相变化为依据来布置植物，创造季相景观。例如，广州、重庆等市充分利用乡土树种——黄桷树春季落叶的特征，与其他树种搭配或单独种植，营造奇特的季相景观。黄桷树枝叶繁茂、寿命长、抗污染、遮阴效果好。每逢春季落叶时，由于树木个体间落叶时间不完全一致，黄叶、嫩叶、落叶和光秃秃的树枝共存，视觉冲击力强且给人无限遐想空间。

## ➢本章小结

社区物质空间环境主要由居住建筑、道路交通设施、公共服务设施、绿地系统四大物质实体系统及其所限定的空间环境构成。社区物质空间环境规划以公众参与、生态优化和以人为本为主要原则，重点研究四大物质实体系统的用地规模与用地配置、分级与布局以及社区成员户外生活空间形态与层次的构筑和布局等内容，为社区发展规划提供物质基础。居住建筑规划应丰富住宅群体组合形式与房型，营造多样化的人性空间环境。居住区道路分居住区级道路、居住小区级道路、居住组团级道路和宅间小路四级，规划中各级道路宜分级衔接，形成良好的交通的组织规划系统；道路系统规划可根据经济技术发展水平选择"人车分行"或者"人车混行"的动态交通组织系统，静态交通的组织规划可以选择地面存车、室内存车和地下存车三种方式中的一种或几种组合，无论哪种组织方式，道路规划设计都应符合相关规定，做到经济、便捷、安全。公共服务设施设置的数量和规模、配置的比例要符合国标规定，布局的空间位置应方便居民安全使用。绿化系统包括居住区公共绿地、宅旁绿地、道路绿地及公共设施所属绿地。绿地系统的规划应因地制宜，注重造景，布局方式、植物选择等做到多样化，形成以中心绿地为中心、道路绿化为网络、宅旁绿化为基础的点线面绿地系统。

## ➢关键概念

居住区，居住小区，居住组团，公共绿地，居住区用地，道路红线，居住区级道路，居住小区级道路，居住组团级道路，宅间小路，公共服务设施，绿地率，容积率，建设密度，建筑控制线

## ➢复习思考题

1. 简述居住区动态交通组织的形式及各自的优缺点。
2. 居住社区公共服务设施系统主要包括哪些设施？
3. 居住社区绿地规划布局应遵循哪些原则？
4. 试评析所在居住区绿地系统规划设计的质量。

## 案例

### 可持续发展建筑、生态建筑、绿色建筑辨析及我国绿色建筑典型案例

全球生态环境恶化、能源和资源日益耗竭等问题不断促使人们反思人类发展与环境之间的相互关系，可持续发展思想已成为覆盖社会生产生活各领域的基本思想。可持续发展思想与建筑学的结合催生了可持续发展建筑。可持续发展建筑涵盖宏观与微观两个层面的意义：宏观上，作为一种战略思

想，其是指将建筑的物态构成加入社会、经济的多产业物质大循环中，使建筑业与其他方面相互融合、渗透，并最终构成类似生态食物链的联结，为建筑发展寻求新的能源和材料，并为超过使用寿命期的建材提供物尽其用的降解渠道，微观上则表现为特定时期的具体实践形式，使建筑业逐步摆脱对非再生能源和资源的过度依赖以及对生态环境的严重干扰，形成合理、高效利用能源和资源的良性局面①。生态学领域的"物质循环、能量传递、生态平衡"等基本原理为解决可持续建筑面临的高能耗、高资源消耗和高环境干扰等问题提供了理论支撑和参考途径，生态学思想与建筑学的结合促成了生态建筑。狭义的生态建筑是指将建筑看成一个生态系统，通过组织建筑内外空间中的各种物态因素，使物质、能源在建筑生态系统内部有秩序地循环转换，获取一种高效、低耗、无废、无污、生态平衡的建筑环境②。广义的生态建筑不再局限于某一座建筑的环境空间，而是将各建筑群体与社会经济文化环境视为一个相互联系的有机整体，将可持续理念融入场地规划、设计、施工、运行、维护、拆除和建筑废料处理的整个生命周期，体现传统建筑学、生态学、城市规划学、景观生态学等多个学科思想的交融。生态建筑和绿色建筑分别代表着可持续发展建筑的宏观与微观两个层面的意义①，节能建筑、低碳建筑则是绿色建筑的体现。

上海世博会遵循"科技世博、生态世博"的工作理念，各种建筑和场馆充分体现了节能、环保、绿色、和谐等新思潮，是我国绿色建筑的典范。世博会中国馆通过自遮阳设计和半室外玻璃廊调节室温，通过节能照明系统设计和制冰技术减排降耗，利用太阳能技术和良好通风性能实现节能环保，通过雨水收集系统和人工湿地技术促进雨水循环利用和污水清洁。世博轴借助"阳光谷"和下沉式花园创造绿色的地下空间，应用地源热泵技术引黄浦江水作冷热源来调节室温，环状玻璃幕墙除了良好的透视效果，还可收集雨水用于园林灌溉和场地清洁。主题馆屋面铺设太阳能板用于发电，东西立面垂直绿化形成的生态绿墙可调节室温，首选环保、节能、可重复使用和绿色功能的钢材。世博中心的雨水收集系统可将收集过滤的雨水用于道路清洁和绿地灌溉，自然采光和遮阳系统、低温送风系统和冰蓄冷系统具有良好的节能效果，全钢结构和新型环保节能建筑材料的使用降低了建筑对周边环境的污染，呼吸式玻璃幕墙和低辐射中空玻璃的运用满足了人们对室内充满阳光和清新空气的追求。世博演艺中心主场馆可实现场馆功能的自如变换，飞碟状外观形成了自遮阳体系，辅之周边边坡绿化大大提高了建筑形态的生态节能效果，江水源利用、雨水收集系统、表皮节能技术等也在多方面实现了节能。位于城市最佳实践区北部街区的"沪上·生态家"，也充分利用雨水收集系统、太阳能光伏发电技术、地热泵技术、自然通风和采光技术、墙体绿化技术等多项生态技术，建筑所用的砖来源于废弃砖头或"长江口淤积细沙"生产的淤泥空心砖和工厂废料"蒸压粉煤灰"制造的砖头，木制屋面用竹子压制。整个建筑使用了大量的废弃原材料，被戏称为"垃圾堆出来的环保建筑"。一系列生态环保技术使整个建筑整体综合节能 60%，可再生能源利用率 50%，二氧化碳排放量减少 140 吨，室内环境达标率 100%，空间采光系数 75% 以上，成为上海世博会 16 个城市最佳实践区一类案例之一。

资料来源：《世博会绿色建筑是怎样炼成的》，http://www.360doc.com/content/10/0819/18/84590_47260719.shtml，2010 年 4 月 23 日

**案例思考**

1. 通过网络或书籍资料，深入了解上述各绿色建筑的特点及关键生态技术。
2. 将上述各关键生态技术广泛推广应用于住宅建设的前景如何？限制其推广应用的因素有哪些？

---

① 刘建：《生态建筑与绿色建筑》，《安徽建筑》，2004 年第 11 卷第 5 期，第 11～12 页。

② 韩林飞：《生态建筑之内外案例》，《世界环境》，2011 年第 5 期，第 16～17 页。

## 实训指导

### (一)实地调研

以组为单位，9～10 人为一组，采用问卷调查、访谈等方式，调研某一居住社区的物质空间环境建设状况，完成以下问题。

1. 居住社区都有哪些种类的住宅群体组合形式？楼间距大概为多少？能否满足私密性及通风采光的要求？

2. 观察居住区的道路交通系统的组织形式，其是采用何种形式组织动态交通的？是否通畅安全？其是采用何种形式组织静态交通的？是否方便居民停车和取车？

3. 观察社区配建了哪些公共服务设施，幼儿园、托儿所、小学、中学、菜市场、早点或小吃店、邮局、银行、医院、小商店、公共厕所、公交站点等都分别布置在什么方位？是否方便居民生活？

4. 观察居住区中心绿地的规划设计是否包括居住区公园、居住区小游园和居住区组团绿地三级系统？各级绿地系统分别采用何种布局形式？绿化树种有哪些？哪些是乡土树种？是否实用美观？

5. 观察居住区宅旁绿地系统的规划设计，绿化植被的选择是否有利于夏季通风遮阴和冬季采光？观察绿地系统对空间的组织情况，其是否设计了方便居民休憩、交流的空间环境？居住小区是否配置了儿童游乐场地、居民健身场地等设施？其布局是否安全、方便、舒适？

6. 调查居民对社区绿化、道路、停车位及运动场所、菜市场等公共服务设施的满意度。

7. 综合运用前六项调查资料，评价该社区的物质空间规划状况，并提出自己的改进方案。

### (二)老年社区的规划设计

中国是世界上人口最多的国家，也是老年人口最多的国家。早在 1999 年，中国就已全面进入老年型社会。据国家 2010 年第六次人口普查统计数据显示，65 岁以上人口占比达到 10%的省份比 2000 年增加 5 个，超过 7%“红线”标准的省份达到 26 个，而从全国总量看，老龄人口也已超过 7%的“红线”。中国加速迈入老龄化时代，今后中国的老龄化问题将更加突出。

老年人是特殊的社会群体，有其特殊的心理、生理和社会活动特点。在社区规划和住宅建设中，从我国经济和社会发展的实际出发，对城市老年居住建筑环境进行分析研究，提出符合中国国情的设计理论，既是中国尊老传统的实际体现，也是社会发展的必然要求。

**实训要求**

1. 10 人一组，进入社区实地考察老年人对居住环境的特殊需求。

2. 通过文献法与实证法相结合的方法，了解老年社区传统居家养老、养老院养老、公寓养老三种主要养老模式的现状与趋势。

3. 遵循以人为本的设计原则，阐述物质空间环境规划应从哪些方面满足老年人的需求以及如何满足老年人的需求。

# 第八章

# 社区发展规划的创新与发展趋势

**本章要点**

随着社区规划的不断演进，如何创新规划理念、方法与管理方式，设计出更好的、适宜的社区将成为必然。本章概述社区发展规划创新的含义、意义、内容。重点介绍社区发展规划创新的三大内容，即低碳社区、数字化社区和参与式社区的规划与实践。

## 第一节　社区发展规划创新概述

### 一、社区发展规划创新的含义

社区发展规划是以社区为单位的规划，是对社区建设的整体部署与设计。发展规划的基本内容一般由四个方面组成，即社区现状分析、社区发展目标、社区发展要素、社区发展条件。因此，社区发展规划创新即是针对社区未来的发展目标，按照社区可发展要素和发展条件，对社区现状进行改变和创新，以适应未来社会的社区发展要求。这种创新不会降低或破坏，而是会永远有助于增加城市社区的社会机遇，使社区更美丽，让社区居民更方便。所以，社区发展规划创新的思想基础基于以下两方面内容。

一是人文思想。人文思想贯彻在社区规划设计理念上表现为：①强调规划设计中社会文化的多元融合，“将旧的事物融入新的事物”，倡导社区公众参与社区规划与事务。②提倡小规模、渐进式的城市开发方式。③注重符合人的尺度的设计，创造活动场所。④提倡有组织的复杂性，鼓励城市环境的混合使用。

二是生态思想。在国际上，与社区发展规划相关的生态规划实践经验有：①保证建筑空间和绿色空间的合理比例，并建立绿色“骨架”；②符合生态要求的居住区和工业区改建原则；③达到建筑空间组织的生态美学要求；④发展聚落状、综合功能、含步行系统的生态小区；⑤利用先进的交通和生产系统；⑥开展绿色社区理念的普及教育。

社区处于动态发展之中，计算机网络更是赋予社区不断更新的含义，通过网络社区，人类的社会经济和交往活动可以跨时空进行。电子商务、电子教育、电子娱乐等方式都极大地提高了办事效率，促进了信息的透明度，使网络社区越来越现实和普遍。首先，信息网络使分散的工作方式成为可能。人们不仅可以在分散的工作单元中工作，在社区中心工作，还可以在家里办公。其次，城市社区也更加郊区化。这源于人们对郊区环境的向往，富有阶层有能力迁往郊区，使工作和居住呈良好的混合状态，这将对城市社区的功能组成产生越来越多的积极影响。

从学科上讲，社区发展规划是一门综合性学科，涉及社会学、建筑学、地理学、经济学、工程学、环境科学、美学等多种学科。从行政上讲，社区发展规划应该是政府部门的一项重要职责和重要工作。其与城市规划学是密切相关的，现代城市规划学是集成建筑学、城市交通、城市环境等理论的综合学科。城市社区规划理论就是重点从城市社会学出发，分析城市规划的内在机制和方法手段的一支分支学科。正如当初提出城市设计思想一样，城市社区规划理论也并非要去创造一个新的、分离的领域，而是为了唤起社会对各类人群多方面需求的关注，使城市规划工作者通过视野、手段的扩展、调整，更好地指导城市的可持续发展。

综合而言，本书中的社区发展规划创新是指运用人文思想、生态思想和高新技术，结合城市规划理论，全方面、多层次、多学科地对社区的发展模式进行变革或改良的一种理念。

## 二、社区发展规划创新的意义

社区发展规划是近几十年来伴随世界性的社区发展运动而产生的新生事物，由于其人文主义的核心和良好的实践效果而日益受到广泛关注。社区发展规划的工作任务是制订社区发展的总目标和社区建设的具体行动计划，并根据确定的目标、计划在社区中进行一系列的社区工作。社区发展规划的实质是一种社会规划管理，是实现城市生态、经济建设、社区发展之间的动态平衡，通过动态平衡规划来推进城市经济可持续发展的一种管理活动。

### 1. 创新实现城市社区生态平衡

城市社区不仅是一个经济系统，而且还是一个社会系统和一个生态系统。城市是一种三维的存在，因此，社区发展规划创新至少包含三个方面的目标，即经济增长、社会进步、生态平衡。这三方面的进步并不都能折算为GDP，也并不都能以经济的尺度来衡量。

根据以人为本的原则，三方面的进步往往要以社区居民的满意度为标尺。作为普通一员，社区居民不仅要求社区的经济繁荣，而且要求有一个舒适、健康的生活环境。一个美好的生态环境要求社区的空间、文化、生态环境等达到一种动态平衡状况，从而为社区的持续发展添加动力。满足居民的这一基本需求，正是社区发展规划创新的首要意义。

### 2. 创新实现城市社区经济发展平衡

当经济低迷时，不少社区居民会成为失业、开工不足或低薪的劳工，除了面对生活困苦外，不少技术劳工原先拥有的技术和才能亦日益贬值，甚至在市场中无人问津。这一群体的扩大将使社区中的消费逐渐减少，社区内的经济亦日渐衰退。社区经济活动的减少亦进一步令社区内的社会网络解体，社会资本弱化，它直接减少了居民间的互相信任及信息流通，抑制了社区团结互助的功能，导致社区用于自我脱贫的资源越来越少，使贫穷集中，进一步恶化失业问题。

通过社区发展规划创新，强调以本社区经济发展为目标，通过自下而上的社区参与行动，促进拥有未受市场利用的才能、技术与经验的居民有机会服务于社区中的其他成员。这不仅可以改善居民生活质量，更重要的是令参与者重获生活的意义及尊严。具体方法包括：创造小型企业增加职位，成立生产及消费合作社，以及推行社区货物及服务的交换。国外发达国家已有不少成功的经验及案例，它们证明通过运用社区经济发展的方法创新社区发展规划，对重建社区经济、加强社会融合及推动社区可持续发展均有成效。

3. 创新实现城市社区发展之间的平衡

实现社会和谐是社会发展的最终目标，社会和谐的重要推动力就是社区和谐，而社区发展规划对此起着积极的、决定性的作用。当前中国社会处于重大转型期，只有通过对社区发展规划的理论和方法进行创新和研究，才能不断适应社会的发展变化，才能真正实现社会和谐，实现城市经济的可持续发展。

城市社区是在可识别的合适尺度的空间范围中体现公众参与和最大社会经济效益的一个社会实体，发展城市社区就是要塑造一个具有相当社会凝聚力和鼓励创新精神的社区，吸引稳定数量的人员居住、工作或开展休闲活动，形成较高的价值创造能力和独特的社区文化价值，从而最大限度地提高社区生活质量。

社区发展规划的作用就是加强对城市社区的认识、预测，引导和满足社会主体——“人”的需求，优化对社区客体——“设施”的配置，为各类活动的开展提供良好的环境。

## 三、社区发展规划创新的内容

首先是邻里单位的规划实践。邻里观念早在1898年就由著名思想家E. 霍华德初步表达，在19世纪初英国城郊建立居住和工作相对平衡的新镇的运动中逐步得到推广。然后是美国规划师C. 佩里在20世纪20年代纽约地区规划中发展了邻里单位的原则，建议一个邻里应该按一所小学的服务面积组成，包括大约5000名居民，邻里中设置基本的服务设施。至50年代，另一著名规划师C. 斯坦恩又将其推进了一步，创设了雷特朋模式，提出按组团模式开发，体现了对步行者、居民的关心和良好的环境融合性，对以后一直到现在的许多城市社区规划产生了深远的影响。

其次是城市社区发展规划的崛起。英国在新镇发展的经验总结和规划思想逐步成熟的基础上开展了新居住社区规划研究。其特征如下：第一，它不再强调旧城的“饱和型”开发，而是注重人的广泛需求和环境保护，提供充足的休闲娱乐设施，以留驻一定数量和类型的居民及就业、消费队伍。第二，居住社区功能不再单纯，而是集生活、娱乐和工作的综合区域。从1983年以来，英国在伦敦外围建设了70个社区，大部分的规模在2500～15000人。

进入20世纪90年代，城市社区发展规划研究进一步深入，如日本和澳大利亚政府合作研究在澳大利亚的阿德莱德市建立新型城市社区——多功能新区，更加强调生态和效率，提出了未来城市社区发展模式——聚落式、混合使用、步行为主的生态型社区。各种现代化、后现代主义及可持续发展都在社区发展规划中打下了烙印，出现了新城市设计概念、可持续规划等理念。与此同时，发展中国家的社区发展规划工作也蓬勃兴起并别开新路。国际上社区发展规划步入了一个多元化的时代，出现各种创新形式的社区形态。本书主要根据社区发展规划创新的内容将创新社区划分为以下三种。

1. 低碳社区

从建筑学和城市规划角度来看，社区主要是指一个能提供适宜生活的健康生态系统，所以从创新的内容来看，低碳生态系统是社区发展创新的趋势和方向。

生态规划与设计是缓解当今环境危机的主要方法，城市的生态社区建设尤为迫切。全球可持续发展理念从意识形态转向规划设计实践，就需要建立在生态学和景观生态理论基础上的设计方法，包括可持续的历史文化和自然环境的共生。生态社区的建设除了由生态建筑组成外，还包括大量必要的因素，如建筑周边的花园、可进行循环再利用的设施和居民的公众参与等。社区是一个有生命体的联合体，是建立认同感的基本单元，若从生态观上讲，社区更应成为一个有机体，它应具有生长、自我调节和自我适应的能力。在确保自然资源合理消耗的前提下，社区在生态环境中应拥有正常的、自然的新陈代谢功能。

2. 数字化社区

从科技发展的角度来说，互联网和计算机信息系统技术的发展为社区服务和管理提供了一种新的创新工具。从创新内容来说，数字化社区是其表现形式。

随着信息化技术的发展和人们生活水平的提高，电脑、电话成了机关办公的工具。在居民家庭中，电视、电话已基本普及，电脑也开始走进各家各户。在现实生活中，社区居民经常遇到这样的情况：家中被盗、失火却没能及时报警；孤独的老人因得不到及时的帮助而身陷困境；想找清洁工、小时工，又不知哪家服务好。通过数字化社区，政府可以了解居民群众对信息化的需求。通过数字社区开展社区公共服务实现行政体制向“公共服务型政府”的转型，才能理顺政府与社区的关系。

3. 参与式社区

参与式小区规划的本质是具有责任性、公平性与自治性的以人为本位的规划，强调配合公众的需要，为公众而规划，因此借由公共参与来达到利益的均衡与落实民主精神；并且符合公众的价值观，满足公众的需求，以此来争取公众对规划的支持。

居民参与是参与小区规划建设的实际内涵，在小区发展政策形成、方案执行及行政决策的过程中，居民的直接参与使小区决策能充分反映居民的需求。随着时代的演变，小区规划建设的理论也由全盘式计划转变为居民参与计划论，强调社区居民公众的参与。其原因在于：一方面在小区设计规划过程中，难免会有冲突产生，政府公共部门、居民与开发商之间，会因权力结构、程序性、实质利益分配与未来不确定四个原因而发生冲突。另一方面，从社区规划的目标与方向来看，持续发展是小区规划中很重要的原则与目标，持续发展旨在创造与自然和平共处的环境，这就需借助政府公共部门之间、私人企业与地方社区之间的合作。集结各种不同的参与者，鼓励并建立社区居民发言的机制与平台，既可促使更多地方层次的社区团体参与规划过程，反映最佳的实情，又可同时训练公众提出更具体的政策建议与方案的能力。这些都说明，鼓励社区居民参与是社区发展规划制定的内容。

## 第二节　低碳社区的规划与实践

### 一、低碳社区的概念和基本特征

低碳的概念最早以“低碳经济”的名义开始进入人们的视野。2003 年，英国发布的能源白皮书《我们未来的能源：创建低碳经济》被认为是“低碳经济”概念的源头，随后便引起世界范围内的广泛关注。2008 年日本指定的“低碳社会行动计划”，开始引入“低碳社会”的概念。该行动是要告诉我们，人类的未来发展再也不能无所顾忌地以资源的巨大消耗和环境的破坏为代价。

这种倡导经济、社会与自然环境、自然资源协调发展的时代背景，影响着城市建设的每个领域。将低碳发展的理念贯彻于社区发展当中，使低碳环保技术在社区生活中得到充分利用，科学合理地规划社区发展，使社区建设符合未来的发展趋势，是社区发展规划的首要使命。

社区作为社会治理的基本功能单元之一，是城乡居民居住生活职能的主要聚集地，在社区层面实施节能减排，推行低碳发展理念对城乡整体的低碳发展具有重要的指导和实践意义。首先，居民社区尤其是城市社区的住宅建筑和生活能源消耗一直都在能源消耗中占有很大比例，在社区层面推行节能减排和低碳技术的应用，可以在很大程度上节省整个城市或乡村的能源消耗。其次，社区是居民居住的聚集地，低碳理念在居民生活方式和观念中的渗透，可以通过密切的人员交往得到实现，并逐渐形成整个社区生态低碳的文化氛围。露丝·德尔米勒认为，在有限的资源、有限的能源、有限的影响能力的条件下，基层民众寻求改变的欲望会被激发。

不同的研究视角对低碳社区概念有不同的描述：从低碳经济的角度来看，低碳社区是在低碳经济模式下的城乡社区生产方式、生活方式和价值观念的变革。从减少碳排放的角度来看，低碳社区除了希望在社区内将所有活动所产生的碳排放量降到最低外，也希望透过生态绿化等措施，达到零碳排放的目标。从可持续发展的角度来看，提出低碳社区建设模式，以低碳或可持续的概念来改变民众的行为模式，可以降低能源消耗和减少二氧化碳的排放。

### 二、国外低碳社区规划的实践案例

英国贝丁顿零能耗发展居住区位于英国伦敦附近的萨顿市。贝丁顿社区是首个世界自然基金会和英国生态区域发展集团倡导建设的零能耗社区，有人类的“未来之家”之称，是低碳社区的典型样板。该社区于 2002 年建成使用，由英国著名的生态建筑师比尔·邓斯特设计，是英国最大的多用途可持续发展社区。

贝丁顿社区的建设理念是建设一个繁荣的社区，居民在其中享受高品质生活的同时，还要公正、合理地利用地球资源。贝丁顿社区在追求低碳减排的过程中，不仅考虑到了家庭及办公中的能源消耗，建筑、个人交通、食物及废物处理等需求，甚至水资源、生活质量对当地经济的促进作用，也都在设计中得到了充分的考虑。这样一个全面的设计方案，使贝丁顿社区被认为是世界上的可持续生活社区。

在社区层面低碳理念应用的三个方面，贝丁顿社区的规划体现了以下特点。

1. 社区布局与公共设施

贝丁顿社区的规划充分考虑了建筑耗能、居民出行及社区活动等多方面的需求。

(1)从社区布局来讲，贝丁顿社区内住宅建筑采用紧凑的空间结构，一公顷土地内布局有100户住房，这种高密度的建筑布局可以极大地减少建筑物的散热；社区住宅还设计了居住、工作连体的单元，为社区居民安排社区内工作的机会，这样居民就可以从家中步行至工作地点，减少出行能耗；社区土地利用充分考虑到居民生活的各种功能需求，社区内布局了公用空间，包括行人专用的“生活街”、孩子们喜欢的小广场、足球场、居民可租来种菜的土地，以及可以提供洗浴、基础护理和其他娱乐活动等的场所，这种功能齐全的布局规划可以大大减少居民的外出需要，从而减少因出行带来的能源消耗。

(2)从公共设施配置的角度看，贝丁顿社区附近建有良好的公共交通网络，包括两个通往伦敦的火车站台和两条社区内部的公交线路，公共交通系统的便捷大大减少了居民出行时私人交通工具的使用，实现了能源的高效利用。为鼓励居民使用自行车和电动车，社区还专门建设了自行车库和自行车道，为电动车设置免费的充电站，电力来源于太阳能光电板；社区还鼓励居民共乘私家车，在公路上专门划出供两人以上小汽车行驶的快车道。而且，贝丁顿社区在社区布局和公共交通设施方面的规划设计，都充分体现了在节能减排方面的考虑，特别是降低了居民出行带来的能源消耗。

2. 建筑住宅

建筑行业一直都是主要的碳消耗部门，在英国几乎有50%的二氧化碳排放量来自于商业和居民的建筑。随着住宅建筑需求的不断增加，降低建筑消耗已经成为建设低碳社区的主要方面之一。

实现建筑的节能减排，关键要有节能环保技术的有力支撑。贝丁顿社区的建筑用材大都采用回收利用的建材，结构钢、木材及地板都是回收材料，需求庞大的沙土、砖及聚合体都是在方圆30米以内购买的。其选用的是木质窗框而不是低品质的未增塑聚氯乙烯，仅这一项就相当于在制造过程中减少了10%以上的二氧化碳排放。建筑屋顶还种植了大量的景观植物，既达到了绿化与吸收二氧化碳的目的，还能达到对室内温度调节的作用。在追求低廉的建筑成本的同时，贝丁顿社区对建筑质量的要求依然严格，社区内建筑计划使用寿命都超过120年，是普通英国房屋寿命的两倍，并且建筑设计都是可以解构的，保证了材料的再利用。这种建筑理念具有极大的推广意义，不仅能够减少资源、能源的巨大消耗，同时也预防了庞大数量的建筑垃圾的产生。

3. 生活能耗

水、电、热是保障居民正常生活的基本资源和能源，同时也构成了城市生活资源消耗的重要组成部分，在社区生活中推广新能源技术及资源循环利用系统对建设低碳城市、生态化城市具有不容忽视的作用。贝丁顿社区的建设规划中对生活能耗系统的规划设计，是其建设零能耗社区的重要组成部分。

(1)水资源。贝丁顿社区节约水资源的措施主要体现在废水及雨水的回收利用系统上。收集的废水及雨水经过污水净化系统的处理用于马桶的冲洗，剩余的部分流入渗水槽用于绿化灌溉。同时在建筑物马桶冲洗系统中安装的高效节水装置，可以在不改变居民习惯的前提下降低水的消耗量，达到节水的目的。

(2)电力消耗。电力能源在生活中的消耗主要用于产热及其他方面的生活设备用电。传统的供电方式产生了大量的二氧化碳排放及不可再生资源的消耗，贝丁顿社区对电力系统的设计充分利用新能源技术取代传统的供电系统，并采用自然环保的设备调节温度以减少对电能的消耗需求，大大提高能源的利用效率。社区建筑屋顶安装了 777 平方米的太阳能电板，可以为社区解决 20%的电力需求。一个 130 千瓦的生物热电联合体用于剩余部分的供电，社区内所有的热水来源于一个整体的区域联合供热系统。社区供电所需要的燃料也不是传统的煤炭、石油等不可再生资源，而是当地的木材废料。与此同时，社区采取特殊的供热系统也大大降低了电能的消耗。在这些环保技术和措施的应用下，社区的二氧化碳排放量及能源消耗大大减少。

(3)供热系统。除了前面介绍的采取紧凑的建筑物密度及木质窗框以减少建筑物散热的措施外，贝丁顿社区最引人注目的一个温度调节设备就是屋顶上五彩缤纷的自然通风管道。该装置以风为动力，以实现室内与室外的空气交换，同时废气中的热量可以对室外寒冷的空气进行预热减少通风造成的热损失。另外，社区每户住宅都有巨大的玻璃阳台，可以充分利用外界的太阳能提高室内温度。社区居民的低碳生活意识的培养，也是贝丁顿社区建设所极力倡导的，通过鼓励居民采取健康、环保、自觉的生活行为方式，形成整个社区和谐愉快的生态文化氛围。例如，在食物方面，由于社区的人口规模很小，不可能配备功能齐全、大规模的购物娱乐休闲中心，所以在居民中倡导通过自己烹饪取代购买已加工完成的食品以减少食物浪费，鼓励多吃当地的、应季的有机食品，鼓励多从当地的商店通过公平交易购买食物，从而拉动当地经济的发展壮大。这些举措充分体现了公众参与在社区建设中的巨大作用①。

## 三、国内低碳社区的规划实践案例

武汉百步亭社区地处市区北部，总占地面积 7 平方公里，规划居住 30 万人口，是目前武汉市最大的康居工程。经过十余年的发展，其现已完成 2.5 万平方公里的建设，其中经济适用房占普通商品房的 30%，入住人口约 10 万人，居民家庭年收入大多在 5～10 万元，经济适用房居民家庭年收入低于 4 万元，社区提倡居民自治管理，首创建设、管理、服务“三位一体”的百步亭社区管理模式，被评为全国和谐社区建设示范社区，是荣获首届“中国人居环境范例奖”的唯一社区。

随着社会环保意识的不断提高，可持续发展观念的不断深入和发展，百步亭社区绿

① 刘烨：《低碳理念下城市社区建设趋势研究》，《西部经济论坛》，2011 年第 3 期，第 116 页。

色生态理念的贯彻实施，也经由了一个从最初强调单一绿化景观建设，到注重建筑节能技术，最后关注社区空间布局综合生态效益的发展历程。在“十二五”期间，围绕两型社会建设，百步亭社区提出建设“21 世纪武汉的和谐生态居住低碳新城”的目标，在社区核心区启动了一块占地 45 公顷的区域作为低碳示范区，旨在在普通居住社区示范推广低碳社区，不追求“低碳高投”的片面宣传。因为对于一个面向城市中等收入水平的大型安康住区来说，低碳社区建设应建立在与地区社会经济发展水平相适宜的基础上。因此，示范区的低碳目标主要通过合理的土地空间布局、对当地自然地理资源的充分利用、绿色交通的综合组织等“低技术”手段来实施。其在规划中提出了“聚商、活水、汇绿、节能、降碳、乐居”等策略，以期通过切实可行的低碳技术达到和谐、低碳生活的目标。

第一，混合利用土地资源，完善功能配套，实现低碳生活总体布局。百步亭社区将完善的社区公共服务设施与居住建设同步实施，不仅满足了居民生活需要，降低了交通出行生活成本和能耗，同时也为居民提供了大量就业岗位。结合公园式商业街布局，整个大社区现已建成十万多平方米的商业设施、十个快餐食堂以及大型酒店、多功能健身中心、医院等公共服务设施；同时大力引进优质教育资源，建成六所幼儿园、四所小学、两所中学和一所老年大学以及党校、市民学校、家庭教育学校等满足居民多元化需求的终身教育系统(图 8-1)。

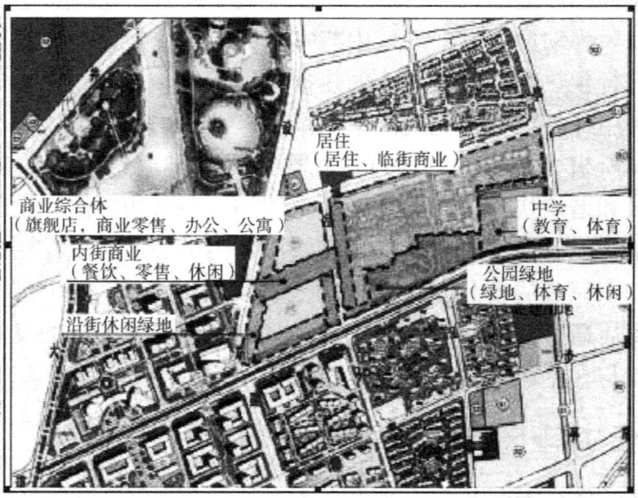


图 8-1 功能规划图

资料来源：熊贝妮：《低碳社会的规划与实践》，见：中国城市规划学会：《转型与重构——2011 中国城市规划年会论文集》，东南大学出版社，2011 年，第 3248 页

第二，组织特色鲜明的景观慢行道，组织慢行绿色交通。在启动区的规划中，结合轨道交通站点，建立与公交、电瓶车等多种交通工具的无缝衔接，鼓励居民减少对小汽车的使用。社区实行“绿色交通计划”，沿主干道规划供步行、自行车和电瓶车使用的慢行系统，倡导健康环保的生活方式。现已建成四处电瓶车充电平台和八处免费自行车租赁点，方便实现社区居民绿色出行，同时，慢行系统串起的篮球场、网球场、乒乓球馆

及滑轮溜冰场等公共配套运动服务设施，使居民充分享受到全民健身的低碳生活。

第三，充分利用城市自然水道，形成水系生态廊道，实现水资源的优化配置和循环利用启动社区的“活水”工程，是通过连通西侧的黄孝河及明渠水系，加强雨水收集和对生态水岸的处理，形成生态水净化循环网络。每个居住组团景观应用人工湿地技术将组团的生态景观与地域文化相结合，不仅提供休闲娱乐的场所，还成为水生物、植物生态链和水处理系统，从而减少水资源的消耗，取得良好的生态效益和社会效益。

武汉市年降雨量充沛，建立雨水收集系统，将管网收集小区的雨水作为回用水源储存在公共绿地内的雨水收集池和水景水体内，经过过滤、尘沙等处理后进行绿化、道路浇洒、水景补水和场地冲洗，并将雨水收集系统和人工湿地系统相结合，雨水收集系统为人工湿地补水，人工湿地为雨水净化提供帮助。采用雨水利用技术后，处理每吨雨水的成本大约为 0.3 元，大大低于城市供水价格①。

## 四、低碳社区的规划路径与策略

### 1. 土地利用的路径与策略

集约高效的用地布局模式是实现低碳城市和低碳社区的重要途径之一。布局应依据步行和非机动车的出行距离，采用组团式布局，通过生态廊道界定组团边界；采取公交引导模式，依托公交系统引导土地开发，沿交通站点周围适当提高开发强度，提供混合的使用功能；始终强调公共利益优先，保障生态城中心区、滨水区等高价值区域的公共性和开放性。

### 2. 优化交通的路径与策略

交通工具是碳排放的三大源头之一，有效控制交通碳排放对于低碳城市建设有着巨大的意义。因此，首先要建立方便、快捷的多层次公共交通系统，即提倡方便换乘的公交优先管理系统，限制小汽车的使用，并推广节能、环保、美观的生态小汽车；推广慢行交通系统，即建立安全、完整的低碳出行的自行车道和人行道。发展智能交通系统，即通过利用当代高新技术[电子、通信、计算机、全球定位系统(global positioning system，GPS) 等]来提高交通系统的有机联系，降低运输成本，提高运输效率。

### 3. 绿化的路径与策略

植物能够吸收二氧化碳，有效降低二氧化碳的含量，因此要重视生态绿化系统的构建。首先要建立区域整体生态网络与生态格局，强调社区内部生态结构与区域生态格局网络的衔接，提高绿量建设；其次要建立多元化的植物群落，尽量使树种的光合速率最大值不在同一时间产生，使整个群落在一年中的释氧量能达到最大值。

### 4. 低碳建筑的路径与策略

推广建筑新技术的利用能大大提高建筑物能源利用率，降低碳排放。首先要根据当地气候情况合理安排建筑朝向，充分利用阳光和空气流通使室内温度、湿度适宜；其次要注

---

① 熊贝妮：《低碳社会的规划与实践》，见：中国城市规划学会：《转型与重构——2011 中国城市规划年会论文集》，东南大学出版社，2011 年，第 3249 页。

重建筑隔热保温层的设置，同时应采用绿色屋顶和绿色墙壁来调节微气候。

5. 水资源利用的路径与策略

水资源是生态系统中的重要部分，而健全的水系统对于固碳有非常重要的意义。应优化用水结构，合理配置水资源，实行分质供水，提高水资源回收利用率；建立水体循环系统，加强水生态修复与重建，提高地表水源涵养能力，建设良好的水生态环境。

6. 低碳高效能源利用的路径与策略

能源利用的目标是促进能源节约，提高能源利用效率，优化能源结构，构建安全、高效、可持续的能源供应系统。应降低能源消耗，加强能源梯级利用，提高能源使用效率；优先发展可再生能源，形成与常规能源相互衔接、相互补充的能源利用模式。加强太阳能、风力发电、地热能及综合能源的利用，保证可再生能源使用率不低于15%①。

## 五、低碳社区规划的评价指标体系

1. 欧洲城市低碳社区评价指标体系

欧洲城市低碳社区评价指标体系共分八类，即二氧化碳排放、能源、建筑、运输、水、废弃物和土地利用、空气品质、环境管理，包括29个个别指标，其中16个指标是根据量化数据及目标评估城市低碳社区(表8-1)。

**表8-1 欧洲城市低碳社区指标体系(单位:%)**

| 类别 | 指标 | 类型 | 权重 | 描述 |
|---|---|---|---|---|
| 二氧化碳排放 | 排放量 | 定量 | 33 | 每人二氧化碳总排放量 |
| | 强度 | 定量 | 33 | 每GDP的二氧化碳排放量 |
| | 减量策略 | 定性 | 33 | 评估减少二氧化碳政策 |
| 能源 | 能源使用量 | 定量 | 25 | 能源使用总量 |
| | 能源强度 | 定量 | 25 | 能源使用总量 |
| | 再生能源使用量 | 定量 | 25 | 再生能源使用率 |
| | 清洁及能源政策 | 定性 | 25 | 评估政策的全面性 |
| 建筑 | 住宅建筑能源使用量 | 定量 | 33 | 住宅每平方米能源消耗量 |
| | 建筑能效标准 | 定性 | 33 | 评估建筑物能源效率的全面性 |
| | 建筑能效倡议 | 定性 | 33 | 评估推动建筑能源效率的努力程度 |
| 运输 | 使用非自用汽车运输 | 定量 | 33 | 利用非自用车运输的比例 |
| | 推广绿色运输 | 定性 | 33 | 评估增加使用清洁运输的努力程度 |
| | 减少拥塞政策 | 定性 | 33 | 评估减少城市堵塞的努力程度 |
| 水 | 自来水使用量 | 定量 | 25 | 每年用水总量 |
| | 自来水系统泄漏 | 定量 | 25 | 输水系统的泄漏百分比 |
| | 废水处理 | 定量 | 25 | 住宅污水接管百分比 |
| | 供水效率及处理政策 | 定性 | 25 | 全面评估用水效率及污水处理情况 |

① 熊贝妮：《低碳社会的规划与实践——以武汉百步亭社区建设为例》，见：中国城市规划学会：《转型与重构——2011中国城市规划年会论文集》，东南大学出版社，2011年，第3243～3250页。

续表

| 类别 | 指标 | 类型 | 权重 | 描述 |
|---|---|---|---|---|
| 废弃物和土地利用 | 城市废弃物产生量 | 定量 | 25 | 城市废弃物收集量 |
| | 废弃物回收再利用 | 定量 | 25 | 城市废弃物回收百分比 |
| | 废弃物减量政策 | 定性 | 25 | 评估废弃物产生和回收情况 |
| | 绿地使用策略 | 定性 | 25 | 评估绿地空间推广策略的全面性 |
| 空气品质 | 二氧化氮 | 定量 | 20 | 年度二氧化氮日均排放量 |
| | 臭氧 | 定量 | 20 | 年度臭氧日均排放量 |
| | 粒状物 | 定量 | 20 | 年度PM10日均排放量 |
| | 二氧化碳 | 定量 | 20 | 年度二氧化碳日均排放量 |
| | 清洁空气政策 | 定性 | 20 | 改善空气品质政策 |
| 环境管理 | 绿色行动计划 | 定性 | 33 | 评估改善策略和监测环境 |
| | 绿色管理 | 定性 | 33 | 评估环境议题及国际环境标准 |
| | 公众参与绿色政策 | 定性 | 33 | 评估民众参与环境决策的程度 |

资料来源：谢更放：《城市低碳社区规划的理论构架与实施策略研究》，长安大学硕士学位论文，第53页

2. 台湾省城市低碳社区评价指标体系

台湾省城市低碳社区评价从绿色建筑、绿色能源、循环资源、绿色交通、永续生活环境、创新作为六个方面着手，每一方面提出多个指标项目，内容涵括生态经营、相关设施或设备的设置、节约用水、再生能源使用、资源回收再利用、交通工具、生活行为改变及宣导等。此外，还依据指标评分内容执行情形或达成率计算得分。但整体来看，指标内容多以比较执行率或达成率为标识，偏向述说、比较等定性表示。

3. 中国大陆生态住宅技术评估评价指标体系

根据中华全国工商业联合会、清华大学、建设部科技发展促进中心等联合发布的《中国生态住宅技术评估手册》，生态住宅技术评价指标体系包括小区环境规划设计、能源和环境、室内环境质量、小区水环境、材料与资源五大指标。其中，小区环境规划设计包括小区区位选址、交通、施工、绿化、空气质量、降低噪声污染、日照与采光、小区微环境；能源和环境包括建筑主体节能、常规能源系统的优化利用(采暖、空调、热水、饮食、照明系统)、可再生能源、能耗对环境的影响；室内环境质量包括室内空气质量、室内热环境、室内光环境、室内声环境方面的评估；小区水环境包括用水规则、给排水系统、污水处理与利用、雨水利用、绿化与景观用水、节水器具和设施；材料与资源包括绿色建材、就地取材、资源再利用、住宅室内装修、垃圾处理等①。

4.《低碳社区试点建设指南》设定分类建设标准

2015年国家发展和改革委员会办公室发布最新《低碳社区试点建设指南》中，进一步指导低碳社区试点建设工作，探索建立符合不同区域特点、不同发展水平的低碳社区建设和管理模式，推进城镇低碳化建设，控制居民生活领域碳排放水平。

《低碳社区试点建设指南》明确了低碳社区试点的基本原则要求和组织实施程序，提

① 谢更放：《城市低碳社区规划的理论构架与实施策略研究》，长安大学硕士学位论文，第53页。

出低碳社区建设实施的主体主要由国家发展和改革委员会、省级发展和改革委员会、市县级发展改革部门、新区管理委员会、街道办事处、乡镇政府、新区开发投资主体、居委会、村委会及其他社会机构等自上层到基层的纵向组织主体。《低碳社区试点建设指南》还提出了按照城市新建社区、城市既有社区和农村社区三种类别开展试点，并详细阐述了每类社区试点的选取要求、建设目标、建设内容及建设标准。

从《低碳社区试点建设指南》可见，由政府主导的低碳建设非常有必要，同时相对也具有更强的有效性，因此容易受到认可和支持。要将农村社区纳入考量范围，要综合考虑城乡社区开发建设成熟度、生活方式特点和低碳建设重点内容等因素。

## 第三节　数字化社区的规划与实践

### 一、数字化社区的概念与基本特征

数字化社区也是“智能化社区”，是指运用各种信息技术和手段，整合社区资源，在社区范围内为政府、物业服务机构、居民和各种中介组织搭建互动交流及服务的网络平台。数字化社区的核心是信息资源的整合以及各政府职能部门、社区基层管理机构、社区居民之间信息沟通渠道的搭建，它使社会化信息提供者、社区的管理者与住户之间可以实时地进行各种形式的信息交互。随着现代互联网技术的不断发展及表现方式的多样化，加上各种网络多媒体技术、电子商务技术的应用，人们可以轻松营造出一个个丰富多彩、便捷高效的虚拟社区。

数字化社区是社区在互联网上的自然延伸，通过社区网站可以构建居民与社区物业管理机构、居民与居民之间沟通与交流的桥梁。同时，专业的电子商务及网络营销技术，也为小区居民与物业服务机构、小区商家之间的互动提供了一条商务快捷通道。配合完善的信息发布与推送系统，社区网站让居民足不出户尽知“小区事”；让小区商家不用吆喝做尽小区每家每户生意；让小区物业管理人员借用小区网上虚拟店铺，开展丰富多彩的社区增值服务。最终，通过社区电子商务实现物业服务及商业赢利模式，通过数字化及信息技术让小区楼宇保值、增值，从而实现物业管理数字化服务。这个虚拟的社区是以现实的社区为支撑的，是现实社区的发展和延伸，所以社区仍为主体。现实的社区提供具体建筑物和环境，所以虚拟社区提供的服务实际上是有形的、具体的。虚拟的含义是在网络空间的虚拟，但其为现实社区拓展跨地域的空间，与外部有广泛联系，使更多的社会资源能够共享，并使跨地域提供的服务在社区成为可能。数字化的本义是指信息数字化，数字化社区的概念相应是指实现了信息数字化的社区，其基本属性应该是社区。与传统的社区不同，社区的管理、社区的文化建设、社区提供的服务应该是统一在一个数字化的平台上的。数字化社区应该是一类消费信息岛，数字化城市应该是由多个消费类信息岛及其他提供服务类信息岛的综合。数字化社区是由于有一个数字化的平台，因而能比传统社区提供更加有效的管理、更加丰富的文化、更加全面的服务，实现一个环境优雅、设施齐全、生活方便、居住安全的环境。

数学化社区一般有以下几个主要系统构成：①网上物业服务子系统，包括无纸化账单、在线咨询与建议、在线投诉、报修、网上增值物业服务。②客户关怀子系统，包括短信服务、电子邮件服务、即时通讯、在线调查。③门户网站子系统，包括物业公司网站、小区网站。小区网站主要有六种：一是网上学校，包括网上少儿培训和补习、网上多媒体英语教学和测试等；二是网上医疗保健，包括各种最新保健方法介绍、网上互动疾病诊疗咨询等；三是网上新闻，包括当天主要报刊要闻、体育报道、物业快讯、小区活动等资讯；四是网上娱乐交友，包括参加各类社区兴趣活动圈子、交友、聊天、参加兴趣娱乐活动；五是网上预订，包括网上订餐、订水、订花、订报，会所空间预订，小区商家商品与服务预订及物业有偿、无偿增值服务预订；六是家庭网站，包括家庭物业服务终端、家庭成员网上生活平台、小区商家网站。④社区交流子系统，包括社区论坛、博客、圈子、社区分类信息。⑤电子商务子系统，包括网络广告管理、网上房屋租售代理、网上跳蚤市场、社区一卡通等。

## 二、国外数字化社区的规划实践案例

2008年韩国首尔江南区被授予“最佳智能社区奖”。江南区入选全球最佳智能社区主要得益于以下两个因素：江南区信息化建设在电子政务、电子商务、社会信息化等领域得到广泛普及和深入应用，在促进经济社会发展、提高政府行政效率、服务社会公众方面发挥了巨大作用。

江南区坐落在首尔汉江的东南部，拥有55.7万人，占首尔总人口的2.5%，面积39.55平方公里，是首尔经济、金融、贸易、文化、教育中心，也是韩国经济实力最强的地区，其区内生产总值占首尔生产总值的25%。江南区的住宅80%是高层建筑的公寓，同时也是韩国著名公司POSCO及韩国电讯公司总部，是韩国“矽谷软件街”的所在地。自2003年起，韩国行政自治部与江南区政府、江南有线电视联手开发了“电视电子政府”服务。

江南区数学化社区规划有以下特点。

(1)以电子政务带动经济发展。早在1995年，江南区政府就开始建设电子政务。其在1997年建成网络后，将当地政府有关部门和办理税收及一些申请事务的公共代办点联网。江南区地方政府都是通过网络办理所有文件及个人申请事项，2006年网络收税额达2.8亿美元，占总数的15%。1995～2006年，由于电子政务的快速发展，政府部门工作人员数量不断下降，因而节约了3900万美元的财政支出。从另一个角度讲，按经济学家所说的“机会成本”，其为人们节约的时间成本估计可达3000万美元。同样重要的是，发展电子政务最大限度地杜绝了贪污、腐化现象。因为所有的交易都是在互联网的平台上进行的，所以在1995～2006年，韩国出现了一个经济奇迹，即人均GDP增加了71％。同时期，韩国出现一个与经济奇迹相匹配的宽带奇迹：1995年只有1%的韩国人使用互联网，但在政府的大力推动下，到2006年互联网用户达到1400万个，占韩国人口的28%，在当时全世界的国家排行榜上排名第四。

(2)创新政府服务模式。江南区政府以“站在区民立场，为区民着想”为出发点，相继建立了85个电子政务系统，形成“行政服务快速、准确、便利化，居民参与活跃化，行政效率最大化，行政过程透明化”的特征，让居民享受不受时间、场所制约的各种行政服务，成为世界上最早实施政府行政服务入户的地区。2004年，江南区开始建立江南视频监控中心，在覆盖全区的基础上设置了372台监控器，积极预防犯罪，防止人权侵害。政府建立江南视频监控中心后，该地区的犯罪活动下降了40%。2006年，江南区开通“电视电子政府”服务，即运用数码广播技术并通过电视提供多种行政服务，居民在家中可以用遥控器对着电视机缴纳各种地方税、申请证书等，极大方便了不熟悉互联网的中老年、农村地区居民。老百姓通过电视得到政府提供的34种不同的服务项目，其中包括政府新闻，文化和艺术，以及为老人、妇女、和儿童特制的节目等，省去了居民来往政府办事大厅和排队等候的时间。最近这两年，政府为了进一步提高市民生活的品质，在老人家中安装了探测器，以探测老人在家中是否有活动；如果过了规定时间，老人一直没有活动，探测器就会发出遥控警报。政府还为小孩和健忘的老人提供了地点跟踪器，这样家人就不用担心他们走失。

(3)搭建与公众交流的平台。江南区政府在网上设立了电子信箱系统，这个系统是政府专为法律问题征询公众意见而设立的。这样，公众会认为自己是在真正地参政、议政，公众的积极性从而得到很大提高。例如，江南区有人建议在居民区安装闭路电视，但当地的一个人权组织以有侵犯隐私权之嫌为由反对此议案。为此，政府在电子信箱系统上组织大家讨论，并利用电子信箱系统组织民意投票，结果是82%的人投了赞成票。最后政府采纳了大多数人的建议，在居民区安装闭路电视。

(4)建立网上、网下相结合的教育培训。江南地方政府懂得如何充分利用建立起来的宽带技术和网络。如果没有人能使用，就等于没有建立宽带经济。因此，为了适应宽带技术和网络的快速发展，江南区首先为中老年群体开展培训，在当地开设了“地区信息化教室”(regional information classroom)，聘请专职人员为他们讲授电脑和网络知识，并传授给他们操作和使用技能。至今已有四十多万名中老年人参加过培训。其次是对低收入家庭的学生进行免费电脑教育，使人人都能掌握使用电脑和互联网的技能。另外，政府还请著名私立大学的老师在网上开设这类课程，每人每年只需缴纳21美元即可参加，这样贫困家庭的学生也可享用这项服务。除了网络技术，政府还努力提高学生的英语水平，与美国加州大学合作在河滨县校园开设国际学习中心，通过该中心教授本地区学生英语，学生们在课余时间还可到模拟英语实验村(English experience village)与老师用英语对话。2008年江南区入选“最佳智能社区”，表明该区在宽带基础建设、知识型人才、克服数字鸿沟、风险投资以及经营、发展、宣传等方面取得了显著成就①。在我国建设数字化社区的过程中，江南区智能社区建设的实践和经验值得借鉴。

## 三、国内数字化社区的规划实践案例

### 1. 基于电子政务延伸的数字化社区

2002年广州在全市12个区、县都建立了信息网络、网站，86个市直单位通过市政府网络交接中心实现了高速互联，并在交换网平台上建成了56个政府网站和63个业务系统，全市80个街道中42个街道建立了局域网，宽带接入93.7万户家庭，开通了连接72家定点医院、3家银行的医疗保险信息系统；企业执照网上并联年检；公安业务

① 华淑华：《韩国首尔江南区：智能社区建设成功因素分析》，《环球采风》，2009年第3期，第46～48页。

网办理在线查询；开通了一站式社区管理服务信息系统。电子政务以网络技术为基本手段，通过整合办公业务流程来提高管理能力，从而提高了社区管理效率。

2. 基于社区管理方式转变的数字化社区

2003年北京市朝阳区启动了互动式电子社区建设。互动式电子社区以个人电脑为基础，通过接入互联网和超媒体通讯方式，在一个统一的综合信息平台上，实现多点互动的电子政务、网络办公、网上教学、在线咨询、电子商务等生活方式。到2004年4月，已有22个街道办事处和184个社区居委会实现了网上政务交流。社区设专人值班，在互动电子社区随时接收居民通过视频、音频、网络信息发出的意见和要求。这个互动式电子社区相较于上一个案例更接近数字化社区，虽然还缺少了物业管理、电子商务和电子政务的内容，但也不失为数字化社区建设中的一种有益尝试。

3. 基于综合服务平台打造的数字化社区

2008年8月河北省廊坊市建成"廊坊市数字化社区综合服务平台"，该平台包括三个系统，即社区服务平台、社区防盗报警系统和社区服务呼叫中心。通过政府门户网站将政府部门、街道社区、社区商务网点和居民联系起来，采用基于电子证书技术的管理通道，通过授权给不同的管理员，由他们来实现系统管理和信息维护。使用了"一键通"功能，满足老年群体的安全保障需求。社区呼叫中心以电话服务方式为社区居民提供信息采集、咨询投诉、回访和培训等服务。本质上看，该平台的主要功能还是基于改善社区基层职能机构的工作、转变社区工作方式、规范社区工作的目的的，也只是属于数字社区建设中社区管理和服务的部分。

从以上案例可以看出，国内的数字化社区建设并不完整，案例中所涉及的电子政务、数字化管理、综合服务平台等内容只涉及数字化社区建设中的一小部分，但也是数字化社区中必不可少的部分。它说明数字化社区建设能够使社区居民的生活变得舒适，能够为企业的生产经营带来便利。但要清醒地认识到的是，以上三个案例虽然在我国数字化社区建设方面做出了有益的尝试，但要建成真正意义上的数字化社区还需要更多的时间。

## 四、数字化社区的规划路径与策略

随着城市化的加速发展，服务主体的职能转变，城市居民由"单位人"大量转化为"社会人"，社区将日益成为承接城市改革与发展的重要平台。在"十一五"期间，国家信息化管理与推进部门就已经把"电子社区"纳入我国社会信息化的重点发展领域，成为建设"和谐社会"的重要举措之一。以社区服务中心为主，整合政府管理、社区管理与服务、服务企业、金融机构等组织资源和信息资源，以社区管理服务信息化体系为支撑，面向社区政务服务、公益服务、商务服务、金融服务和信息服务等为内容的新型社区数字化服务，将成为未来的主要发展趋势。

社区数字化是社会信息化的重要内容，也是社会信息化的必然选择，电子政务与电子商务也只有落实到社区才有立根之地，否则只能是无根之木。我们在社区数字化建设过程中，不能脱离我国的实际情况，也不能丧失信息化的机遇，要有正确的策略，切实可行地推进社区数字化。

第一，提高认识，加大宣传力度，全面认识数字化社区。社区是一个新事物，在现实中，不仅不少社区居民对数字化社区感觉到陌生，而且不少从事社区工作的管理者、领导者对数字化社区也不甚了解，这导致了人们对数字化社区的不统一认识，对数字化社区的理解仅限于数字化社区的网络应用和服务。因此，必须加大宣传力度，才能使数字化社区深入人心。数字化社区的建设不只要在领导者之间互动，还要让居民参与进来。居民才是社区的主人，他们对社区的建设更加了解，没有社区居民的参与，数字化社区是没办法落到实处的。因而，必须提高居民的数字信息知识水平，加强其对数字化社区的应用，使其对数字化社区有全面的认识，激发起居民参与建设数字化社区的热情，推动数字化社区工作的开展。

社区在数字化社区的宣传工作中，应充分了解居民的需求，物业人员应挨家挨户地对居民进行走访调查，了解居民需要什么样的服务、希望社区能帮他们解决怎样的问题。只有切实解决居民的生活问题，数字化社区的建设才有意义，居民才能有高涨的参与热情。社区可以通过媒体、社区黑板报等方式，普及社区建设的相关知识，使居民能参与到社区建设当中。

第二，建设小区内部的社区网站。建设小区自己的网站，将日常的物业事物搬到网上处理。社区在发布一些信息时要充分利用网络将信息及时传递给居民。日常水电费的缴纳也可以利用社区网站进行，这样居民足不出户就可以办理各种事物。网络化的发展不仅方便了居民的日常生活，同时也为物业减轻了许多负担，可以节省许多不必要的人力及相应费用。在网站中建立留言板、居民讨论区，这样居民可以及时反映问题，物业也可以很直观地看到服务中的不足，同时也可以增进居民的感情，有利于社区建设的稳定与和谐。

第三，对网站有专业化的管理。由于数字化发展还没有完全普及，现有的物业人员虽然意识到数字化建设的重要性，但在实施中仍有许多问题存在，不能用他们的专业知识解决，这样就需要一些专业的人才，对网站进行更好的建设以及进行建成后的后期维护。在社区中可以开展相关的活动，如对社区人员进行一些相关的培训，从而使居民也参与到建设中。

第四，建设社区的基本生活和卫生体系。社区可以联系一些医疗机构进驻社区，为居民提供便利的医疗服务。南孝社区中现有一些简单的体育器材供人们使用，此外社区还可以建设一些老年活动中心，给老年人提供一个休闲娱乐的场所。这些基本机构的建设对社区的发展至关重要。

第五，将数字社区的建设与电子商务相结合。随着电子商务技术的迅猛发展，电子商务的商业模式逐渐被大众接受。此外，随着人们生活节奏的加快和生活模式的改变，人们的购物观念也逐渐在改变，网上购物已经成为一种潮流，淘宝、京东的成功运行说明了这种商业模式的发展趋势。

在社区建设中要结合电子商务模式，充分利用社区网站，将社区内的商店放在网站中，这样居民在家中就可以享受到便捷的服务，通过网站购买所需的东西，这种商业模式也符合现代人的生活节奏。在服务社区居民的同时，网上商店也为商家提供了更多的商机，其知名度也可以随之提高，而且由于其是社区服务，在送货上门上可以做到更加方便、快捷，扩大了商业服务的覆盖范围。

## 五、数字化社区的评估体系

社区数字化的基本领域包括社区政务信息化、社区管理信息化、社区服务信息化、小区信息化和家庭信息化五个方面。集成这五个方面，就可形成一个互联互通的信息共享、内容管理和信息发布集成系统。因此，社区数字化是一个跨机构的、一体化的、支持前台(门户网页)和后台(办公自动化系统)无缝集成的综合系统。该系统不仅能满足实现信息交流的要求，而且能实现资源的计划分配，支持科学的决策，体现以服务对象为核心开展的协同事务管理。

与传统的街道社区事务处理方式相比，数字化社区不仅能使工作更有效率，增加办事流程的公共度和透明度，而且增进了政府、企业和居民之间的关系，让政府、企业和居民能更好地参与社区管理。

社区数字化是一项非常复杂的系统工程，不仅涉及技术问题，还涉及管理、体制与机制等各个方面。其基本框架如图 8-2 所示。

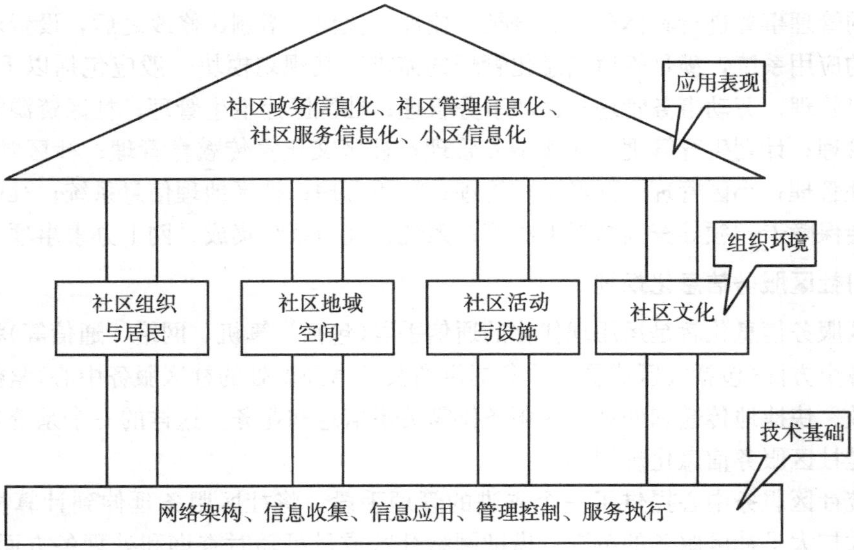


图 8-2 数字化社区系统框架图

从图 8-2 可见，数字化社区的四大支柱包括：社区组织(如街道办事处及上级政府、社区事务受理中心和其他组织等)与一定数量的社区居民；一定范围的社区地域空间(即街道办事处所管辖范围)；一定类型和规模的社区活动与设施；一定特征的社区文化。数字化社区的基础包括网络实施和信息传送、多媒体发布、公共事务服务及界面接口等技术。数字化社区的具体应用表现在社区政务信息化、社区管理信息化、社区服务信息化、小区信息化。

### (一)社区政务信息化规划

街道办事处内部业务处理系统的基础是街道办事处全局业务及其相适应的管理体

制。基于信息技术的发展和应用前景，可以将街道办事处内部业务处理系统从低到高分为六个层次，即计算机网络平台、数据库系统、应用系统支撑平台、业务管理系统、决策支持系统和公共信息应用平台。这六个层次相互关联，低层系统是高层系统的基础，即高层系统依赖于低层系统。其中，前三者是系统的基础平台，后者是具体的应用系统 。

**(二)社区管理信息化规划**

社区管理信息化系统将促进街道办事处的职能由“管理型”向“管理服务型”的转变，并强化街道办事处在城市管理“两级政府、三级管理和四级网络”中第三级管理的作用。

社区管理信息化系统主要是指街道办事处各个科室行使社区管理职能的信息化系统，该系统对外提供网络信息平台，使街道办事处与居委会、社区事务受理中心之间能够利用这个平台充分进行信息共享与服务，以提高办事效率。社区管理信息化系统的主要服务对象是街道办事处对社区进行管理的部门、社区中的居委会及社区事务受理中心。

社区管理信息化系统的建设应该以以“事”设“项”为指导思想，实行模块化设计。在对街道的管理事务进行具体分析、分类、梳理、优化、增删、修改之后，设置对应于各项事务的应用系统，满足街道信息化管理的需求。其规划模块一般应包括以下几部分：社区人口管理；劳动事务管理；民政事务管理；社区医疗卫生管理；社区资源管理；老龄事务管理；计划生育管理；法律事务管理；社区文化宣传教育管理；社区党建管理；综合治理管理；小区管理；财经工作管理；社团管理；社区地理信息系统；社区服务管理；社会保障卡；领导查询与辅助决策；系统管理与系统集成；网上办事事项。

**(三)社区服务信息化规划**

社区服务信息化就是运用现代化的通信手段(包括计算机、网络、通信等)将社区服务业的各个方面(包括社区成员、服务提供商及街道办事处的社区服务中心)紧密结合起来，高效、快捷地传递和处理社区服务供需关系信息和业务，这样的一个系统整体解决方案就是社区服务信息化规划。

系统社区服务中心提供了一个先进的管理手段，将社区服务延伸到计算机通信网络，大大扩大了社区服务的范围。借助网络社区成员可随时查询和处理各方面的事情，如最低生活保障申请、求职、求医、网上买卖物品、征婚、家政、文化娱乐等服务，也可以在网上发布或语音留言各种信息，寻求他人帮助或为他人提供志愿者服务。在我国，许多城市都已开始建立社区服务信息化系统，并取了非常好的效果。

在社区信息化系统中，社区服务信息化系统运行在外网上，是社区信息化整体系统工程中的一个有机组成部分，虽然外网和内网严格要求物理分离，但是在系统概念模型中，社区服务信息化系统与社区管理信息化系统、呼叫中心等系统应该实现无缝连接。

社区服务信息化系统规划的基本框架结构图如图 8-3 所示。

从图 8-3 可以看出，社区管理和社区服务的边界不是截然分开的。在这里，系统将社区服务中的最低生活保障、优抚等公共服务有机地集成在社区管理信息化系统中，这是由于这一部分的服务功能需要通过行政手段来实现，但是社区成员可以通过社区服务

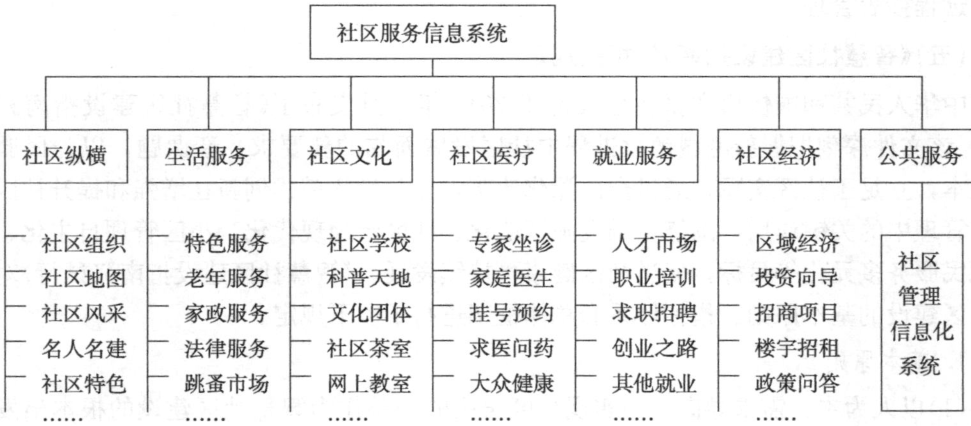


图 8-3　社区服务信息化系统规划的基本框架结构图

信息化系统获得所需服务。

**(四)小区信息化技术要求与规划**

小区信息化技术规划可从三方面着手进行。

第一方面是综合信息服务系统。数字小区综合信息服务系统是小区信息化系统的一个有机组成部分，在小区网络基础设施平台的基础上，建立具有小区特色的网站，可实现多种综合信息服务功能。可以从以下内容去规划：小区生活；娱乐休闲；信息提供；职业教育；健康保健；文化建设；电子商务；小区呼叫中心；相关资源链接。

第二方面是安全防范管理系统。数字小区安全防范管理主要是有机结合人防、技防和物防等手段，形成立体化、多层次、全方位和科学的防范犯罪的强大网络体系，从而减少安全防范中由于人为因素而造成的盲区及漏洞。数字小区安全防范系统是一个技术性和集成性很强的系统，涉及许多方面，是一项系统工程，可以从以下几个方面去规划：安全防范管理中心；小区摄像监控子系统；小区周界防护子系统；电子巡更管理子系统；楼宇电子对讲子系统；门禁控制子系统；灾害报警子系统。

第三方面是物业综合管理系统。随着信息技术的发展，物业管理人员逐渐运用信息技术来解决物业管理中的一些问题，以提升工作效率。物业管理信息化是一种结合软件和硬件的功能，实现数字小区内的安全自动化、通信自动化和管理自动化，以高效、便捷的信息技术工作方式来协调小区成员、物业管理人员、物业服务人员三者间的关系，对物业管理的住户、服务、公共设施、各项费用及维修信息资料进行数据采集、传递、加工、存储、计算等操作，反映物业管理的各种运行状况的管理方式。

小区物业综合管理系统应该是根据每个小区的物业管理特点和物业管理流程而设计和开发的，应用该系统可以对小区内的物业信息进行统一的管理。在该系统中，建立物业信息数据库，集中管理小区的物业，既可使物业管理的各项事务公开化，又为具体的管理提供了信息技术的辅助手段。根据其一般功能，可以从以下几个方面去规划：办公自动化；管理和服务“一卡通”；小区成员信息管理；设备监控管理；设备报修管理；收费管理；内部信息查询；房产资料管理；车位管理；背景音乐管理；电子公告牌信息管理；远程抄表管理。

**(五)《智慧社区建设指南》的相关规定**

中华人民共和国住房和城乡建设部于 2014 年 5 月发布了《智慧社区建设指南》(试行)，该文件深刻把握新型城镇化进程中社区发展面临的新要求、新课题，以为民服务为根本，立足于社区实际，通过全面深化改革，充分发挥模式创新在增强和提升社区服务与管理中的关键作用，围绕基础设施智能化、社区治理现代化、小区管理自主化、公共便民服务多元化等目标，促进社区健康可持续发展。《智慧社区建设指南》(试行)对智慧社区建设的基本原则、指标体系和总体框架进行了以下规定。

1. 基本原则

(1)以人为本，需求导向。把实现社区居民的利益作为智慧社区建设的根本出发点和落脚点，以居民最迫切的现实需求为导向，把社区居民满意程度作为重要考核标准，确保智慧社区建设不偏离服务于民的根本目标。

(2)统筹规划，资源整合。要充分结合社区现有资源，统筹规划，合理布局，最大限度地降低社会成本，避免资源浪费。鼓励以智慧城市公共信息平台和基础数据库为依托，搭建市级或区级统一的智慧社区综合信息服务平台，整合社区治理、小区管理、公共便民服务等专项应用，促进社区管理和服务向集约化方向发展。

(3)政府引导，社会参与。在各级党委政府领导下，充分发挥政府在规划、政策、法规及标准制定、资金投入和监督管理等方面的引导作用，鼓励和支持社会组织、企事业单位、社区居民共同参与智慧社区建设、管理和运行，充分发挥市场在资源配置中的决定性作用，探索低成本、高实效的智慧社区发展模式。

(4)因地制宜，分类指导。坚持从实际出发，充分结合当地经济社会发展现状和趋势，在把握智慧社区建设基本要求的前提下，分类指导，突出重点，分步实施，避免脱离实际的“摊大饼式”建设。

2. 指标体系

此外，《智慧社区建设指南》(试行)还构建了制定智慧社区评价指标体系，其目的是通过量化的科学评测体系引导智慧社区规划、建设和运行，评价智慧社区建设的效果，发挥指引方向和量化评估的作用。指标体系编制遵循三个原则：一是前瞻性，指标能代表智慧社区各领域的最新发展水平；二是操作性，指标的选择要充分考虑数据采集的科学性和便利度；三是扩展性，可根据实际情况对指标体系进行补充、完善和修订。智慧社区指标体系涉及保障体系、基础设施与建筑环境、社区治理与公共服务、小区管理、便民服务和主题社区六个领域，包括 6 个一级指标，23 个二级指标，87 个三级指标。结合我国社区发展现状，将三级指标归纳为 26 个控制项、43 个一般项和 18 个优选项，控制项是智慧社区建设必须完成的指标，一般项是在此基础上扩展的指标，优选项是智慧社区探索性和创新性的指标。

3. 智慧社区总体框架与支撑平台规划

(1)总体框架规划。智慧社区总体框架以政策标准和制度安全两大保障体系为支撑，以设施层、网络层、感知层等基础设施为基础，在城市公共信息平台和公共基础数据库的支撑下架构智慧社区综合信息服务平台，并在此基础上构建面向社区居委会、业主委员会、物业公司、居民、市场服务企业的智慧应用体系，涵盖包括社区治理、小区管理、公共服务、便民服务及主题社区等多个领域的应用(图 8-4)。

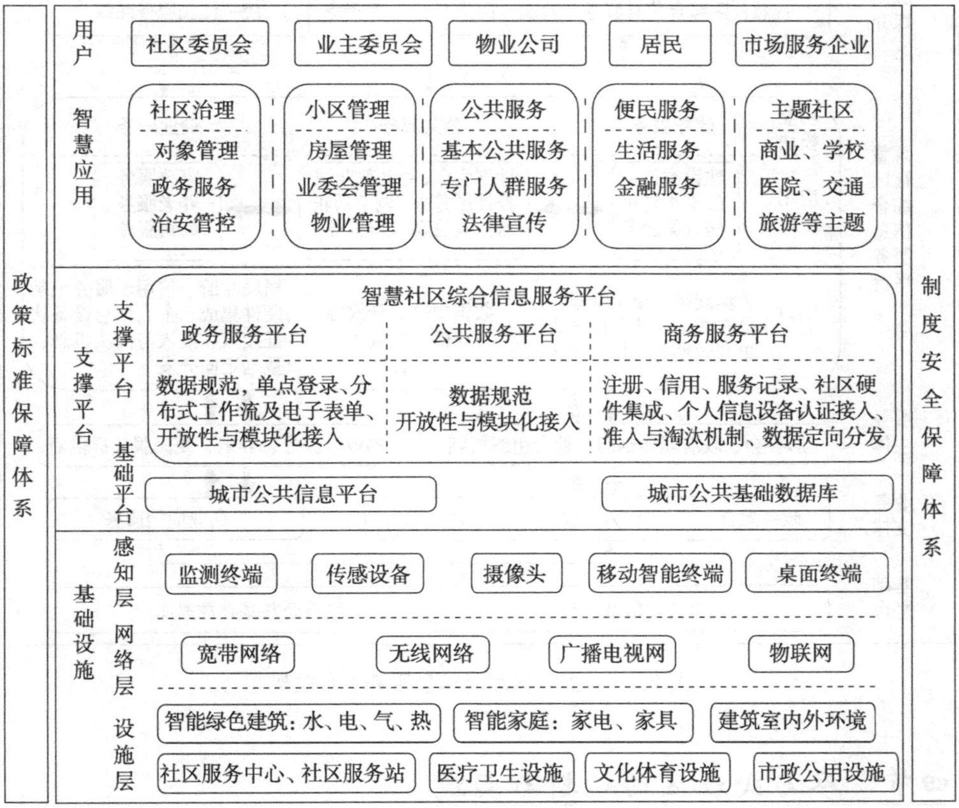


图 8-4　智慧社区总体框架

(2)智慧社区综合信息服务平台。智慧社区综合信息服务平台是智慧社区的支撑平台，是以城市公共信息平台和公共基础数据库为基础，利用数据交换与共享系统，以社区居民需求为导向推动政府及社会资源整合的集成平台。该平台可为社区治理和服务项目提供标准化的接口，并集社区政务、公共服务、商业及生活资讯等多平台为一体。结合社区实际工作的特点与模式，智慧社区综合信息服务平台的定位是一个轻量级、服务功能模块化的平台，其框架如图 8-5 所示。

(3)智慧社区基础数据。基础数据是智慧社区的核心内容之一。智慧社区作为智慧城市的子集，需要充分共享和利用智慧城市的数据资源和平台，建立社区相关的数据交换接口规范和标准，对不同应用子系统的数据采用集中、分类、一体化等策略，进行合理有效的整合，保障支撑层内各不同应用之间的互联。智慧社区基础数据包括人口、地理、部件、消息、事项和建筑六大类。

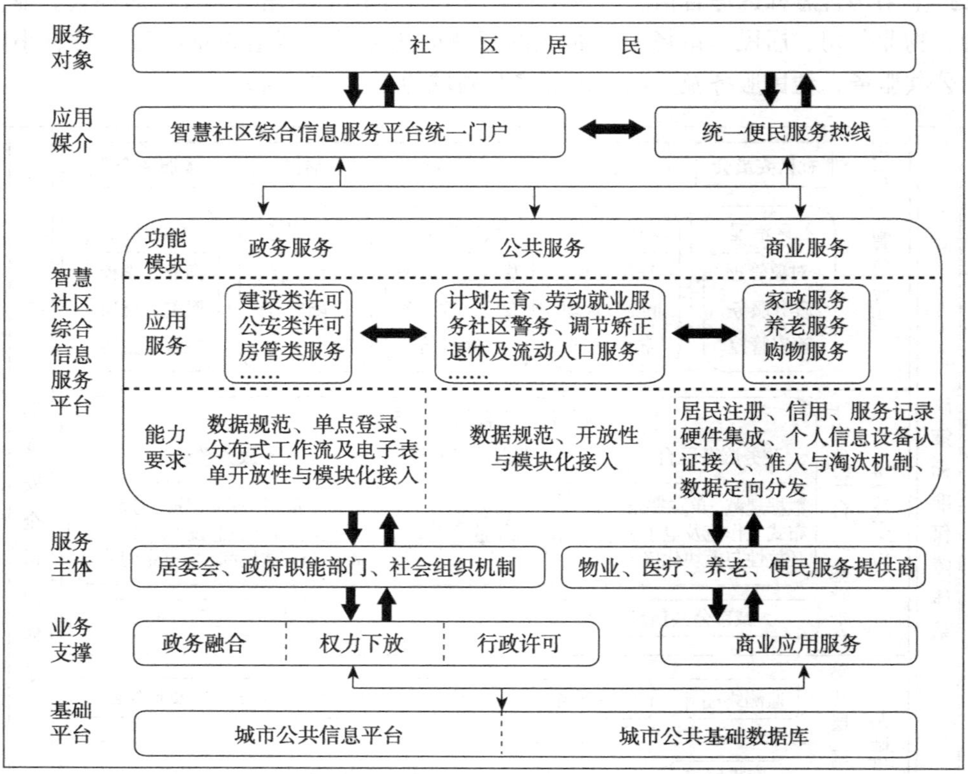


图 8-5 智慧社区综合信息服务平台框架

## 第四节 参与式社区的规划与实践

### 一、参与式社区规划的概念

学界对于社区参与的讨论很多，界定总不统一。有学者认为："社区参与是指社区居民(不仅)作为社区管理的客体，更(是)作为社区管理的主体，参加社区各种事务的行为。"还有学者将其定义为，"社区居民本着公共精神参与社区事务，从而推动社区发展和人的全面发展"的行为，并将其细分为三个层次："第一，社区层面上的政治参与；第二，社区公共管理中的参与；第三，有关社区公共政策制定与执行的参与"。本书不在一般意义上讨论社区参与的内涵与范围，仅将此限定在具体的社区内部决策的制定过程上，这也就套用了管理学中受到决策影响的人可以参与到决策制定过程中来的做法。因此，社区参与可以界定为社区居民对社区相关事务进行的自我参与、自我管理。社区参与在理念上一般体现为：注重积极对社会居民进行动员，鼓励他们主动参与到决策活动中来；对边缘人群、弱势群体进行赋权；以各种形式开展多元主体间的平等协商；对利益相关的冲突方采取恰当的方式来进行对话；等等。

参与式社区规划是指将社区规划与城市规划相结合，利用社区规划的组织手段、行动方式挖掘社区资源和需求，促进社区融合；利用城市规划的工作路线和实施体系确立社区改造项目的合法地位，并为项目实施提供资金和政策方面的保障。简单而言，参与式社区规划就是以公众参与、社区自治和多方合作为基础的，与城市规划融合的，自上而下与自下而上相结合的社区规划工作途径。

## 二、国外参与式社区规划的实践案例

日本的公众参与社区规划活动被日本人称作“社区培育”，它是起源于20世纪60年代的一系列居民及其组织开展的保护社区环境、抵抗官方都市计划(城市规划)中不合理部分的运动，如镰仓市鹤岗八幡宫里山的历史街区保全运动(60年代前半期)、京都塔建设时的景观保全运动(1964年)、神户市丸山地区防范协议会的成立(1965年)和沼津市清水町的反对设立联合企业的活动(1963～1964年)等。在实践过程中，他们都借鉴了来自西方的实践和理论，如《城市意象》(1960年)、《美国大城市的生与死》(1961年)、《寂静的春天》(1962年)等，但其发展是以本国实践和探索为主线的。

社区培育是一系列持续的活动，它以地域社会既存的资源为基础，在多样化的主体参与和协作下对居民的居住环境进行渐进式的改善，旨在提高社区活力与魅力，实现“生活品质向上提升”。起源自20世纪60年代中期日本对社区既存环境的改善实践活动，其活动内容、参与主体都具有多样性。随着实践数量、内容的逐渐增多，以及经验的慢慢累积，“社区培育”这个词语逐渐被社会民众，甚至学者和政府方面了解和接受，于是使用频度日渐增加。其含义是在作为居住与生活的场所——“まち”(町)进行“维持、培育、创新”等活动，含义极其广泛。随着这类活动积累得越来越多，作为这个时代的地域文化运动的社区培育的轮廓渐渐明晰起来。

从实践中能够归纳出日本社区培育的十个原则：①公共福祉的原则；②地域性的原则；③自下而上的原则；④场所文脉的原则；⑤多主体协作的原则；⑥持续可能性、地域内循环的原则；⑦相互编辑的原则；⑧个别启发与创发性的原则；⑨环境共生的原则；⑩全球-地域的原则。同时它也有十项目标：①作为地域活动中心核的“社区场”的再生；②安心的、可持续居住的地域社会；③日常生活步行圈中心的社区培育；④街道景观的整备与历史文化和艺术场地的创造与再生；⑤与多样的生活共存的多文化共生的地域社会；⑥不浪费资源的紧凑型社区构成；⑦自然、生态体系及与其共存的社区组织的再生；⑧提供多样化交流机会的社区培育；⑨社区事业等循环型地域经济；⑩共治基础上的地域社会系统的构筑。

对社区培育的理解需要从它的起源与历史演变中详细考察，在各个不同历史时期，它的表现形式与内涵不同，被接受程度不同，并且发挥作用的模式和实际效果也不同。到目前为止，日本的社区培育运动经历了概念提出、思想与方法的基础形成、模拟与实践、地域范围运营四个阶段，并且呈现出以下几个主要特点。

### (一)在数量上呈逐步增加的趋势

社区培育运动的数量、社区培育活动类型及参与主体等，都表现为逐步增加的趋势。

首先是活动数量由少到多。在20世纪60年代社区培育运动的开始阶段有九起社区活动，到90年代开始的深入阶段典型活动增加至三十多起，可见典型案例的数量呈逐步增多的趋势。

其次是活动类型越来越多。开始主要是比较单纯的居民抵抗运动、居住环境改善活动和历史街区保全运动，到后期全面演化成住民参加的社区培育运动、自发的“地方活性化运动”、更详细的内城问题和中心市街的再生活动，以及环境社区培育、住宅开发社区培育、赈灾复兴社区培育、发现学习型社区培育、景观社区培育等。

最后，参与运动的主体也呈增加的趋势。开始主要由社区居民、当地居民组成，后来逐步成立了社区培育协议会，吸引了町内会、有关大学的专家，甚至政府组织也逐步参与进来。参与主体的增加，一方面是由于社区培育运动数量在迅速增长，另一方面也反映了社区培育运动逐步深入人心，获得了越来越多来自各方人员(包括大学的研究人员和政府部门)的理解和接受。一个显著的表现就是政府在市役所(相当于国内的市政务中心)设置了“社区培育课”，专门处理相关事务。

### (二)社会环境得到改善

相关条例、法规相继出台，既体现了以往活动的成果，又保障了未来活动的规范性发展；参与主体的增多说明社会上接受这个活动的人和团体逐渐增多，活动获得了越来越多的理解与支持，其中包括政府部门的理解、支持与参与。大学逐步参与到社区培育运动当中，成为一支不可忽视的力量，在运动中提供理论、技术、人员、组织等方面的支持。甚至有的时候，大学和专业学会成为某些社区培育活动的主导方。

### (三)逐步深入、细致、系统的发展趋势

社区培育相关文献和思想逐渐成熟。20 世纪 60 年代的相关文献几乎空白；70 年代初，陆续有各种调查报告出台，也有不少对西方经验的引进与介绍；70 年代末，开始出现关于日本社区培育活动的综合研究专著。从这个历程我们可以看出明显的进步趋势。到 80 年代，除了对西方理论的介绍外，还出现了关于社区培育的规范研究，以及关于景观社区培育等细分类别的专门研究，这说明社区培育的研究呈现更加深入和细致的发展。90 年代后，有更多的学术研究涉及对社区培育活动的技术细节、各种手法的系统总结与共享等。

随着社区培育运动的开展和种类的增加，对社区培育活动的分类与模式总结也越来越精细和系统。社区培育活动可以归纳为居民抵抗运动、住民参加的社区培育、自发的“地方活性化”运动、居住环境改善、历史街区保全运动五大种类，以及环境社区培育、福祉社区培育、住宅开发社区培育、震灾复兴社区培育等细分领域。社区培育运作模式有地域运营组织型、社区培育协议会型、小组织连携型及核心组织连携型四种。

社区培育的系统发展还表现为：很多社区培育开始形成之后，历经多个发展阶段始终坚持下来，并且在各个阶段呈现出不同的发展形式、不同的探索和成果。例如，神户市丸山地区的社区培育活动，从 1965 年的防范协议会成立开始发力，到 1980 年成立丸山地区社区培育协议会；东京都世田谷区从 1975 年的鸟山寺町的环境协定，逐渐发展到 1982 年的世田谷区社区培育协议会、世田谷区都市设计室开设(1982 年)，1992 年又先后成立了世田谷区社区培育基金和世田谷区社区培育中心；财团法人日本国家名胜古迹信托公司在 1968 年成立，到 1992 年又成立社团法人日光国家名胜古迹信托协会，等

等。这些社区的发展，都是在逐步开展活动的基础上，积累经验、获得社会上更多和更广泛的支持。从这些系统发展的线索中可以看出，从个别到一般、由具体事件到社区、社会事业的发展痕迹。

**(四)支援技术日臻成熟**

达成一致意见的技术发展日渐成熟，包括活动发起、协会成立、各方沟通协议、达成一致等方面的技术。这些技术中又有关键技术，包括达成一致的特征、可视化技术、与情报空间的设计技术等。

在社区培育发展的第一个阶段基本上是“一事一议”，由事件出发组织有关各方进行协商，找出解决办法。在20世纪70年代，武藏野市出现了市民参与型的长期计划，东京的中野区、目黑区、横滨市、千代田区等也都组成了住区协议会，市民参与社区规划走向制度化道路。神户市的社区卡片，为社区培育活动积累了基础资料。80年代，成立社区培育协议会和社区培育中心已经是普遍现象了，而且在东京墨田区和世田谷区太子堂的防灾社区培育活动中，还形成了相应的网络。90年代，世田谷区社区培育公益信托基金的设立，在资金层面上对社区培育活动给予了支持，并将社区培育支援体系推向更加系统、完善的境界。松江大学社区培育研究室的成立，则在理论和技术上给予了指导与支持。社区培育过程的设计日渐完善，并形成课题解决突破型、项目进行型、社区规划型和社区培育支援组织型这四种主要的类型。

日本的社区培育运动积累了大量的实践经验，发展了各种社区活动团体，并探索出一系列专门的方法用于指导实践活动。其对中国的启示主要表现在以下两个方面。

1. 对城市规划学科发展的启示

回顾中国规划理论的探索，学术界对“西学”的推崇，使西方理论成了中国城市规划理论发展的主体，中国自己的实践和探索被长期忽略。新中国成立之后，苏联体制又在很长一段时期内主导中国思想界。改革开放之后，新一轮的西方理论涌入中国。

而在日本，随着社区培育运动的深入和发展，从20世纪70年代开始，受其启发而发展出来的文献和规划思想，以及根据实践和思想发展逐步制定的指导进一步社区培育的制度和法律越来越多。这说明如果对本土的具体实践能够及时总结、充分尊重，就能够形成对本国今后的实践活动产生深远影响的理论。这对中国规划理论的发展，有很好的借鉴作用。

2. 对公众参与社区规划的启示

对比中国的“公众参与”与日本的“社区培育”这两个词语可知，“公众参与”一词由英文直接翻译而来，而“社区培育”则是从日本基层的社区活动涌现出来的。土生土长的“社区培育”，不单表明其属于规划的本土探索，同时更重要的是，它对社区发展规划的居民参与有较好的推动作用。首先，它促使整个活动很容易深入人心，易于被群众理解和接受；其次，它能够激发群众的参与意愿和参与程度。这对中国正在进行的“公众参与”式的城市规划、“社区建设”或者“社区发展”都有积极的启发作用。通过对中国社区的调查可以发现，中国其实也有很多社区层面的居民参与的实践活动值得深入研究，但是如果没有及时总结，就又会面临与近代规划实践和理论探索相同的命运，并且导致

“公众参与”因难以贯彻到社区和百姓而流于形式。因此，认真研究和学习日本“社区培育”运动的发展历程，是有现实意义的。

日本的社区培育运动历经四十余年的发展，由最初单纯“一事一议”的抵抗运动开始，逐渐演变成为一种有组织的、系统的社会活动，吸引了广泛的社会力量、社区居民来参与身边的城市规划，这有利于社区规划方案更合理、更贴近居民生活需求、获得居民支持，从而使方案得以顺利实施。作为一种公众参与形式，社区培育是从日本本土的社区实践中自下而上地涌现出来的。从它的名称演变与最终被广泛接受的片假名形式可反映出其草根性和民族性。其社区培育活动也借鉴与参考了西方城市规划理论与实践的经验，但是最终形成的是一个完善的、从名称到实际运行都符合本国居民生活习惯与文化背景的活动形式。这一点，非常值得我们在探索中国的公众参与社区规划模式时学习与借鉴①。

## 三、国内参与式社区规划的实践案例

南沙开发区位于广东省广州市，依托珠江三角洲，是国家级经济技术开发区，同时也是国家“十二五”规划重点发展区域之一。1990 年 6 月，广东省、广州市分别确定南沙为重点对外开放区域和经济开发区。1993 年 5 月 12 日，国务院批准设立广州南沙经济技术开发区。2005 年，南沙变身为独立行政区，2012 年国务院正式批复《广州南沙新区发展规划》，南沙新区成为继上海浦东新区、天津滨海新区、重庆两江新区、浙江舟山群岛新区和兰州新区之后的第六个国家级新区。截至 2013 年，辖区内有 15 个管理区(农村)、200 多家三资企业、7 万多人。

在经济开发区设立以来，南沙开发区基层民主发展较快，村民对公众参与的认知程度较高。其中蕉门村和南涌口村是两个有代表性的村庄，其村民代表大会对推动村庄规划中的公众参与产生了较大的影响。蕉门村村民代表大会讨论的主要议题涉及村庄是否搬迁，这对村民影响较大，村民代表大会意见与规划结论存在较大差异；南涌口村的主要议题比较温和，规划结论与村民代表大会意见基本一致。

蕉门村位于南沙区北部黄阁镇南部，临近南沙区行政中心和商务中心。2008 年，村内户籍人口为 900 人，260 户，目前大部分村民仍然居住在村中。由于蕉门村临近南沙区行政中心，是未来南沙区的城市中心区，关于村生活用地的保留问题是村庄规划最核心的问题。根据上层次规划的要求，蕉门村属于整体搬迁村落。村庄规划中必须明确生活用地是否依照上层次规划要求搬迁，如果搬迁则需要制订符合各方利益的规划方案。在规划编制过程中，项目组就主要问题先后组织“规划开展交流会”(针对区级、镇级各个职能部门和村委会)，“村现状情况现场踏勘、调研和座谈会”(村庄踏勘、现场拍照、意见座谈、访谈记录、填图、发放调查问卷)，初步沟通会(针对区级城乡规划主管部门)，村民代表大会(针对初步规划方案)。在这个过程中，规划师坚持扮演中立的角色，尤其在村民代表大会上，规划师就上层次规划的要求及本次规划提出的安置办法(就地安置和异地集中安置相结合，实物安置和货币安置相结合)征求村民代表的意见。

① 于海漪：《日本公众参与社区规划研究之一》，《华中建筑》，2011 年第 2 期，第 16～23 页。

部分村民代表情绪激动，甚至有村民代表向规划师讲述了保留村生活用地的军事战略意义，其中一位村民代表立即反驳他思想可笑。在村民代表大会中，村民代表情绪激动地相互游说，并不时责成村委要为村民争取利益。最后会议形成会议纪要：要求本次规划必须为村民争取利益，力求保留生活用地或者就地安置。由于本次规划公众参与的作用，区政府结合当前党和国家在集体土地使用上的新方针正在制定相关的操作指引——蕉门村可以探索经济发展用地整体运营和就地安置拆迁村民的开发方式。在蕉门村案例中，其选择农闲召开村民代表大会并发放误工费提高村民代表的出席率，以尽量扩大公众参与的范围，保证公众参与的质量。在参与的内容上，虽然规划提出的方案与村民代表大会意见差异较大，但是规划师通过经济、社会、政治等方面的对比阐述，向村民代表们如实呈现规划的过程与结论，让村民代表理解规划师在综合多方面影响因素之后的选择，由此取得大部分村民代表的理解。

南涌口村位于南沙区黄阁镇。村集体收入以农业和第三产业收入为主。2008 年，村内户籍人口为 609 人。该村位于黄阁镇控制性详细规划的绿地中，村经济发展用地则位于国土部门控制的农保用地内部，无法用于建设开发。村规划核心问题是村经济发展用地调整为建设用地和落实村庄搬迁的问题。规划编制过程中，公众参与流程与蕉门村大致相同。在村民代表大会阶段，村民代表反映村经济发展用地和村庄搬迁问题的意见相当强烈：规划师刚介绍完规划方案，村民代表就迫不及待地批评"村两委"未能及时反映他们的诉求。规划师如实地解释城乡规划主管部门的工作流程和问题解决的进度，一定程度上取得了村民代表的信任。在南涌口村案例实践中，村民代表大会根据村民职业以务农为主的特征选择农闲时进行。规划师采用忠实呈现、中立阐述的做法，让村民代表了解村庄规划方案的全面内容和上级政府的管理意图。在解决部分问题(村经济发展用地已经调整为建设用地，而旧村搬迁问题目前相关主管部门还在讨论)后，也可以取得村民代表和"村两委"的理解和接受。

在广州市南沙区、广州市番禺区和中山市东升镇等地 19 个公众参与实践案例中，村民代表大会形式是最普遍的参与形式，因为较之其他公众参与方式它更具法定性、实效性和操作性。通过案例实践，村庄规划公众参与的村民代表大会组织形式和议事规则呈现出以下特点：在组织形式方面，依托现有农村自治组织，由村委会召集、组织村民代表大会，上级管理部门派出代表参与旁听会议，规划师负责讲解规划和回应村民代表的质疑；在会议议程方面，村委领导简介村庄规划进展；规划师系统介绍村庄规划编制成果以及提请村民代表大会讨论审议的事项；村民代表讨论并提出质疑，规划师回应；表决并且形成会议纪要。

根据公众参与实践的经验，应该注意四个要点：第一，村民代表大会组织应该针对不同村庄的特点选择会议的时间以利于召集村民代表。例如，在村民外出务工比例大的村庄，应该选择在节假日或者晚间举行村民代表大会；在从事农业的人口占村庄总人口比重较大的村庄，应该避开农忙选择时间；在渔民较多的村庄，应该利用不适宜出海的时间开会。第二，村民代表大会之前，应该通过不同方式让村民或者村民代表了解村庄规划，了解实践方案内容和村民代表大会将要讨论的事项。第三，上级行政主管部门应尽量减弱对公众参与过程的影响。上级管理部门主要包括市(区)城乡规划行政主管部门和镇(街)建设管理部门，派出的代表应为一般办事员，并且仅仅作为观察记录人员和旁听人员，甚至可以不出席全过程，以避免影响村民代表意见。第四，规划师的角色强调“中立”，力求客观地反映问题，真实、中立地在村民代表面前呈现规划成果及编制过程。

村庄规划应该重视规划全过程的公众参与，并就不同地区的特征选择有针对性的公众参与形式。通过规划实践，村民代表大会成为现阶段珠江三角洲地区村庄规划公众参与最具有法定性、实效性和可操作性的方式。在这个过程中，规划师的角色应该客观、中立，力求在各个利益群体中寻求最优的平衡，以此来提高村庄规划成果实施的实效性和可操作性。规划师所持的态度在很大程度上关系到村庄规划实效性和可操作性。应借鉴国内外的实践经验，将“社区规划师”的角色贯彻到规划立项、规划编制、规划审批各个阶段，将公众参与扩大到村庄发展的全过程①。

## 四、参与式社区规划的路径与策略

### 1. 以社区为基础

社区是参与式社区发展的基本单元，即规划本身只是针对某一社区，而不是较大的区域或者整个国家。因此，参与式社区发展规划是社区人口共同界定并分析社区发展存在的问题，根据社区的资源潜力确定社区发展目标，形成社区发展战略，实施社区发展活动，并通过持续的监测和评估促进社区不断发展的再规划活动。需要说明的是，虽然社区发展规划强调由社区人口广泛地、最大限度地去参与，为社区发展提供信息、技术及资本等方面的帮助；同时也要求在确定社区发展战略时，充分考虑市场、信息等方面的外部连接机制。但社区发展规划尤其强调的是必须满足社区人口而不是外部人口的需求和期望，因此规划的产出应该是真正的社区人口的实在工程，而不应该是非社区人口的形象工程。

### 2. 参与自下而上

虽然经济、社会及政治等权力的分配不均衡，对社区角色群体参与发展过程不利，但为了调动发展角色群体的积极性、自立能力及在生产中的介入，参与是重要的基本手段之一。而且这种参与必须以收益、对资源和服务的拥有和控制及社会保障等形式在决策过程中得以体现。参与式社区发展规划为社区人口表达自己的愿望和兴趣提供了机会，而且可以起到当地人口的兴趣与国家整体发展战略和目标之间的连接点作用。

### 3. 有对话过程

为了确保在社区发展过程中所有角色群体都能充分发挥其创新潜力，就必须在所有社区发展角色之间建立一种沟通机制。这种沟通过程同时也是发展角色之间的一种学习过程，这些发展角色包括官员、社区管理者、商人及农民等。这一沟通过程将有利于在社区内实现不同发展角色关于社区发展战略、发展规划步骤及特殊行动领域的共识。为

---

① 许世光、魏建平、曹轶、魏立华：《珠江三角洲村庄规划公众参与的形式选择与实践》，《城市规划》，2012年第2期，第65页。

了启动这一沟通过程，社区论坛可以作为一个比较适用的社区工作工具。社区论坛是为积极参与社区发展的个人和群体设立的会面地点和沟通论坛。在此论坛上，所有发展角色都应提出他们关于社区发展的想法、期望和担心，并指出社区发展的核心活动，以及发展干预的范围和领域。建立社区论坛的主要目的如下：收集有关社区发展的建议，并针对这些建议的可行性、社会效益、经济效益等方面展开讨论；在不同的发展角色和群体之间进行协调；为社区的变革与创新建立良好的氛围和基础；协助并不断评估和调整社区发展战略的实施。因此，社区论坛应该成为规划员(师)确定发展行动方向和领域的主要工具之一。

4. 要以问题为导向

社区发展规划是以问题为导向(即发展规划本身就是为解决社区发展问题的)的过程。在社区发展规划中以问题为导向，就需要界定并分析社区发展中最核心的问题，以及那些与核心问题相关联的问题。对这些问题需要做详细、深入的分析，包括这些问题之间的因果关系，以及这些问题所影响到的发展角色和群体，从而在发展角色群体之间就社区发展最重要的问题达成一致意见。

5. 行动规划

最理想的社区发展是在考虑到方方面面的因素后才开始发展活动，但这种理想化的全面综合思维和发展战略在现实中不具有可操作性。但是单纯行业部门的发展规划又与社区的复杂现实相距甚远。因此，考虑到时间及资源等方面的限制，社区发展规划提倡从社区内不同发展角色群体之间的广泛交流和沟通开始，根据社区对话的结果来选择优先的切入行动并开始发展过程。

6. 要实现经济增长

虽然从理论上讲，经济增长并不等于发展，但社区发展需要经济的增长及社区收入的不断提高，在很大程度上取决于社区生产要素生产率的提高。因此，经济方面应当作为优先考虑的领域，包括各种小型社区企业的生产、商业及金融等方面的活动。社区经济发展规划需要调查和分析从外面引入社区内的产品和服务是否可以根据社区内的资源及技术来自己组织生产，从而增加社区就业机会和收入，同时还需分析从社区向外出口的产品是否可以在本社区内进行进一步的加工。社区发展规划应充分考虑利用社区内部的人力及自然与经济资源。

7. 管理的手段与职能

规划作为一个对话过程，它本身就强调了一种很强的管理职能。人为地把规划与实施两个部分分开是不合适的。事实上，规划过程需要每天或者时刻做出决定或选择。这些决定或选择应该在具有长期连贯性的发展战略框架下，确保社区发展的长期目标和近期行动保持一致或平衡。这就要求发展规划师不能只把自己局限在一些工具和方法的采用上，或者仅仅是作为自然空间的设计者，而应该成为社区发展的管理者。社区发展规划师应该能够在不同的角色群体或机构之间寻找出具有建设性的方法来化解冲突；应该能促进社区对话并就发展战略达成社区共识；应该能激发社区人口及机构参与发展的热情；等等。但在现实中，规划人员往往不能得到足够的激励，他们一般不离开自己的办公室，不会到实地去参与发展项目的设计，这往往导致其业务技能在发展实践中根本得不到任何发挥和体现。另外发展规划的效果还取决于行业或业务部门发展战略的综合，以及社区社会及经济活动的协调。因此，社区发展规划在很大程度上还强调行业和部门之间的合作和联系。

8. 规划方法论

通过激励和动员人类的活动来促进社区经济增长和社会变化，需要重新审视现有的方法、工具和技术，特别是它们的适用性和透明度。重要的是，要把规划当成一个学习的过程。传统的做法是，规划人员花费大量的时间和精力去学习和应用那些复杂的方法，以及去提高信息系统的全面性。参与式社区发展规划应当把定量和定性两个方面结合起来，应强调问题、解决方法及需要的方法工具之间的关系。事实上，社区发展规划的出发点首先应是去界定和分析社区发展问题及潜力，而不应该首先考虑采用哪些工具和方法。

在社区发展规划中参与是关键，然而在现代发展实践中，"参与"经常作为一个时髦的词被使用，但其实质内涵往往没有得到真正体现。社区居民参与实际上包括更广泛的内涵，如在决策及选择过程中的介入、贡献与努力、承诺与能力、动力与责任、知识与创新、对资源的利用与控制、能力建设、利益分享、自我组织及自立等方面。

社区发展规划过程也是一个不断决策、不断选择的过程。每一个决策和选择都会涉及不同的发展角色和群体，这些发展角色和群体应充分介入此决策和选择过程。这其实就是一个分权化和授权的过程。例如，社区的主体——居民应充分参与对社区问题的分析、对社区发展目标的确定及对发展方案的决策，而不应当像传统的发展实践那样，由外来的专家根据自己的经验和印象撰写一份冗长的发展计划报告。而且专家对问题的界定及发展推荐可能根本不是居民的需求，最起码不是居民的最优先需求。参与式发展(规划)要求居民及其他角色和群体能参与到发展的全部循环过程中去，如目标确立、可行性研究、发展设计、实施及检评等，只有这样才能使他们的需求得到考虑和满足。这就需要转变传统的工作思路，即从"为居民工作"转变成"和居民一起工作"，通过参与使参与者获得在发展决策、发展计划及发展实施中的权力份额。因此这里对社区发展中参与的内涵的扩展，是社区权力再分配的过程，同时也使社区发展规划的过程更加透明化、民主化。

除了参与发展的决策和选择外，发展中的参与还指发展角色和群体尽可能地对社区发展做出自己的贡献和努力，如居民也应对社区的公共建设贡献出一定的劳力。因为发展的决策和选择是由发展角色和群体共同参与做出的，因此发展受益人及其他群体应对发展有责任感，并对发展的成功做出一定的承诺。只有当发展的主体——居民充分参与到发展的全过程时，发展的动力才会来自发展的主体。参与理论的另一个重要方面是，使社区群众能够在他们熟悉的环境中充分地把知识及技能运用到发展活动中去。在一个社区里，居民十分熟悉他们自己的发展限制、发展潜力及发展机会，同时通过长期的实践磨炼，他们总结和掌握了处理他们自己所面临的问题的一套特有的知识与技能。因此，任何社区发展的外部支持只能起到一种协助作用，即协助居民增加基本技能，充分利用自己的各方面专业知识去理解他们面临的新问题、新情况，同时充分利用他们的创新潜力和能力去发展社区。实践证明，很多正式或非正式机制能够有效地促进人们的参与。这种机制不光包括社会和经济方面的机制，还包括文化、政治和法制方面的机制。因此，在发展过程中，建立这样的正式或非正式的机制尤为重要，只有这样，才能实现大众参与社区规划的最终目标。

## 五、参与式社区的评估指标体系

参与式社区发展规划主要需要包括以下一些流程和指标要求。

(1)社区发展概况(profile of community development)。作为社区发展规划的第一步，首先必须对某一社区的基础资料进行调查和整理，为对社区作进一步的分析做准备。在现代发展实践中，社区基础资料的调查采用的是参与式评估的方法和工具。

(2)参与分析(participation analysis)。参与分析是社区发展规划的整个分析过程中的第一步，其目的是要对社区发展角色群体，包括其他所有参与及介入社区发展的个人及组织进行分析，并特别注重对参与社区发展的妇女、儿童及青年的分析。对于兴趣相同的群体，应组织他们分析出其期望、担心及兴趣所在；而对于涉及的机构，应首先界定出它们的职能、资源、优势及劣势。对于社区发展规划工作者来说，不仅要通过自己的观察和分析来了解社区发展角色群体的需求和兴趣，更重要的是要倾听他们对自己长期生活环境的分析，了解他们的需求和兴趣。如果社区发展工作人员不去了解居民及其他一些角色群体的兴趣及需求，那么制定出的发展规划也只能是无的放矢，同时也势必会损害他们参与社区发展的积极性，这在很大程度上影响着社区发展的成功。

(3)问题分析(problem analysis)。问题本身被理解为期望与现实之间的差别，或者是现在是什么样与将来应该是什么样的问题之间的区别，这种将来应该是什么样的问题反映出了解决问题的目标。在整个分析过程中，问题分析是最关键的、最具决定性的一步，因为所有后面的分析及设计都建立在问题分析的基础上。问题分析的方法是由社区发展角色群体找出他们认为的供选择的目标方案进行评估分析，以确定出最终的在特定时期内的社区发展目标。对目标群进行评估的方法是矩阵打分排序法，即对所有的目标群确定出共同的评估标准，再由所有发展角色群体对每一目标群按每一评估标准进行打分，最后累计评出目标群的优先顺序。得分最高的说明是应最优先考虑、最优先实现的发展目标。当然在确定好发展目标后，还要规划实现既定目标的一系列发展活动。

(4)制订实施计划(formulation of action program)。在选择分析并确定出一个或多个社区发展目标方案后，接着就是继续完成这一计划的表述的过程。在此阶段可以应用两种方法，即逻辑框架(logical framework)法及快速项目计划(rapid program planning)法。社区发展计划表述的结果是一套详细的、完整的社区发展可行性报告。报告的主要内容都可以在逻辑框架表中得以体现，包括为什么要进行社区发展(即最高目标和其他目标)、社区发展期望实现的是什么(即结果)、将怎样取得期望的结果(即活动)、哪些外部因素将影响社区发展的成功(即重要假设)、如何衡量发展的成功(即检验指标)、从哪里获得评价发展成功的信息资料(即指标来源)、项目需要多大的投入。

(5)实施设计(implementation design)。传统的规划或编制计划的过程一般是到上一步就结束，而计划的实施则留给了负责实施的专业机构，只有很少的发展计划是在与发展计划的编制单位的共同负责下执行完成的。这里我们强调社区发展规划还包括计划的实施过程，如实施设计及实施管理等。实施设计的结果是实施计划或执行计划(plan of operation)与社区发展年度工作方案(annual work plan)。一些实用方法，如流程图法(flow chart)、关键路径法(critical path method )等可以在这一阶段采用。

(6)监测与评估(monitoring & evaluation)。监测是一种管理手段，它根据制订的计划来衡量、记录实施的进程，因此，它是计划实施的一部分。评估是根据规划出的社区发展目标体系来系统地、客观地分析实施活动的相关性、效率、效益及效用的过程。这两方面对于保证计划的顺利、有效实施，以及改进实施的管理、调整计划的实施等都起到重要的作用。

(7)再计划(re-planning)。在发展实践中往往会出现这样的情形，即虽然在计划的制订过程中已经做到力求全面，但在实施过程中有时仍然可能遇到难题而导致社区发展计划的实施与原来制订的方案有所偏离，这时就需要根据问题的大小及实际情况作相应的调整，以完成计划的实施。例如，如果在实施社区发展的某一活动(如养殖业)的过程中出现了资金短缺的问题，那么就需要找出一种适当的解决方法，如删除一部分子活动，或通过群众集资、银行贷款等方法来解决，这就是再规划。另外，即使社区发展规划所确定的发展活动都能得以顺利实施，但在完成这些活动后社区很可能又面临很多新的发展问题，因此还需要按上述程序和步骤再开展社区发展规划，这也就是前面所论述的规划是一个持续不断的过程，不会有终止的时候①。

## ➢本章小结

本章主要介绍了社区发展规划创新的含义、意义和内容，主要从人文思想和生态思想去解释社区发展创新，体现社区规划创新的意义，通过社区规划创新可实现城市社区生态平衡、经济发展平衡和城市社区发展之间的平衡。本章还重点从低碳社区规划、数字化社区规划和参与式社区规划三个方面，介绍了当前国内外社区规划创新的主要形式与趋势。

## ➢关键概念

数字化社区，低碳社区，参与式社区

## ➢复习思考题

1. 简述社区发展规划创新的含义与特点。
2. 简述社区发展规划创新的意义。
3. 简述数字化社区的范围和框架。
4. 数字化社区管理信息化中，应做好哪些方面的工作?
5. 数字化社区服务信息化中，应做好哪些方面内容?
6. 数字化社区规划中，应用到哪些信息化技术?
7. 低碳社区规划应注意哪些方面的内容?
8. 参与式社区规划应注意哪些方面的内容?

---

① 叶敬忠、张雪梅、史丽文:《论参与式社区发展规划》,《农业经济问题》,2001年第2期,第48~50页。

## 案例

### “从摇篮到摇篮”的低碳循环发展理论及在德国的实践

“从摇篮到摇篮”(cradle to cradle)的设计理论是由美国建筑师威廉·麦克唐纳(William McDonough)与德国环境学家迈克尔·布朗嘉特(Michael Braungart)教授跨学科合作而提出的，该理论建立在自然流的古老思想之上，核心思想是低碳和循环发展，目前成为德国和欧洲很多城市和社区规划的行动准则。

“从摇篮到摇篮”理论以樱桃树的生长模式为例：樱桃树从环境中汲取养分使自己花果累累，同时它撒落在地上的花叶也滋养了周围的事物。这不是一种单向的从生长到消亡的线性发展模式(从“摇篮到坟墓”)，而是一种“从摇篮到摇篮”的循环发展模式。围绕樱桃树的思考，他们认为应该提供正确的产品、服务和系统，希望建筑、系统、社区甚至整个城市都和周围的生态系统以一种互相促进的方式相互依存。

传统的设计注重成本、性能和美观，在实际操作中人们总是以经济考虑为中心，将社会和生态效益视为一种补救，而没有在一开始就将其作为同等考虑的因素。而“从摇篮到摇篮”理论的三重底线是公平(equity)、经济(economy)和生态(ecology)。“从摇篮到摇篮”理论倡导的发展原则是：①向自然要能源。②双重循环的社会经济体系。③尊重多样性。④全生命周期的评估和管理。

在德国，还有“从摇篮到摇篮”的评估认证体系，认证是透明的，体系中相关评估标准共有六个领域，分别为生态质量、经济因素、社会与功能质量、技术质量、过程质量及基地质量，近五十条标准。

在德国，应用“从摇篮到摇篮”理论规划和建设的低碳循环社区实践已有不少，其中较为知名的有弗莱堡的瓦邦社区(Vauban District)和汉诺威的科朗斯堡社区(Kronsberg Community)。

(1)弗莱堡的瓦邦社区。德国南部城市弗莱堡是欧洲最具生态意识的小城，位于弗莱堡市郊的瓦邦社区被誉为德国低碳可持续社区的标杆。社区占地38公顷，居民有5000人左右。“学习型规划”奠定了瓦邦社区成功发展的基础，它结合公众参与和共同治理的精神，让社区规划能够有较大的弹性，同时也让居民能进入决策过程。

“瓦邦可持续模式”计划在节能减排、减少交通、社会整合及创造可持续邻里单元方面，都取得了相当成功的经验。例如，使用80%木屑及20%天然气的高效热电联产再生能源装置来提供社区的供暖系统，通过好的隔热及有效的暖气供应大约可减少60%的一氧化碳排放；提倡“生活不需有车”的交通概念，减少了35%的车辆。社区的核心区完全没有停车场所，社区外有便利的电车路线，私车共享计划、环线及一些商业快速通道将社区与外面进行有效便利的连接，狭窄的U型铺地道路进行交通限制，优先保障步行和自行车出行。

在瓦邦的组织运作上，瓦邦论坛发挥了决定性作用，社区居民在规划之初就参与了整个社区的运作，他们充分拥有决定建筑物形式、开放空间比例与细部设计的权利。

(2)汉诺威的科朗斯堡社区。科朗斯堡社区位于德国汉诺威市东南，紧邻2000年世博会场址。2004年建成3000套住房，并将在未来为15000名居民提供6000套住房，总面积140公顷。社区规划着眼于生态和可持续发展、紧凑的结构、较高的建筑密度、环境友好的交通策略、土地混合使用及服务设施的布局。

科朗斯堡社区作为欧洲生态模范示范区，主要体现在以下三点：①低碳最佳化。该社区充分体现了生态居住和建造的思想，无论是规划还是施工阶段，始终将低碳生态列在第一位。②社区园林作为该社区的林荫道、楼间绿化带、公共天井花园、私人花园，形式多样，植被丰富。还有两个大型社区广场公园，多采用本土植物。由于巧妙的雨水收集系统设计，处处流水潺潺，诗情画意。③社区作为社会化的生存空间，其规划有文化艺术中心，包括图书馆、多媒体中心、老年活动中心、青少年活动中心、艺术工作室等。另外城区还特别设计了 30 套残疾人住房，100 套老年人住房。

资料来源：周晓娟：《“从摇篮到摇篮”——低碳循环发展理论在社区规划中的应用及启示》，《上海城市规划》，2011 年第 3 期，第 30～35 页

**案例思考**

请从规划设计、规划管理与社区实施机制三个角度思考该案例对我国低碳循环社区规划有哪些借鉴和启示。

## 实训指导

### 上海智慧社区评估指标体系和建设指南将发布

物联网、大数据、智慧城市……层出不穷的信息新技术，不再只是一个新名词。

智慧城市是将信息技术与先进的城市经营服务理念进行有效融合，通过物联网、云计算、新一代移动通信技术等应用整合城市资源，为公众提供智慧化的服务和管理的一种城市。目前，我国很多地区都将智慧城市纳入发展轨道。中国市长协会副会长陶斯亮表示，北京、湖南、江西等 22 个地方已明确将智慧城市作为“十二五”期间城市信息化的战略目标。北京、福建、广东等地制订了智慧城市建设的专项规划或行动计划。

2012 年 8 月 22 日，国内首个智慧社区指标体系由闵行区人民政府和中国电信上海公司共建，并在闵行区古美路街道举行正式发布会。该指标体系涵盖了基础设施、平台运营、服务保障、智慧应用四个方面，包括小区光纤接入、社区多媒体公共服务设施、用信息化手段处理政府基层业务、通过物联网技术实现各类管理等 30 项指标。该指标体系属国内首次发布，对当前国内刚刚兴起的智慧社区建设具有重要的示范作用，将有利于进一步规范智慧社区的建设，有利于进一步深化推广智慧社区，从而让更多的百姓享受信息科技所带来的便利。该体系的特点是：鼓励创新，积极引入新技术和新应用；开放兼容，兼容各种网络技术和平台技术；跨越式发展，对标国际先进水平设置相关指标；可持续发展，注重服务运营的质量管理。

该会议宣布，闵行区古美街道的“欧风花都”小区率先成为上海市首批智慧社区，开始尝鲜闵行区政府与电信提供的社区信息服务。此次闵行区政府与电信联手，通过打造智慧社区来推动新一轮的社区信息化建设，旨在为居民提供“便民、利民、惠民”的信息化平台，同时提高政府的社区服务效能，为居民和政府、居民和服务机构建立畅通渠道，打造生态、低碳的宜居闵行。智慧社区包含闵行频道、智慧医疗、智慧教育、智慧助老、应急群呼、视频通话等应用模块，其中闵行频道承载于交互式网络电视上，其特点是交互和精准，目前包含政务类、便民类、生活类三大板块，融合医疗、教育、助老、公用事业、信息发布、问卷调查、气象物价、周边路况、优惠促销、生活地图、旅游资讯等栏目。

中国电信上海公司承诺，在 2012 年年底前将陆续建设 50 个以上智慧社区，合作推广“智慧医疗”“智慧教育”“智慧助老”等应用，服务于申城百姓。

据介绍，至 2013 年年初智慧社区在沪试点已初具成效。闵行区古美路街道的居民已可通过交互式网络电视查看个人的健康档案，预约社区卫生服务中心的医疗服务，还可以查询和缴纳公用事业账单。经济和信息化委员会方面公布的数据显示，截至 2013 年 5 月，全上海市光纤到户覆盖总量超过

700万户，光纤用户占全市家庭宽带用户数比例接近60%，全市家庭宽带用户平均互联网接入速率接近8兆，光纤到户家庭起步速率达到10兆，提前一年完成智慧城市三年行动计划目标。目前，沪上累计建成无线局域网(wireless local area networks，WLAN)接入场点17000个，接入点(access point，AP)数约13万个，成为国内WLAN覆盖密度最高的城市之一。

于是，在总结前期试点工作经验的基础上，上海正在制定智慧社区评估指标体系和建设指南，指导全市社区开展智慧社区建设工作。有关人员指出，智慧社区评估指标体系和建设指南计划将于2013年内发布。

*资料来源：《国内首个智慧社区指标体系正式发布》，人民网，2012年9月17日；《上海智慧社区评估指标体系和建设指南将发布》，《新民晚报》，2013年5月28日*

**实训要求**

1. 查阅资料，了解国内外智慧城市、智慧社区的发展情况。
2. 分析智慧社区建设对于社区发展的意义与作用。
3. 考察周边一两个社区，分析其推行智慧社区的可行性与必要性。
4. 试制定所考察社区的智慧社区建设指标体系。

# 术　语

1. 社区(community)：社区这一概念最早是由德国社会科学家滕尼斯于 1887 年在《社区与社会》一书中提出的。所谓社区，就是以一定的地域为基础，由相互联系、相互交往、具有共同利益的社会群体或组织构成的社会实体。

2. 社区变迁(community transitions)：社区变迁是以社区结构变化为特征的，是指因为社会结构的局部或全局要素的改变而发生的社区的质或量的变化。

3. 社区发展(community development)：社区发展是一种专门的社区工作方法，它是与个案社会工作、团体社会工作并列的三大社会工作方法之一。1915 年美国社会学家 F. 法林顿在《社区发展：将小城镇建成更加适宜生活和经营的地方》一书中首次提到了社区发展的概念。对社区发展的理解可以归纳为两个方面：从纵向来说，社区发展是一种不断切近目标的过程，这种过程是通过选取有效的方法、制订可行的方案、推动社区成员的改造社区的运动来实现的。其基本的指导思想就是从社区的利益与国家利益的一致性的角度切入，通过社区成员利益的实现来体现国家利益。从横向来看，即从社区发展涉及的领域来看，社区发展从广义上讲，泛指国家或地区的所有事物的发展过程，包括社区的经济、政治、文教、卫生、环境、服务、管理等方面；从狭义来看，包括基层社区建设的一系列具体问题。

4. 体系模式(system mode)：其是社区发展的模式之一，体系理论的观点认为，社区变迁会导致社区体系或结构失衡甚至功能丧失。社区发展理论中的体系模式观点把社会体系作为一个由诸多密切相关的元素或副体系有机构成的功能性实体，一个社区就是相对独立的一个社会体系。体系模式认为体系平衡是社会体系运作的目标或理想境界。因为，体系处于平衡状态时，内部各单位要素的互动关系良好，没有冲突与紧张，各部门之间能够各司其职、良性运作。

5. 社区发展模式(community development mode)：其是社区发展的模式之一，社区发展模式主要是指，在一个社区之内鼓励居民通过自助及互助的方式广泛参与社区事务、解决社区问题、推动社区发展，以使社区发展的目标与社会发展的目标相一致。

6. 社区计划模式(community planning mode)：其是社区发展的模式之一，社区计划模式被广泛用于处理社区事务。这种模式的认为，每个社区都有一系列要解决的问题，这些问题必须逐一解决。社区计划模式取得成效的关键在于通过制订完备的社区发展计划来确认问题的性质，并制订合适的解决问题的方案。

7. 社区行动模式(community action mode)：其是社区发展的模式之一，社区行动模式旨在通过组织弱势群体与他人联合来改变社区权力与资源的分配，使弱势群体能够改变自己的处境。

8. 社区发展规划(community development programme)：从广义上讲，社区发展规划是关于一定时期内社区发展的总体目标、社区发展的结构框架等的总体性计划。其目的在于：有效利用社区各项资源，调动居民积极性，协调社区各种社会关系，以不断满足居民的物质文化生活需求。从狭义来看，徐永祥认为现代意义上的社区规划与城市规划的区别主要存在于概念、制定主体、评价尺度三个方面：就概念而言，社区规划不同于城市规划的本质属性在于其第三部门的特征。就制定主体而言，城市规划的制定主体、批准主体、实施主体是各级政府，成果具有一定的法律效力，其实施具有一定的强制性；而社区规划的制定与批准主体不是唯一的，可以是政府、社会集团或社区成员，并且其实施不具有明显的强制性。就评价尺度而言，城市规划的评价与检验尺度是城市的整体发展水平及相应的物质硬件设施标准；社区规划则主要是一种社会发展水平意义上的评价标准和检验尺度，包括社区组织、居民素质、社区工作等非物质因素，以及社区设施环境方面的物质因素这两方面的成果。

9. 冲突分析(conflict analysis)：其是国外近年来在经典对策论(game theory)和偏对策理论(metagame theory)基础上发展起来的一种对冲突行为进行正规分析(formal analysis)的决策分析方法。冲突分析的主要特点是能最大限度地利用信息，通过对许多难以定量描述的现实问题的逻辑分析，进行冲突事态的结果预测和过程分析(预测和评估、事前分析和事后分析)，帮助决策者科学周密地思考问题。它是分析多人决策和解决多人竞争问题的有效工具之一。社区发展与社区规划是一种计划的社区变迁过程，但是它经常陷入或导致冲突，因此并不是所有的计划社区变迁都是由自助或技术援助代理人导致的。某些专业人员提倡用冲突方法作为有目的的社会干预过程。20 世纪 50～60 年代的美国获得很高声望的一种冲突方法，是与索尔·阿林斯基(Saul D. Alinsky)和他的以芝加哥为本的“冲突学派”的领导密切关联的。按照这一冲突方法，冲突共分 11 个步骤：评价地方领袖；分析社区权力结构；分析情形和领土；鼓励不同政见者表达不平；界定“一个”问题；组织，组织，再组织；证明权力价值；决不直接面对权力结构；要现实和善于妥协；发展永久的组织结构；再重新开始。

10. 内源式发展理论(internal development theory)：其也称为内发式发展理论，是亚洲 20 世纪 70 年代提倡的一种经济发展理论，认为各个地域的发展是受自身的资源配置和固有的传统、文化、当地居民主导意识等因素制约的。

11. 对话式规划理论(planning as a dialogue theory)：其是指在社区规划工作中，让社区所有的人、机构和团体都对规划作贡献，而这个过程是通过对话来完成的，它利用的是不同的人们所持有的不同利益、知识和经验。

12. 区位理论(location theory)：区位是指人类行为活动的空间。具体而言，区位除了解释为地球上某一事物的空间几何位置外，还强调自然界的各种地理要素和人类经济社会活动之间的相互联系和相互作用在空间位置上的反映。区位就是自然地理区位、经济地理区位和交通地理区位在空间地域上有机结合的具体表现。区位理论是关于人类活动的空间分布及其空间中的相互关系的学说。具体地讲，它是研究人类经济行为的空间区位选择及空间内经济活动优化组合的理论。

13. 中心地理论(central place theory)：由德国城市地理学家 W. 克里斯塔勒(W. Christaller)结合地理空间单位与经济学的价值观提出，其作为服务中心的基本功能就是向腹地提供中心性商业服务，如批发、金融、零售、企业、文教娱乐等服务。提供中心地功能的地方必须获得足够的支持以维持自身的运营。而中心地商业服务范围的上限是中心地的中心商品能到达消费者手中的最大空间边界；其下限是中心商品必须达到的最小限度的需要量，即需求门槛。为使中心地的作用遍及整个空间地域，中心地形成了六边形的网络构架。

14. 新城市主义(new urbanism)：20世纪80年代末90年代初，基于对郊区蔓延而引发的一系列城市社会、经济、环境问题的反思，美国逐渐兴起了一个新的城市设计运动——“新城市主义”。它关心城市社区的历史延续和文化继承，对传统城镇所具有的有机性、凝聚力、协调、统一性进行肯定，并以此为模式，将其融入对现代社区的建设与改造中。其基本理念是从传统的城市规划和设计思想中发掘灵感，与现代生活特征相结合，以人们所钟爱的具有地方特色和文化气息的社区来取代缺乏吸引力的郊区化模式。

15. 市民社会(civil society)：市民社会是与政治国家相对应的一个分析概念，从最一般的意义上讲，市民社会是指个人、团体按照非强制原则和契约观念进行自主活动，以实现物质利益和社会交往为目的、相对独立于国家的非政治生活领域，亦即国家政治生活之外的所有社会秩序和社会过程。近现代的社会学界对市民社会一词的理解主要构建在国家和市民社会的关系上。

16. 第三部门(third sector theory)：其是各种非政府组织、非营利组织、公民的自愿性社团与协会、社区组织、利益团体、基金会和公民自发组织起来的运动等的统称。

17. 社会资本(social capital)：其是指传统观念的物质资本、自然资本和人力资本以外的，把社会活动参与者组织起来并相互产生影响的，促进社会发展的一切因素。

18. 抽样调查(sampling survey)：其是指从所研究的总体中按照一定的方式选取一部分个体进行调查，并将从这部分个体中所得到的调查结果推广到总体中去的方法。简而言之，就是调查部分以反映整体的方法。

19. 结构式访谈(structured interview)：其是指访问者根据事先设计的问卷和固定程序进行访谈，要求访谈过程、访谈内容、访谈方式等尽可能统一，做到标准化。

20. 无结构式访谈(unstructured interview)：其又称深度访谈或自由访谈，它并不依据事先设计的问卷和固定的程序，而只有一个访谈的主题或范围，由访谈员与被访者围绕这个主题或范围进行比较自由的交谈。

21. 社会指标法(social index method)：其是指选取一定数量的具有操作性特征的客观指标来衡量社会发展的状态的方法。

22. 国民生产总值(GNP)：其是一国在一定时期内(年、季)以货币表示的全部产品和劳务的价值总和。它是整个国民经济的概括，是全面反映一国经济实力和经济发展程度的综合指标体系。

23. 后工业社会(latter industry society)：其是美国社会学家D. 贝尔创造的名词，他在《后工业化社会的来临》中用该词描述20世纪后半期工业化社会中所产生的新社会结构，他认为这种结构将导致美国、日本、苏联及西欧在21世纪出现一种新的社会形式。

24. 恩格尔系数(Engel’s coefficient)：恩格尔系数即食品支出总额占个人消费支出总额的比重。19世纪德国统计学家恩格尔根据统计资料，对消费结构的变化得出一个规律：一个家庭收入越少，家庭收入中(或总支出中)用来购买食物的支出所占的比例就越大，而随着家庭收入的增加，家庭收入中(或总支出中)用来购买食物的支出比例则会下降。

25. 社区发展规划制定(formulation of community development planning)：所谓社区发展规划制定，是指社区管理主体为履行社区管理职能，为实现既定的社区发展目标，针对所要解决的问题，在充分认识社区发展的客观规律的基础上，制订和选择最优行动方案的活动。

26. 社区发展规划实施(implementation of community development planning)：从社区发展规划制定确定目标到目标的实现，经历着将社区发展规划方案由可能变为现实的过程，这一过程就是社区发展规划的实施。

27. 社区发展规划制定的原则(community development planning principle)：社区发展规划制定的原则是正确处理社区与国家、所在地区与其他社区的关系，处理社区建设各项内容之间关系的指导思想。具体包括信息原则、预测原则、可行性原则、系统原则、择优原则、民主原则、公平原则、人性化原则。

28. 社区发展规划制定程序(community development planning process)：所谓社区发展规划制定的程序，就是在总结以往社区发展规划制定经验的基础上，把社区发展规划的必经过程、工作顺序、活动步骤、制定方法等排出程序，立为制度，使其程序化、制度化、法律化，并使它具有不可违背的权威性和约束力。一般认为，社区发展规划程序包括：发现问题，确定目标；拟订备选的社区发展规划方案；优化选择规划方案；实施社区发展规划和修正完善。

29. 社区发展规划实施的原则(principle of community development planning implementation)：要保证社区发展规划实施有效地达到制定社区发展规划的目标，社区发展规划实施就必须注意遵循一定的原则和要求。具体是：必须忠实于社区发展规划；必须坚持持之以恒的原则；必须坚持迅速果断的原则；必须遵循创造性的原则；必须坚持计划性的原则。

30. 社区服务(community service)：广义上的社区服务包括为社区居民提供的一切服务，涉及整个社会生活的各个方面，生老病死、衣食住行、科教文卫等都包括在内。从狭义上来说，社区服务是指为社区居民的基本日常生活提供服务，主要包括为社区居民提供各种便民利民的生活服务；为生活自理存在困难的老人、残疾人、优抚对象、社会贫困户提供各种解决其生活困难的特殊服务；为社区青少年、儿童提供教育、体育、娱乐等服务；为驻社区单位提供各种后勤生活服务等。

31. 社区环境(community environment)：其是指社区成员在一定的地域内所面对的和感受的一切客观事物的综合，是物质环境和精神环境的综合体。

32. 社区文化(community culture)：其是一定社会的基层生活文化，特指一定区域内聚居的人群的精神生活现象及其创造物，是社区居民成员精神活动、生活方式、习惯和行为规范的总和。广义的社区文化包括社区经济和政治活动以外的所有现象，而狭义的社区文化是指社区居民在社区范围内进行的各种文化活动，如体育、娱乐和教育活动等。

33. 社区教育(community education)：其是指社区组织利用各类资源和力量，对社区全体居民开放的普及型教育。其目的是全面提高社区居民的整体素质，满足社区全体成员多方面、多层次的教育需求，促进社区经济、文化及其他各方面的协调发展。

34. 社区治安规划(community safety planning)：其是指对社区范围内如何依靠社区群众、协同公安、司法机关，维护居民群众生命财产安全，保障社区生活安定有序的治安工作的规划。

35. 社区社会保障服务(community's social security services)：是社会保障在社区中的具体实施过程，是社会保障体系不可或缺的组成部分。社区社会保障是以社区为单位多渠道地筹集资金，对接受保障的对象进行管理和提供服务，同时，对享受法定社会保障和单位系统补充保障后基本生存仍存在困难的社区成员，给予经济上的二次补充托底保障，以保证社区安全的一系列有组织的措施、制度和事业的总称。

36. 城市居住区(urban residential areas)：其一般称居住区，泛指不同居住人口规模的居住生活聚居地和特指被城市干道或自然分界线围合，并与居住人口规模(30000～50000人)相对应，配建有一整套较完善的、能满足该区居民物质与文化生活所需的公共服务设施的居住生活聚居地。

37. 居住小区(residential community)：其一般称小区，是指被城市道路或自然分界线围合，并与居住人口规模(10000～15000 人)相对应，配建有一套能满足该区居民基本的物质与文化生活所需的公共服务设施的居住生活聚居地。

38. 居住组团(residential group)：其一般称组团，是指一般被小区道路分隔，并与居住人口规模(1000～3000 人)相对应，配建有居民所需的基层公共服务设施的居住生活聚居地。

39. 居住区用地(land used for residential areas)：住宅用地、公建用地、道路用地和公共绿地四项用地的总称。

40. 建筑控制线(boundary line of building)：也称建筑线，是指建筑物基底位置的控制线。

41. 道路红线(red line of road)：规划的道路路幅的边界线，它的组成包括：通行机动车或非机动车和行人交通所需的道路宽度；敷设地下、地上工程管线和城市公用设施所需增加的宽度；种植行道树所需的宽度。

42. 居住区级道路(road of residential region)：其一般用于划分小区的道路，在大城市中通常与城市支路同级。

43. 居住小区级道路(road of residential community)：其一般用于划分居住组团的道路。

44. 居住组团级道路(road of residential group)：其上接小区路、下连宅间小路，起着联系居住小区范围内各个住宅群落的作用，有时也伸入住宅院落中。

45. 宅间小路(path among residences)：住宅建筑之间连接各住宅入口的道路。

46. 公共绿地(public green space)：其是指满足规定的日照要求，适合于安排游览休息活动设施的、供居民共享的集中绿地。应包括居住区公园、小游园、组团绿地及其他块状带状绿地等。

47. 公共服务设施(public service facilities)：为了满足城市居民日常生活、购物、教育、文化娱乐、游憩、社交活动等的需要而设置各种服务设施，包括教育、医疗卫生、文化体育、商业服务、社区服务、金融邮电、市政公用、行政管理和其他八大类别。

48. 容积率(floor-area ratio)：其也称建筑面积毛密度，是指每公顷居住区用地上拥有的各类建筑面积(万平方米/公顷)或用居住区总建筑面积(万平方米)与居住区用地(万平方米)的比值表示。

49. 绿地率(ratio of green space)：居住区用地范围内各类绿地的总和占居住区用地的比率。绿地应包括公共绿地、宅旁绿地、公共服务设施所属绿地和道路绿地(即道路红线内的绿地)，其中包括满足当地植树绿化覆土要求、方便居民出入的地下或半地下建筑的屋顶绿地，不应包括屋顶、晒台的人工绿地。

50. 建筑密度(building density)：建筑密度即建筑覆盖度，居住区用地内各类建筑的基底总面积与居住区用地的比率。

51. 低碳社区(low-carbon community)：其是倡导经济、社会与自然环境、自然资源协调发展的社区，是将低碳发展的理念贯彻其中，使低碳环保技术在日常生活中得到充分利用的社区。

52. 数字化社区(digital community)：其是指运用各种信息和手段，整合社区资源，在社区范围内为政府、物业服务机构、居民和各种中介组织搭建互动交流及服务的网络平台。其核心是信息资源的整合，以及各政府职能部门、社区基层管理机构、社区居民之间信息沟通渠道的搭建。

53. 参与式社区(participatory community)：参与式社区规划的本质是具有责任性、公平性与自治性，以人为本位的规划，强调配合公众的需要，为公众而规划，因此借由公共参与来达到利益的均衡与落实民主精神。

## 参考文献


白梅 . 2012. 基于社区的城市规划与社会管理的研究 . 见：中国城市规划学会 . 多元与包容——2012 中国城市规划年会论文集 . 昆明：云南出版集团公司，云南科技出版社

波特菲尔德 G A，霍尔 Jr K B. 2003. 社区规划简明手册 . 张晓军，潘芳译 . 北京：中国建筑工业出版社

布莱尔 G S. 2003. 社区权力与公民参与 . 伊佩庄，张雅竹编译 . 北京：中国社会出版社

蔡宏进 . 1985. 社区原理 . 台北：三民书局

陈颜 .2005. 论城市社区文化建设 . 西南民族大学学报(人文社科版)，(1)：61-64

承继成，李琦，林珲，等 . 2003. 数字城市——理论、方法与应用 . 北京：科学出版社

崔凤 . 2006. 论社会保障实施的社区机制 . 吉林大学社会科学学报，(3)：98-103

马门 D. 1995. 规划与公众参与 . 国外城市规划，(1)：41-50

单菁菁 . 2003. 城市社区情感研究 . 中国社会科学院研究生院博士学位论文

单箐箐 . 2005. 社区情感与社区建设 . 北京：社会科学文献出版社

凯尔博 D. 2007. 共享空间 . 北京：中国建筑工业出版社

邓伟志，李一 . 2009. 中国社区建设的实践与探索 . 杭州：浙江教育出版社

邓正来 . 1999. 市民社会与国家——学理上的分野与两种构架 . 见：邓正来，亚历山大 J. 国家与市民社会：一种社会理论的研究路径 . 北京：中央编译出版社：83-92

丁元竹 . 2009. 社区的基本理论与方法 . 北京：北京师范大学出版社

方咸孚，李海涛 . 2001. 居住区的绿化模式 . 天津：天津大学出版社

风笑天 . 2001. 现代社会调查方法 . 武汉：华中科技大学出版社

郭仁忠 . 2001. 城市数字化与政府电子化 . 北京：中国城市出版社

横山宁夫 . 1993. 社会学概论 . 毛良鸿译 . 上海：上海译文出版社

侯俊生，陈钟林 . 2004. 发达国家与地区社区发展经验 . 北京：机械工业出版社

胡申生 . 2006. 社区词典 . 上海：上海古籍出版社

华芳，沈玉 . 2012. 公交导向的新区规划建设——以杭州良北新区公交社区规划建设实践为例 . 见：中国城市规划学会 . 多元与包容——2012 中国城市规划年会论文集(05. 城市道路与交通规划). 昆明：云南出版集团公司，云南科技出版社

华淑华 . 2009. 韩国首尔江南区：智能社区建设成功因素分析 . 信息化建设，(3)：46-48

黄瓴，罗燕洪 . 2014. 社会治理创新视角下的社区规划及其地方途径——重庆市渝中区石油路街道

社区发展规划为例 . 西部人居环境学刊，29(5)：13-18

惠劼，张倩，王芳 . 2006. 城市住宅规划设计概论 . 北京：化学工业出版社

格兰特 G. 2013. 良好社区规划——新城市主义的理论与实践 . 叶齐茂、倪晓晖译 . 北京：中国建筑工业出版社

贾建中 . 2000. 城市绿地规划设计 . 北京：中国林业出版社

江超庸 . 2002. 香港社区服务的特点与启示 . 探索，(6)：70-72，76

江立华，沈洁 . 2008. 中国城市社区福利 . 北京：社会科学文献出版社

凯利 E D，贝克尔 B. 2009. 社区规划 . 叶齐茂，吴宇江译 . 北京：中国建筑工业出版社

李德华 . 2007. 城市规划原理 . 北京：中国建筑工业出版社

李惠栋 . 2007. 多维度的城市居住社区规划理论探索——基于西安市居住社区的调查与分析 . 西北大学硕士学位论文

李林．2005. 数字社区信息化系统工程．北京．电子工业出版社
李琦．2001. 创建21世纪的智能服务平台．北京：中国城市出版社
李一能．2012-11-9. 瑞典马尔默案例展社区规划——对话机制让穷人区宜居．新闻晚报
李迎生．2009. 对中国城市社区服务发展方向的思考．河北学刊，(1)：134-138
林雪艳．2007. 社区发展规划编制方法探讨——以上海宝山区吴淞街道社区为例．规划师，(10)：48-51
刘杰，彭宗政．2005. 社区信息化理论与实务．北京：清华大学出版社
刘君德．2002. 上海城市社区的发展与规划研究．城市规划，(3)：41-42
刘烨．2011. 低碳理念下城市社区建设趋势研究——以英国贝丁顿社区的建设举例．西部经济论坛，(3)：115-119
刘玉莎，刘杰．1999. 社区服务信息管理计算机网络系统功能设计及组织运行机制若干问题的研究．天津：南开大学出版社
刘征．2007. 地方政府视角的社区发展规划．规划师，(5)：5-8
娄成武，孙萍．2006. 社区管理学．北京：高等教学出版社
卢新海，张军．2006. 现代城市规划与管理．上海：复旦大学出版社
梅尔霍夫 A. 2002. 社区设计．谭新娇译．北京：中国社会出版社
农昀，周素红．2012. 基于个体需求的社区规划编制和实施体系的构建．规划师，28(1)：12-17
钱宁．2009. 以内源发展的观点看待农村社区能力建设——新农村建设中少数民族社区发展思考．共识，(10)：24-25
帕特南 R D. 2011. 使民主运转起来．王列，赖海榕译．南昌：江西人民出版社
邱莉莉．2004. 俄罗斯社区．北京：中国社会出版社
沈鸿新，史平，沈帅．2006. 社区策划学．上海：上海远东出版社
沈锐．2004. 社区规划理论分析与探索．西北大学硕士学位论文
唐忠新．2004. 社区照顾：英国养老主要方式．社区，(7)：26-27
汪大海，孔德宏．2005. 世界范围内的社区发展．北京：中国社会出版社
王静，李斌，马明．2008. 基于人本理念的公众参与有我国社区规划中的应用．天津城市建设学院学报，(1)：20-22
王琪丰．2012，国内外社区教育模式及相关研究综述．宁波广播电视大学学报，(6)：82-85
王受之．2001. 当代商业住宅区的规划与设计：新都市主义论．北京：中国建筑工业出版社
王思斌．1994. 社区照顾对中国社会的借鉴意义．社会工作研究，(3)：1-6
吴丹，王卫城．2012. 从“政府规划师”到“社区规划师”：背景·实践·挑战——以深圳为例．见：中国城市规划学会．多元与包容——2012中国城市规划年会论文集．昆明：云南出版集团公司，云南科技出版社
吴铎．1999. 城市社区工作读本．上海：上海交通大学出版社
吴铎，等．1997. 上海市浦东新区城区——社区发展规划(1996—2010)，上海市科学技术委员会
吴培琦，赵民．2007. 从理念到现实：上海友谊路街道社区发展规划中的公众参与．国际城市规划，(6)：119-126
夏建中．2005. 社区工作．北京：中国人民大学出版社
夏学銮，等．1996. 社区照顾的理论、政策与实践．北京：北京大学出版社
肖敦余，肖泉，于克俭．2003. 社区规划与设计．天津：天津大学出版社
谢芳．2004. 美国社区．北京：中国社会出版社
谢守红．2008. 城市社区发展与社区规划．北京：中国物资出版社

熊贝妮．2011. 低碳社区的规划与实践——以武汉百步亭社区建设为例．见：中国城市规划学会．转型与重构——2011 中国城市规划年会论文集．南京：东南大学出版社：3243-3250
徐一大．2004. 再论我国城市社区及其发展规划．城市规划，(12)：69-74
徐永祥．2000. 社区发展论．上海：华东理工大学出版社
许学强，朱剑如．1988. 现代城市地理学．北京：中国建筑工业出版社
阎东彬．2008. 日本社区老年服务制度对我国的借鉴．改革与开放，(8)：26-27
扬寅．2005. 公共行政与社区发展．第三版．杭州：浙江人民出版社
杨德昭．2006. 新社区与新城市．北京：中国电力出版社
杨团．2002. 社区公共服务论析．北京：华夏出版社
杨叙．2004. 北欧社区．北京：中国社会出版社
叶敬忠．2001. 论参与式社区发展规划．农业经济，(2)：48-50
叶敬忠，刘燕丽，王伊欢．2005. 参与式发展规划．北京：社会科学文献出版社
叶南客．2003. 都市社会的微观再造　中外城市社区比较新论．南京：东南大学出版社
叶南客．2003. 现代社区规划的历史衍变与多元进程．东南大学学报（哲学社会科学版），(11)：69-75
于海漪．2010. 日本公众参与社区规划研究之二：社区培育的起源与发展(上)．华中建筑，(12)：177-179
于海漪．2011. 日本公众参与社区规划研究之一：社区培育的概念、年表与启示．华中建筑，(2)：6-23
于海漪．2011. 日本公众参与社区规划研究之三：社区培育的起源与发展(下)．华中建筑，(3)：162-165
于海漪．2013. 日本公众参与社区规划研究之四：社区培育系统的设计(下)．华中建筑，(3)：100-103
于海漪．2013. 日本公众参与社区规划研究之五：社区培育中达成一致的支援技术．华中建筑，(4)：67-70
于文波．2014. 城市社区规划理论与方法．北京：国家行政学院出版社
于文波．2005. 城市社区规划理论与方法研究——探寻符合社会原则的社区空间．浙江大学博士学位论文
于显洋．2006. 社区概论．北京：中国人民大学出版社
于燕燕．2011. 中国社区发展报告 2011. 北京：社会科学文献出版社
袁媛．2012. 城市规划中的社区指标研究．国际城市规划，27(2)：1-3
曾垂稳，邱灿红．2008. 湖南小城镇社区发展规划措施研究．山西建筑，(9)：31-32
张春华．2001. 成都市居住社区公共服务设施配置研究．西南交通大学硕士学位论文
张凤荣．2001. 社会指标运动的背景及启示．长春光学精密机械学院学报(社会科学版)，(2)：42-44
张恺悌，郭平．2010. 美国养老．北京：中国社会出版社
张暄．2007. 日本社区．北京：中国社会出版社
张学兵．1998. 特大型城市管理的新模式．上海：上海人民出版社
张玉枝．2003. 转型中的社区发展：政府与社会分析视角．上海：上海社会科学出版社
张智江．2002. 21 世纪的信息化社区．北京：人民出版社
赵民，赵蔚．2006. 社区发展规划——理论与实践．北京：中国建筑工业出版社
赵勤，周良才，王艳峰．2007. 社区管理．北京：中国劳动社会保障出版社
郑杭生．2003. 社会学概论新修．北京：中国人民大学出版社
郑志锋．2007. 基于政府规划的社会规划实证研究．浙江大学硕士学位论文
周俭．1999. 城市住宅区规划原理．上海：同济大学出版社

周沛．2002. 社区社会工作．北京：社会科学文献出版社
周志清，倪晔．2007. 社区规划的理论思考与对策研究．上海城市规划，(4)：9-11
朱庆芳，吴寒光．2000. 社会指标体系．北京：中国社会科学出版社
Savageau D，Boyer R. 1993. Places Ratad Almanace. New York：Prentice Hall Travel